普通高等教育教材

机电传动控制

JIDIAN CHUANDONG KONGZHI

李 伟 赵纪国 李瑞芳 主编

第二版

化学工业出版社

·北京·

内 容 简 介

本书是根据《普通高等学校本科专业类教学质量国家标准》并参考普通高等学校本科工程教育认证标准，按照减少学时、强调基本方法、注重提高学生处理复杂工程问题能力的原则进行编写。全书共分 9 章，内容包括：绪论、机电传动系统的动力学基础、直流电机的工作原理及特性、交流电动机的工作原理及特性、控制电动机、继电接触器控制、可编程控制器、电力电子器件、机电传动的闭环控制系统。各章均有习题，书末附有部分习题的参考答案，便于读者自学。

本书有配套的电子教案，可登录 www.cipedu.com.cn 注册后免费下载。

本书可作为高等院校机械设计制造及其自动化、电子信息工程、车辆工程专业及高职、电大、函大、网大机械类与相近专业学生教材，亦可供从事机电一体化工作的工程技术人员参考。

图书在版编目（CIP）数据

机电传动控制 / 李伟，赵纪国，李瑞芳主编.
2 版. -- 北京：化学工业出版社，2025.7. --（普通高等教育教材）. -- ISBN 978-7-122-47941-9

Ⅰ. TM921.5

中国国家版本馆 CIP 数据核字第 2025GV7185 号

责任编辑：高　钰　郝英华
责任校对：王　静　　　　　　　　装帧设计：刘丽华

出版发行：化学工业出版社
　　　　　（北京市东城区青年湖南街 13 号　邮政编码 100011）
印　　装：北京云浩印刷有限责任公司
787mm×1092mm　1/16　印张 15¼　字数 376 千字
2025 年 10 月北京第 2 版第 1 次印刷

购书咨询：010-64518888　　　　售后服务：010-64518899
网　　址：http://www.cip.com.cn
凡购买本书，如有缺损质量问题，本社销售中心负责调换。

前言

随着人工智能、机器人及高端装备制造领域新技术的迅猛发展，机电传动控制正经历着前所未有的变革。为适应技术发展与教学改革的需求，编者根据使用教材的一线教师的意见和学生的使用情况，对本书进行了再版修订。修订内容如下：

第 2 章机电传动系统的动力学基础，强调了多轴传动系统的基本分析方法与多轴传动系统的动力学方程的推导，指出了多轴传动系统的动力学分析的传递法与折算法的本质区别。

第 5 章控制电动机，针对机器人、精密自动化设备中的高动态性能驱动系统的发展情况，精简了步进电动机和正弦波永磁同步电动机的电磁转矩的内容，补充了关节伺服电机、无框伺服电机的介绍，为学生参加相关机器人学科竞赛、后续数控机床的电主轴等知识的学习提供引导。

第 6 章继电接触器控制，按照新的国家标准，删减了部分旧的文字和图形符号。考虑到现有电气图纸淘汰会有滞后时间，在部分电路图中保留了行业和企业惯用的热继电器的文字符号 TH。

第 7 章可编程控制器，进一步优化了 PLC 应用举例，提高了状态转移图及梯形图表达的规范性，纠正了个别的遗漏失误。

需要指出的是：习题参考答案并非唯一，特别是有的参考答案并不完整，而是给出了相关提示，希望能因势利导，让读者经过自己的思考找到正确解决方案，提高分析问题、解决问题的能力。

本书提供了 PPT 课件及基于传递法的"多轴传动系统的动力学分析与创新"的授课视频，供师生和读者参考，如有需要，请发电子邮件至 cipedu@163.com 获取，或登录 www.cipedu.com.cn 免费下载。

本书再版得益于很多高校教师及企业工程师们的宝贵建议，在此表示衷心感谢。

限于编者水平，书中疏漏之处敬请读者提出宝贵意见，谢谢！

编者
2025 年 7 月

第一版前言

生产机械的先进性和电气自动化程度反映了一个国家的工业发展水平，现代化机械设备和生产系统是机电一体化的综合系统，电气传动与控制已成为现代化机械的重要组成部分。机电传动与控制课程是机械设计制造及其自动化专业、机械电子工程专业的核心课程，主要研究和解决与生产机械电气传动控制有关的问题。驱动电动机、电力拖动、继电器接触器控制、可编程序控制器、电力电子技术知识都集中在这一门课程中。机电传动控制课程的任务是使学生了解机电传动控制的一般知识，学会电机、电器、电子器件及可编程序控制器的工作原理及使用方法，掌握常用的开环、闭环控制系统的工作过程、特点、性能及应用场所，了解最新控制技术在机械设备中的应用。

本书根据《普通高等学校本科专业类教学质量国家标准》并参考普通高等学校本科工程教育认证标准，按照减少学时、强调基本方法、注重提高学生处理复杂工程问题能力的原则进行编写。

本书主要特点如下：

① 从最基本的物理学原理和力学分析方法出发，推导机电传动系统动力学方程，有利于培养学生严密的逻辑思维习惯和敢于挑战、勇于创新的思想理念，提高学生解决复杂工程问题的能力。

② 充实机电传动控制系统重要的先进技术和代表机电传动控制的发展水平与发展方向的内容，具体体现在增加机电传动控制系统的双闭环、三闭环控制知识，为后续机器人课程、数控技术课程，特别是其中的多坐标联动轨迹控制打下基础；顺应新工科教学改革的大方向和工程教育专业认证精简理论学时的特殊要求，精简步进电机及其控制系统的内容，注重基本原理。

③ 优化继电器接触器控制系统与可编程控制器的内容，强调基本的设计方法，归纳总结这两种系统的本质区别与设计过程遵循的共同规律。

④ 本书的内容已制作成用于多媒体教学的 PPT 课件，如有需要，请发电子邮件至 cipedu@163.com 获取，或登录 www.cipedu.com.cn 免费下载。

本书可作为高等院校机械设计制造及其自动化、机械电子工程、车辆工程专业及高职、电大、函大、网大学生和其他机械类与相近专业教材，亦可供从事机电一体化工作的工程技术人员参考。为方便学习，书末附有各章节部分习题的求解参考。

郑州工业应用技术学院李伟、李瑞芳和郑州科技学院赵纪国是本书的主编，负责全书的统编和定稿。郑州科技学院赵纪国负责第 1 章～第 3 章和附录的编写；郑州工业应用技术学院王国虎主要负责第 4 章、第 5 章的编写；郑州工业应用技术学院田彦彦主要负责第 6 章、第 7 章的编写；郑州工业应用技术学院张翠杰主要负责第 8 章、第 9 章的编写；郑州工业应用技术学院许洋洋、王婷对本书提出了许多宝贵意见，促进了本书的修改。

限于编者水平，书中难免有不足之处，恳请批评指正。

编者

2019 年 6 月

目录

第1章

绪论

1.1 机电传动控制系统的组成

运动传递（包括能量的转换）和动作控制是现代生产设备的重要功能。

(1) 运动的传递

① 机械传动：由齿轮、皮带、链传动等机械零部件传递机械运动。

② 流体传动：a. 液压与气动（流体压力能）；b. 液力传动（流体动能）。

③ 机电传动：电动机将电能转变为机械能并进一步传递机械运动。

④ 其他传动方式。

注意：在一个生产机械中，有时同时存在多种传动形式。

(2) 机电传动的控制

由于生产技术的不断发展，生产机械的自动化程度和产品精度不断提高，要求传动系统不仅要完成能量转换的工作，还要对传动过程进行精确的控制。

电能是一种经济、实用、清洁且容易控制和转换的能源形态。就传动系统的过程控制而言，电气控制能胜任复杂的控制任务、解决机器动作的精确控制问题。尤其是随着计算机的发展，在机电传动控制系统中，计算机控制技术的应用越来越广泛。

机电传动控制系统的组成如图 1-1 所示，包括驱动生产机械的电动机和控制电动机的一整套电气系统。

简言之，机电传动控制的主要任务是将电能转换为机械能，实现生产机械的启动、停止以及速度、位置、轨迹的调节与控制，完成各种生产工艺过程的要求，保证生产过程的正常进行。如天车要求频繁地吊起、制动、移位、下放；机床切削工作过程要求加工精度百分之几毫米、几微米，甚至亚微米。

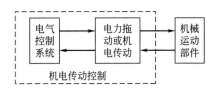

图 1-1 机电传动控制系统的组成

对于一般的生产机械，机电传动控制系统的要求是：要控制电动机驱动生产机械，实现生产产品数量的增加、质量的提高、生产成本的降低、工人劳动条件的改善以及能量的合理利用等。高层次的要求是：在保证生产质量的条件下，最大限度地利用能源和其他资源，减轻操作人员和管理者的体力和脑力劳动，使生产设备、生产线、车间乃至整个工厂都实现自动化、智能化。

生活中使用的电梯等设备有类似的效率（或速度）、精度、质量（如平稳性、可靠性）、能量的合理利用、智能化等方面的要求。这些都是机电传动控制研究的内容，不同的设备要求的具体指标和侧重点有所不同。

1.2　机电传动控制的发展概况

机电传动控制的发展可分为机电传动的发展和机电传动控制系统的发展两个方面。

(1) 机电传动的发展

就传动而言，机电传动的发展经历了成组拖动、单电动机拖动和多电动机拖动三个阶段。

成组拖动：一台电动机拖动一根天轴（或地轴），然后再由天轴（或地轴）通过带轮和皮带分别拖动多台生产机械。特点是生产效率低、劳动条件差，一旦电动机出现故障，将造成成组的生产机械全部停止运行。

单电动机拖动：一台电动机拖动一台生产机械的各运动部件。这种拖动方式较成组拖动前进了一步，但当一台生产机械的运动部件较多时，其机械传动机构十分复杂。

多电动机拖动：一台生产机械的各个运动部件分别由不同的电动机来拖动。如龙门刨床的工作台、左右垂直刀架与侧刀架、夹紧机构分别由不同的电动机拖动。多电动机拖动是现代化机电传动的主要特征，大大简化了生产机械的传动机构，扩展了生产机械的功能和灵活性，为生产机械的自动化提供了有利条件。

(2) 机电传动控制系统的发展

在控制方法上，主要是从手动控制到自动控制；在控制功能上，是从简单的控制设备到复杂的控制系统；在操作方式上，由笨重到轻巧；在控制原理上，从有触点的继电接触式控制系统到以计算机为核心的"软"控制系统。电气控制技术随着新的电气元件不断出现和计算机技术的发展而发展。

一方面是开关量的控制与发展。

继电器-接触器控制：最早出现在 20 世纪初，它仅借助于简单的接触器与继电器，实现对控制对象的启动、停车以及有级调速等控制。目前对于简单的生产机械，继电器-接触器控制仍然是最基本、最常用的控制方式。

1969 年，美国数字设备公司（DEC）研制开发出世界上第一台可编程控制器，并在 GM 公司汽车生产线上首次应用成功。当时人们把它称为可编程序逻辑控制器（programmable logic controller，PLC）。PLC 一经问世便显示了其强大的生命力，在生产机械的控制领域发挥着愈来愈重要的作用。国际电工委员会（IEC）于 1987 年的定义是：可编程控制器是一种数字运算操作的电子系统，专为工业环境而设计。它采用了可编程序的存储器，用来在其内部存储执行逻辑运算、顺序控制、定时、计数和算术运算等操作的指令，并通过数字式和模拟式的输入和输出，控制各种类型机械的生产过程。PLC 已经不仅仅用于开关量的控制，也用于如温度、压力等模拟量的控制。

另一方面是模拟量的控制与发展。

作为运动速度、位置等参数的连续控制在 20 世纪 30 年代崭露头角。电动机放大机控制使控制系统从断续控制发展到连续控制。20 世纪 60 年代以后，由于大功率整流技术和大功率晶体管的发展，直流电动机晶闸管无级调速系统和采用脉宽调制技术的直流调速系统得到了广泛的应用。电力场效应晶体管、绝缘栅双极晶体管等起到了重要的推动作用。功率集成电路将半导体功率器件与驱动电路、逻辑控制电路、检测诊断电路、保护电路集成在一块芯片上，这是电力电子技术与微电子技术相结合的产物，使电力电子控制技术获得了更强大的生命力。

数字信号处理器（digital signal processor，DSP）属于特殊的微处理，出现于 20 世纪 80 年代。专用 DSP 芯片不但有高速信号处理能力和模拟量的数字控制功能，而且还有面向电动机控制应用的专用设计，易于实现电动机的精确控制。微处理器取代模拟电路的优越性越来越明显。现代机电传动控制技术正是综合了计算机、自动控制、电子技术和精密测量等许多先进科学技术的成果，实现了数字与模拟混合控制系统和纯数字控制系统在机电传动控制方面的实际应用，并正向全数字的高质量控制方向飞速发展。

当前，具有 PLC 功能的计算机数字控制系统已广泛应用于数控机床和加工中心。由数控机床、工业机器人、自动搬运车等组成的柔性制造系统（FMS）是由中心计算机控制的机械加工自动生产线。它是实现自动化车间和自动化工厂的重要组成部分。更进一步的计算机集成制造系统（CIMS）现已进入了互联网和智能化时代，这是当前机电传动控制及制造业自动化、智能化发展应用的重要方向。

1.3　课程的性质和任务

机电传动控制课程是以电气驱动和控制为主要内容，将元器件与控制系统进行有机结合，把机电一体化技术所需的主要核心知识集中到这一门课程中的综合性课程。

与机电传动密切相关的机电一体化技术水平是衡量一个国家工业技术水平的重要标志，在某种程度上能体现国家的科学技术实力。

国家发展规划中有关把我国由制造大国转变为制造强国的战略部署要求大量的具有机电传动控制知识的人才。机电传动控制和机械设备已成为一个不可分割的整体。原国家教委高教司早在 20 世纪末就将机电传动控制课程定为机械电子工程专业的必修主干课程之一。

近年来，由于工程认证的不断深入，机械工程、机械电子工程、机械设计制造及其自动化等本科专业的工程认证标准里，都明确要求在 22 学分的工程基础类课程里必须有机电控制课程。机械设计制造及其自动化专业核心知识领域包括机械系统中的传动与控制。

习　题

1.1　机构与机器的区别是什么？

1.2　机电传动方式有什么优越性？

1.3　机电传动经历了哪三个阶段？试比较单电动机传动与多电动机传动的特点。

1.4　列举两个日常生活中采用电气控制接通与断开动力的实际例子。

1.5　采用电气控制能随时改变机械设备动力的大小吗？举例说明。

第2章
机电传动系统的动力学基础

与图 1-1 机电传动控制系统的组成不同，这里所说的机电传动系统仅指传动，如图 2-1 所示。电动机作为原动机，将电能转变为机械能，通过传动机构拖动生产机械完成某一生产任务。

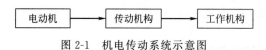

图 2-1　机电传动系统示意图

机电传动控制系统中的控制设备由各种控制电器、工业控制计算机、可编程控制器等组成，用以控制电动机的运行，从而对工作机构的运动实现自动控制。

对于图 2-1 所示的机电传动系统，我们关心的是基本的、有普遍意义的运动规律。为了使问题简化，可以先不详细讨论机电传动系统中所用的电动机的种类以及生产机械的具体特性与要求，首先要研究的是电动机、传动机构和工作机构之间的相互作用力和运动的传递，找出它们所遵循的动力学规律，建立机电传动系统的动力学方程。

2.1　单轴机电传动系统的动力学方程

所谓单轴机电传动系统是指电动机输出轴直接拖动生产机械的执行件运转的系统。此时电动机、传动机构、机械负载等所有的运动部件均以相同的角速度或对应的线速度运动。这种单轴传动系统是机电传动系统中最基本的一种。它是研究复杂的机电传动系统以及复杂的机电传动控制系统的基础。最常见的单轴机电传动系统有单轴直线运动系统和单轴旋转运动系统。

(1) 单轴直线运动系统的动力学方程

龙门刨床、平面磨床等生产机械要求工件与机床工具的相对运动为直线。通常需要机械机构将电动机的旋转运动转换为直线运动，传动系统比较复杂。随着电动机拖动与控制技术的发展，直线电动机逐渐显现出独特的优势：不需要中间传动，直接将电能转换为直线运动的动能，驱动生产机构工作。图 2-2 为典型的直线电动机驱动滑块进行直线运动的实物图片。

在机电传动控制系统中，如果生产机械做直线运动，根据牛顿第二定律，作用在电动机上的电动力 F 与阻力 F_L 以及加速度 a 之间的关系：

$$F - F_L = ma \tag{2-1}$$

上式也可写成

$$F - F_L = m \frac{\mathrm{d}v}{\mathrm{d}t} \tag{2-2}$$

式中，质量 m 的单位为 kg；速度 v 的单位为 m/s；时间 t 的单位为 s。

（2）单轴旋转运动系统的动力学方程

与单轴直线运动系统相似，单轴旋转运动系统如图 2-3 所示。

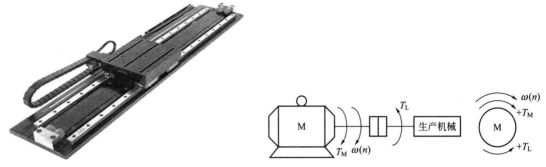

图 2-2　直线电动机驱动滑块运动　　　　　图 2-3　单轴旋转运动系统

如果作用在电动机轴上的拖动转矩为 T_M，生产机械的阻转矩为 T_L，电动机的角速度为 ω，电动机转子轴及轴上生产机械的转动惯量为 J，则由定轴转动刚体的运动微分方程得到：

$$T_M - T_L = J \frac{\mathrm{d}\omega}{\mathrm{d}t} \tag{2-3}$$

式中　ω——电动机的角速度，rad/s；

$\quad\quad J$——电动机轴上的转动惯量，kg·m^2。

在工程计算中，通常用速度 n 代替角速度 ω；用飞轮转矩 GD^2 代替转动惯量 J。

n 与 ω 的关系为　　　　　　　　$\omega = 2\pi n / 360$

J 与 GD^2 之间的关系为　　　　　$J = \dfrac{GD^2}{4g}$

式中　g——重力加速度，可取 $g = 9.81 \mathrm{m/s}^2$。

即可得到单轴旋转拖动系统动力学方程的实用形式

$$T_M - T_L = \frac{GD^2}{375} \times \frac{\mathrm{d}n}{\mathrm{d}t} \tag{2-4}$$

必须指出，飞轮转矩 GD^2 中的 D 是惯性直径，不是物体的实际外径。质量分布离转轴越远，转动惯量越大，惯性直径越大。

（3）动力学方程中正、负号的规定

在机电传动控制系统中，随着生产机械负载类型的不同，电动机的运行状态也不一样或将发生变化。以单轴旋转运动系统为例，电动机轴上的拖动转矩 T_M 及生产机械的阻转矩 T_L 不仅大小会发生变化，方向也发生变化，这反映在 T_M 和 T_L 的正负符号上。

根据定轴转动的微分方程，先规定运动的某一方向为正方向，则：

无论什么转矩，凡与运动方向一致的取正号，与运动方向相反的取负号。

结果体现在对应的转矩是促使该方向的运动（加速）还是阻碍该方向的运动（减速）。

[例 2-1]　如图 2-4 所示起重机在提升重物，试判断起重机在启动和制动时电动机转矩和负载转矩的符号。

解：设重物提升时电动机旋转的方向 n 为正方向。

启动时如图 2-4(a) 所示，电动机拖动重物向上升，电动机转矩 T 与 n 正方向一致取正号；负载转矩 T_L 与 n 正方向相反取 $-T_L$。要提升重物，电动机转矩 T 要大于负载转矩 T_L，根据定轴转动刚体的运动微分方程 [式 (2-3)] 有：

$$T - T_L = \frac{GD^2}{375} \times \frac{dn}{dt}$$

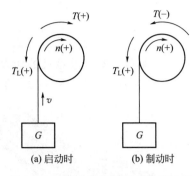

图 2-4　运动方向与转矩的符号判定

制动时如图 2-4(b) 所示，电动机转矩起制动作用与 n 正方向相反取负号；负载转矩 T_L 没变，取 $-L_L$。根据定轴转动刚体的运动微分方程[式(2-3)] 有：

$$-T - T_L = \frac{GD^2}{375} \times \frac{dn}{dt}$$

此时电动机转矩和重物产生的转矩都使重物减速上升直到停止。

(4) 系统的运动状态

根据定轴转动刚体的运动微分方程式(2-3)，定义动态转矩：

$$T_D = T_M - T_L$$

① 当 $T_M = T_L$ 时，$dn/dt = 0$，则 $n = 0$ 或 $n = $ 常数，表示机电传动控制系统处于静止不动或以恒定转速旋转的状态。

此时系统处于稳定（静止或恒速）状态。

② 当 $T_M > T_L$ 时，$dn/dt > 0$，机电传动控制系统处于加速状态。

③ 当 $T_M < T_L$ 时，$dn/dt < 0$，机电传动控制系统处于减速状态。

当 T_M 不等于 T_L 时，即动态转矩 T_D 不等于零时，系统处于加速或减速状态，我们把这种运动状态称为动态或过渡状态。

机电传动控制系统由动态到静态随时间变化的过程称为过渡过程。

2.2　多轴机电传动系统的分析方法

2.2.1　研究对象的确定

实际的生产机械大多数都是（一个或多个电动机提供动力的）多轴机电传动系统，如图 2-5 所示。

多轴机电传动系统的电动机的输出轴不是直接拖动生产机械运转，而是通过传动机构与生产机械相连。因此对于多轴机电传动系统，不同的轴具有各自不同的受力状态、不同的转动惯量和不同的运动控制要求。

进行多轴机电传动系统的分析与设计时，首先要根据生产实际和具体的设计、分析任务确定研究对象。

当需要为生产机械设计生产率、确定生

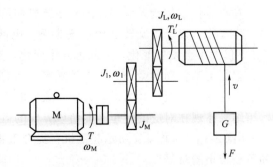

图 2-5　多轴机电传动系统示意图

产节拍、计算最大工作负载变动量或进行生产质量保障的设计计算时，往往直接关注的是生产机械的末端执行机构，此时常取末端执行机构为研究对象。

当我们进行各个中间轴的传动元件设计，如：刚度、强度的计算时，要分别取各个中间轴为研究对象。

当需要为生产机械选择合适的电动机，确定所需要的电动机的特性、种类和功率时，通常取电动机轴为研究对象。

2.2.2　受力分析

(1) 负载转矩的传递

针对确定了的研究对象，需要根据力学的受力分析知识，进行动力学分析。这里的关键在于取分离体。

例如：不妨假设输出轴为旋转运动，把电动机轴当研究对象，取电动机轴为分离体，受力分析如图 2-6 所示。

应注意的是：要把系统对电动机轴的作用力（对应的转矩可以认为是一种广义力）施加或传递到电动机轴上，用 $T_L\omega$ 表示。原则是应用牛顿第三定律；需要强调的是，取分离体时，必须把系统对分离体的作用力全部施加或传递到分离体上。

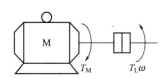

图 2-6　电动机轴的受力分析

由于转动轴轴承处的约束反力对转动轴的力臂为零，因此对应的转矩为零。忽略轴承的摩擦力，轴承处的约束反力并不影响传动系统围绕转动轴做回转运动的运动状态，所以这里可以不考虑轴承处的约束反力。

实际上，我们研究的问题是定轴转动刚体的转动，根据理论力学，可以不计轴承的摩擦，认为轴承的约束反力对回转轴的力矩为零，详见《理论力学》或《工程力学》的刚体的定轴转动章节内容。

根据牛顿第三定律：作用在负载轴上的负载转矩所对应的力将大小相等、方向相反传递到相邻传动轴上，并依次传递到电动机轴上。对应的转矩则与传动比有关。

忽略传递过程的能量损失，则能量守恒。如果负载转矩 T'_L 传递到电动机轴上所对应的转矩为 T_L，则对应转矩所做的功是不变的：

$$T_L\omega = T'_L\omega_L$$

式中　ω_L——负载轴的角速度；

　　　ω——电动机轴的角速度。

所以，对于负载转矩 T'_L 和传递到电动机轴上所对应的转矩 T_L，有：

$$T_L = T'_L\frac{\omega_L}{\omega}$$

$$T_L = T'_L/j \tag{2-5}$$

式中　j——传动机构的传动比，$j = \omega/\omega_L$。

作用在负载轴上的负载转矩传递到相邻传动轴上，并依次传递到电动机轴上时，其大小等于负载转矩除以电动机轴到负载轴的传动比。

同理，取其它轴为研究对象时，负载轴上的负载转矩也可以传递到任一个转动轴上。

(2) 惯性力对应转矩的传递

仍以电动机轴当研究对象为例，应该注意的是图 2-6 中，$T_L\omega$ 不仅要包括（负载作用力对应的）负载转矩 T_L' 的传递，T_L' 传递到电动机轴上所对应的转矩为 T_L（$T_L = T_L'/j$），还必须考虑到将系统各传动轴的惯性力传递到电动机轴上，计算各轴的惯性力对电动机轴产生的转矩 T_i。

如果传动轴 i 的角速度为 ω_i，转动惯量为 J_i，惯性力对应的转矩为 T_i'，则：

$$T_i' = J_i\frac{\mathrm{d}\omega_i}{\mathrm{d}t} \tag{2-6}$$

式（2-6）表示了传动轴 i 在绕自身回转轴做定轴转动时的惯性的大小。显然，角加速度 $\mathrm{d}\omega_i/\mathrm{d}t$ 为零时，传动轴 i 做匀速转动。角加速度 $\mathrm{d}\omega_i/\mathrm{d}t$ 大于或小于零时，传动轴 i 分别做加速转动或减速转动。或者说，传动轴 i 的惯性力对应的转矩 T_i' 与传动轴 i 绕自身回转轴的转动惯量 J_i 成正比，与传动轴 i 的角加速度 $\mathrm{d}\omega_i/\mathrm{d}t$ 成正比。

根据牛顿第三定律，传动轴 i 对应的惯性力，应该大小相等、方向相反地传递到相邻轴，并传递到电动机轴上。我们可以不关心惯性力的作用点，必须知道的是惯性力对应的转矩对电动机轴的运动的影响。如果该惯性力传递到电动机轴上形成的转矩为 T_i，忽略传递过程的能量损失：

$$T_i\omega = T_i'\omega_i$$

式中　ω——（如前述）电动机轴的角速度；

　　　ω_i——（如前述）传动轴 i 的角速度。

所以　　　　　　　　$T_i = T_i'\omega_i/\omega = T_i'/j_i = (J_i\,\mathrm{d}\omega_i/\mathrm{d}t)/j_i$

式中　j_i——电动机轴到传动轴的传动比，$j_i = \omega/\omega_i$。

因为　　　　　　　　　　　　$\mathrm{d}\omega_i = \mathrm{d}\omega/j_i$

所以　　　　　　　　　　$$T_i = \frac{J_i}{j_i^2}\times\frac{\mathrm{d}\omega}{\mathrm{d}t} \tag{2-7}$$

式（2-7）表明，各轴惯性力对应的转矩传递到电动机轴上，对电动机轴形成的转矩的大小等于电动机轴的角加速度乘以各轴本身的转动惯量再除以传动比的平方。

特别指出，这与负载转矩传递到电动机轴上的推导过程类似，也是应用了牛顿第三定律和能量守恒定律，传递的结果都与传动比有关。要注意的是，推出的计算公式是有区别的：负载转矩的传递结果与传动比成反比，而惯性力对应的转矩的传递与传动比的平方成反比。

同理，负载轴的惯性力对应的转矩也可以传递到任一个转动轴上。

2.2.3　多轴机电传动系统的动力学方程

对于有 n 个传动轴的系统，将负载和各轴的惯性力传递到电动机轴上，并求出各作用力对电动机轴的转矩，可以采用动静法（达朗伯原理），对定轴转动对象列出动力学方程：

$$T_M - T_L'/j - \sum_{i=1}^{n}\frac{J_i}{j_i^2}\times\frac{\mathrm{d}\omega}{\mathrm{d}t} = 0 \tag{2-8}$$

根据生产实际，如果考虑机电传动系统的传动效率 η，应有：

$$\eta T_M - T_L'/j - \sum_{i=1}^{n}\frac{J_i}{j_i^2}\times\frac{\mathrm{d}\omega}{\mathrm{d}t} = 0 \tag{2-9}$$

将 $\omega = 2\pi n/360$ 代入式（2-9）也可得到关于转速的表达式。

同理，可以取任意一个转动轴为研究对象，列出其动力学方程。

注意：

① 根据实际问题选取要解决问题的研究对象。

② 对研究对象进行受力分析。

取分离体，将系统的作用力传递到分离体上，如果是取电动机轴为研究对象：

a. 把负载转矩传递到电动机轴上，负载转矩对电动机轴的转矩的大小，等于负载转矩除以传动比。

b. 把惯性力对应的转矩传递到电动机轴上，各轴惯性力对电动机轴形成的转矩的大小，等于电动机轴的角加速度乘以各轴绕自身轴回转的原转动惯量除以传动比的平方。

如果需要取其他轴为研究对象，只需将负载转矩、电动机的动力转矩及各轴的惯性力对应的转矩传递到所取的研究对象。

③ 根据动静法列出动力学方程。

[例 2-2] 如图 2-7 所示某多轴机电传动系统，已知各轴的飞轮惯量分别为 $GD_1^2 = 78.4\text{N} \cdot \text{m}^2$，$n_1 = 2500\text{r/min}$；$GD_2^2 = 245\text{N} \cdot \text{m}^2$，$n_2 = 1000\text{r/min}$；$GD_3^2 = 735\text{N} \cdot \text{m}^2$，$n_3 = 500\text{r/min}$；负载转矩 $T_L' = 98\text{N} \cdot \text{m}$，电动机拖动生产机械运动时的传动效率 $\eta_c = 0.9$。试求当电动机驱动转矩 $T_M' = 29.4\text{N} \cdot \text{m}$ 时，传动末端生产机械轴的角加速度是多少？

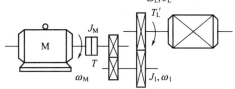

解： 首先根据题目要求确定研究对象为末端生产机械轴，取末端生产机械轴分离体，将系统的作用力传递到分离体上。

图 2-7 某多轴机电传动系统

电动机的动力转矩传递到分离体上：
$$T_M = T_M' \eta_c j = 29.4 \times 0.9 \times 2500/500 = 132.3(\text{N} \cdot \text{m})$$

电动机轴的惯性力对应的转矩传递到分离体上：
$$T_1 = GD_1^2 (n_1/n_3)^2 \times \frac{1}{375} \times \frac{\mathrm{d}n_3}{\mathrm{d}t} = 78.4 \times 25 \times \frac{1}{375} \times \frac{\mathrm{d}n_3}{\mathrm{d}t} = 1960 \times \frac{1}{375} \times \frac{\mathrm{d}n_3}{\mathrm{d}t}(\text{N} \cdot \text{m}^2)$$

中间轴的惯性力对应的转矩传递到分离体上：
$$T_2 = GD_2^2 (n_2/n_3)^2 \times \frac{1}{375} \times \frac{\mathrm{d}n_3}{\mathrm{d}t} = 245 \times 4 \times \frac{1}{375} \times \frac{\mathrm{d}n_3}{\mathrm{d}t} = 980 \times \frac{1}{375} \times \frac{\mathrm{d}n_3}{\mathrm{d}t}(\text{N} \cdot \text{m}^2)$$

$$T_3 = GD_3^2 \times \frac{1}{375} \times \frac{\mathrm{d}n_3}{\mathrm{d}t} = 735 \times \frac{1}{375} \times \frac{\mathrm{d}n_3}{\mathrm{d}t}(\text{N} \cdot \text{m}^2)$$

根据动静法列出动力学方程（这里 $T_L = T_L'$）：
$$T_M - T_L - (T_1 + T_2 + T_3) = 0$$

$$T_M - T_L = (1960 + 980 + 735) \times \frac{1}{375} \times \frac{\mathrm{d}n_3}{\mathrm{d}t}$$

求研究对象的角加速度：
$$\frac{\mathrm{d}n_3}{\mathrm{d}t} = \frac{T_M - T_L}{1960 + 980 + 735} \times 375 = \frac{132.3 - 98}{1960 + 980 + 735} \times 375 = 3.5[(\text{r/min}) \cdot \text{s}^{-1}]$$

即当电动机驱动转矩 $T_M' = 29.4\text{N} \cdot \text{m}$ 时，末端生产机械轴的角加速度是 $3.5[(\text{r/min}) \cdot \text{s}^{-1}]$。

2.3 机电传动系统的负载特性

在动力学方程中，阻转矩（或称负载转矩）T_L 与转速 n 的关系 $T_L = f(n)$，即为生产机械的负载特性，大多数生产机械的负载转矩可归纳为下列三种类型。

(1) 恒转矩负载特性

恒转矩负载的特点是负载转矩 T_L 与转速 n 无关，即当转速变化时，负载转矩 T_L 保持常值。

恒转矩负载特性有反抗性的，也有位能性的。

反抗性恒转矩负载特性的特点是：恒值转矩 T_L 总是与运动方向相反。根据式（2-4）中转矩 T_L 的正负号规定：当正转时 n 为正，转矩 T_L 为反方向，应取正号，即为 $+T_L$；而反转时 n 为负，转矩 T_L 为正方向，应变为 $-T_L$。因此，反抗性恒转矩负载特性如图 2-8 所示，特性在第一与第三象限内。属于这种特性的负载有金属的压延等。

位能性恒转矩负载特性与反抗性恒转矩负载特性不同，它由拖动系统中某些具有位能的部件（如起重类型负载中的重物）形成。其特点是转矩 T_L 具有固定的方向，不随转速方向改变而改变，负载特性如图 2-9 所示。不论重物提升（n 为正）或下降（n 为负），负载转矩始终为反方向，即 T_L 始终为正，特性画在第一象限与第四象限内，表示恒转矩特性的直线是连续的。

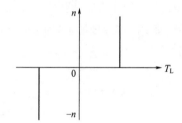

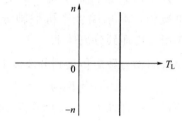

图 2-8　反抗性恒转矩负载特性　　　　　图 2-9　位能性恒转矩负载特性

由图 2-9 可见，提升时，转矩阻碍提升；下放时，T_L 却帮助下放。这是位能性负载的特点。

(2) 通风机负载特性

通风机负载的转矩与转速大小有关，基本上与转速的平方成正比，即 $T_L = Kn^2$，K 是比例常数。

通风机负载特性如图 2-10 所示。图中只在第一象限画出了转速正向时的特性，鉴于通风机负载是反抗性的，当转速方向 n 为负时，T_L 是负值，第三象限中应有与第一象限特性对称的曲线。此类负载有通风机、水泵、油泵等。

(3) 恒功率负载特性

一些机床，如车床，在粗加工时，切削量大，切削阻力大，开低速；精加工时，切削量小，切削力小，开高速。因此，在不同的转速下，负载转矩与转速成反比，即

$$T_L = \frac{K}{n}$$

切削功率基本不变，负载转矩 T_L 与转速 n 的特性曲线呈现恒功率的性质，如图 2-11 所示。

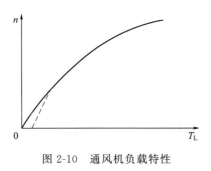

图 2-10　通风机负载特性

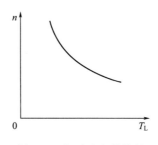

图 2-11　恒功率负载特性

以上是三种典型的负载特性。而实际生产机械的负载特性可能是其中一种，也可能是以上几种典型特性的综合。

2.4　机电传动控制系统的过渡过程

机电传动控制系统的过渡过程是指机电传动控制系统从一个稳定的工作状态到另一个稳定的工作状态之间的变化过程，在该过程中，电动机的电磁转矩、转速、电流都可能会随时间而变化，是时间的函数。

例如，当电动机的负载发生变化时，将打破运动系统当前的稳定运行状态，电动机进入过渡过程。经过一定的时间，过渡过程结束，电动机将在另一稳定的工作状态下运行。

生产机械对机电传动系统的过渡过程有各种各样的不同要求。如龙门刨床的工作台、可逆式轧钢机、轧钢机的辅助机械等，在工作中需要经常启动、制动、反转和调速。因此，要求过渡过程尽量快，以缩短生产周期中非生产时间，提高生产率。对升降机、载人电梯、地铁、电车等生产机械，它们对启动、制动过程则要求平滑，加减速度变化不能过大，以保证安全和舒适。而对于机器人、数控机床等，则不仅要求快速启动，而且要求在动态的过程中，多个电动机能准确地协调加速度、速度和位移，进行精确的角度或直线位移控制，进行复杂的曲线轨迹插补等。

为了满足生产过程的需要，要深入研究过渡过程。研究如转速、转矩、电流等物理量对时间的变化规律，才能正确地选择机电传动装置，设计出完善的启动、制动、自动乃至智能控制方案，以改善产品质量、提高生产率、减轻操作人员的体力和脑力劳动强度。

(1) 机电传动系统过渡过程的分析

研究过渡过程的方法，一般是先列出反映变化规律的动力学方程，在此基础上使用数学解析法，或者使用图解法及实验方法来求得过渡过程的解。

在机电传动系统的动力学方程 $T_M - T_L = \dfrac{GD^2}{375} \times \dfrac{\mathrm{d}n}{\mathrm{d}t}$ 中，T_M 与 n 的关系即电动机的机械特性 $T_M = f(n)$；T_L 与 n 的关系即生产机械的负载转矩特性 $T_L = f(n)$；而 GD^2 一般是不随转速而变的。

对于常用的交流异步电动机和直流他（并）励电动机拖动系统，在正常工作范围内 T_M 与 n 有近似线性的关系，为简化分析，不妨以直流他（并）励电动机为例，如图 2-12 所示。

若拖动的是恒转矩负载，即 $T_L =$ 常数，由相似三角形原理：

$$\frac{T_M}{T_{st}} + \frac{n}{n_0} = 1$$

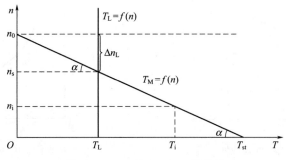

图 2-12 T_M 及 T_L 与 n 的关系

$$T_M = T_{st}\left(1 - \frac{n}{n_0}\right)$$

式中 T_{st}——$n = 0$ 时的转矩；

　　　　n_0——理想空载转矩。

同理：
$$T_L = T_{st}\left(1 - \frac{n_s}{n_0}\right)$$

式中，n_s 是 T_L 为恒转矩时稳定运行的稳态转速。

将 $T_M = T_{st}\left(1 - \dfrac{n}{n_0}\right)$ 和 $T_L = T_{st}\left(1 - \dfrac{n_s}{n_0}\right)$ 代入式(2-4)：

$$T_{st}\left(1 - \frac{n}{n_0}\right) - T_{st}\left(1 - \frac{n_s}{n_0}\right) = \frac{GD^2}{375} \times \frac{dn}{dt}$$

$$T_{st}\frac{n_s - n}{n_0} = \frac{GD^2}{375} \times \frac{dn}{dt}$$

$$n_s - n = \frac{GD^2}{375} \times \frac{n_0}{T_{st}} \times \frac{dn}{dt}$$

$$n_s - n = \tau_m \frac{dn}{dt}$$

式中，$\tau_m = \dfrac{GD^2}{375} \times \dfrac{n_0}{T_{st}}$ 称为时间常数。

因此有：
$$\tau_m \frac{dn}{dt} + n = n_s$$

上式是一个典型的一阶线性常系数非齐次微分方程，它的全解是：

$$n = n_s + Ce^{-t/\tau_m} \tag{2-10}$$

式中 C——积分常数，由初始条件决定。

当过渡过程开始，即 $t = 0$ 时，$n = n_i$，代入式(2-10) 可得：

$$C = n_i - n_s$$

$$n = n_s + (n_i - n_s)e^{-t/\tau_m} \tag{2-11}$$

类比上述方法可得到：

$$T_M = T_L + (T_i - T_L)e^{-t/\tau_m} \tag{2-12}$$

$$I_s = I_L + (I_i - I_L)e^{-t/\tau_m} \tag{2-13}$$

这三个方程表示，当 T_L 为常数、$n=f(T_M)$ 是线性关系时，机电传动系统的转速、转矩、电流随时间变化的规律。

例如，启动过程，即 $t=0$ 时，$n_i=0$，$T_i=T_{st}$，$I_i=I_{st}$，可得：

$$n=n_s(1-e^{-t/\tau_m}) \tag{2-14}$$

类比上述方法可得到：

$$T_M=T_L+(T_{st}-T_L)e^{-t/\tau_m} \tag{2-15}$$

$$I_s=I_L+(I_{st}-I_L)e^{-t/\tau_m} \tag{2-16}$$

对应的过渡过程曲线如图 2-13 所示。

（2）机电时间常数

过渡过程存在的主要原因是，机电传动控制系统中存在着各种惯性环节。主要的惯性环节有机械惯性和电磁惯性。机械惯性存在的原因，主要是拖动系统中的运动部分具有一定质量，当物体做旋转运动，就存在一定的转动惯量，且转动惯量 $J=m\rho^2$。由于转动惯量的存在使得电动机的转速不能跃变。电磁惯性存在的原因，主要是电动机的电枢回路中存在着电感，电感中的电流也不能跃变。

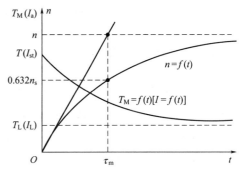

图 2-13　启动时的过渡过程曲线

机电时间常数 τ_m 直接影响机电传动系统过渡过程的快慢，是机电传动系统中很重要的参数。

将式 $n=n_s(1-e^{-t/\tau_m})$ 在 $t=0$ 处求导，可得 $t=0$ 时的加速度为：

$$\frac{dn}{dt}\Big|_{t=0}=\frac{n_s}{\tau_m}$$

上式表明，τ_m 在数值上等于转速 n 以 $t=0$ 时的加速度直线上升到稳态转速 n_s 时所需时间。可以算出，τ_m 就是转速达到稳态值的 63.2% 经历的时间，如图 2-13 所示。

对于常用的交流异步电动机和直流他（并）励电动机拖动系统

$$\tau_m=\frac{GD^2}{375}\times\frac{n_0}{T_{st}}=\frac{GD^2}{375}\times\frac{n_s}{T_D}=\frac{GD^2}{375}\times\frac{\Delta n_L}{T_L}$$

τ_m 不仅与机械量 GD^2 有关，还与动态转矩 T_D 有密切关系。实际上如果负载确定，则 T_D 取决于电动机转矩 T_M，T_M 与输入电流、电压、转子直径及电气参数，如电枢电阻、磁通或绕组电感等有关。

（3）加快系统过渡过程的方法

由式（2-4）得：

$$dt=\frac{GD^2}{375}\times\frac{dn}{T_M-T_L}$$

$$t=\int\frac{GD^2}{375}\times\frac{dn}{T_M-T_L}=\int\frac{GD^2}{375}\times\frac{dn}{T_d} \tag{2-17}$$

如果电气参数影响较小，为加快系统的过渡过程、缩短过渡过程时间，则可以主要从两个方面采取措施。

① 减小飞轮转矩 GD^2。当其他条件不变的情况下，减小系统的飞轮转矩或转动惯量，特别是减少高速轴的飞轮转矩或转动惯量，能显著缩短过渡过程时间。

为了提高系统的快速性，驱动电动机采用细长轴的小惯量直流电动机，就是为了减少高速电动机的转动惯量，从而减少系统的响应时间。这在高速、小功率的情况下往往比较常见。

在输出功率和运行速度都相同的情况下，选用两台电动机，总的 GD^2 要比选用一台电动机时要小。例如，一台 46kW、转速为 580r/min 的直流电动机，其 GD^2 为 216N·m^2。但如果采用两台 23kW、转速为 600r/min 的直流电动机同轴拖动运行，则其 GD^2 为 92×2＝184(N·m^2)。与采用一台电动机相比，GD^2 减小了 15%。

② 加大动态转矩 T_D。由式(2-17)可以看出，对于低速大转矩的负载机械，提高系统的动态转矩 T_D 往往更为有效。动态转矩 $T_D = T_M - T_L$ 越大，系统的加速度也越大，过渡过程的时间就越短。

现代数控机床和机器人采用了大惯量宽调速力矩电动机（T_M 较大），道理就在于从提高系统的动态转矩 T_D 的角度解决快速响应的问题。这种电动机转子径向尺寸大，虽然电动机的飞轮转矩 GD^2 有所增加，但电动机的额定转矩，特别是短时的最大转矩增加的更多，使动态转矩增大的效果大于 GD^2 增加的效果，从而总体上增加了系统的快速性。在很多大功率机电传动控制系统中，大惯量宽调速力矩电动机已得到了广泛的应用。

2.5 机电传动控制系统稳定运行的条件

机电传动系统中，电动机与生产机械通过传动机构连成一体，为了使系统运行合理，就要使电动机的机械特性与生产机械的机械特性相匹配。特性匹配的一个基本要求是系统能稳定运行。

对于大部分有固定生产速度要求的机电传动系统稳定运行包含两重含义：一是系统应能以一定速度匀速运行；二是系统受某种外部干扰（如电压波动、负载转矩波动等）使运行速度发生变化时，应保证在干扰消除后系统能恢复到原来的运行速度。

必要条件：电动机的输出转矩 T_M 和负载转矩传递到电动机轴上的转矩 T_L 大小相等，方向相反。

从 T-n 坐标平面上看，就是电动机的机械特性曲线 $n = f(T_M)$ 和生产机械的机械特性曲线 $n = f(T_L)$ 必须有交点，如图 2-14 所示的交点 a 和 b。

机械特性曲线存在交点只是保证系统稳定运行的必要条件，还不是充分条件。

实际上只有 a 点才是系统的稳定平衡点。因为在系统出现干扰时，例如负载转矩突然增加了 ΔT_L，则 T_L 变为 T_L'，由于电动机的时间常数不可能为零，即过渡过程需要时间，此时，电动机的转矩仍为 T_M，于是 $T_M < T_L'$，由拖动系统动力学方程可知，系统要减速，即 n

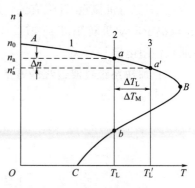

图 2-14　稳定工作点的判定（一）

要下降到 $n'_a = n_a - \Delta n$。

从电动机机械特性的 AB 段可看出，随着时间的延长，电动机转矩 T_M 将逐渐增大为 $T'_M = T_M + \Delta T_M$。电动机的工作点转移到 a' 点。

特别要关注的是，当干扰消除（$\Delta T_L = 0$）后，必有 $T'_M > T_L$，迫使电动机加速，转速 n 上升，而 T'_M 又要随 n 的上升而减小，直到 $\Delta n = 0$，$T_M = T_L$，系统重新回到原来的运行点 a。

反之，若 T_L 突然减小，n 上升，当干扰消除后，也能回到 a 点工作。所以 a 点是系统的稳定平衡点。

在 b 点，若 T_L 突然增加，n 要下降，从电动机机械特性的 BC 段可看出，T_M 要减小，当干扰消除后，则有 $T_M < T_L$ 使得 n 又要下降，T_M 随 n 的下降而进一步减小，使 n 进一步下降，一直到 $n = 0$，电动机停转。

反之，若 T_L 突然减小，n 上升，使 T_M 增大，促使 n 进一步上升，直至越过 B 点进入 AB 段的 a 点。因此，b 点不是系统的稳定平衡点。

所以，机电传动系统稳定运行的必要充分条件是：

① 电动机的机械特性曲线 $n = f(T_M)$ 和生产机械的特性曲线 $n = f(T_L)$ 有交点（即拖动系统的平衡点）。

② 当干扰使速度上升时，有 $T_M < T_L$；相反，当干扰使速度下降时，有 $T_M > T_L$。满足必要充分条件的交点称为稳定运行点。

如图 2-15 所示，曲线 1 为异步电动机的机械特性，曲线 2 为异步电动机拖动的生产机械的机械特性。两曲线有交点 b，即拖动系统有一个平衡点。b 点符合稳定运行的条件（为什么?），因此 b 点为是稳定平衡点，此系统能在 b 点稳定运行。

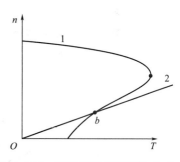

图 2-15　稳定工作点的判定（二）

习 题

2.1　单轴机电传动系统主要分成哪两种类型？

2.2　试说明图 2-16 所示系统的各种运行状态是加速、减速还是匀速（图中箭头方向表示转矩的实际作用方向）？

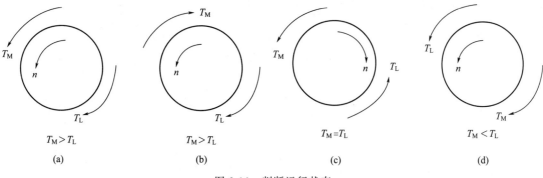

图 2-16　判断运行状态

2.3　多轴传动系统末端轴的负载转矩是怎样传递到电动机轴上的？

2.4　某多轴传动系统的末端"轴"的运动是直线运动，负载的质量是 M，加速度是 a，该负载的惯性力怎样计算？该惯性力是怎样传递到电动机轴上的？

2.5　定轴转动刚体的转动惯量为 J，在外加转矩的 T_M 作用下运动，如何根据动静法列出定轴转动刚体的转矩平衡方程？当 $T_M=0$ 时，转速会变吗？

2.6　两轴传动系统传动比为 j，电动机轴的转矩为 T_M，转动惯量为 J_M。负载轴的负载转矩为 T_L'，绕自身回转轴做定轴转动时的转动惯量为 J_2，转速为 ω_2。问：

①　负载轴的负载转矩是怎样传递到电动机轴上的？怎样计算？

②　负载轴的惯性力是怎样传递到电动机轴上的？对应的转矩又是怎样传递到相邻轴上的？怎样计算？

③　电动机轴的动力学方程是什么？

2.7　一般生产机械按其运动受阻力的性质来分，主要分为哪几种类型的负载？

2.8　反抗性恒转矩负载与位能性恒转矩负载有何区别？

2.9　机电时间常数的物理意义是什么？

2.10　加快机电传动系统的过渡过程的方法主要有哪些？

2.11　在图 2-17 中，曲线 1 和 2 分别为电动机和负载的机械特性，试判断哪些是系统的稳定平衡点？哪些不是？

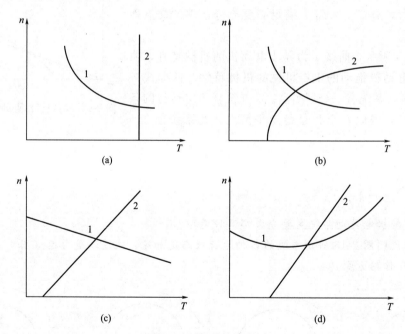

图 2-17　判别稳定平衡点

第3章
直流电机的工作原理及特性

　　直流电机从原理上既可以作电动机也可以作发电机。受额定参数和经济指标限制，工程上实际应用的直流电动机要求节能高效，控制简单，具有良好的启动性能和调速性能。

　　本章的重点是他励直流电动机的机械特性以及启动、调速和制动的方法。这也是后续学习伺服控制系统的基础。

3.1　直流电机的基本结构和工作原理

3.1.1　直流电机的基本工作原理

　　电机的工作原理建立在电磁力和电磁感应这个基础上。

　　为了讨论直流电机的工作原理，可把复杂的直流电机结构简化为图 3-1 和图 3-2 所示的工作原理图。电机具有一对磁极，电枢绕组只是一个线圈，线圈两端分别连在两个换向片上，换向片上压着电刷 A 和 B。

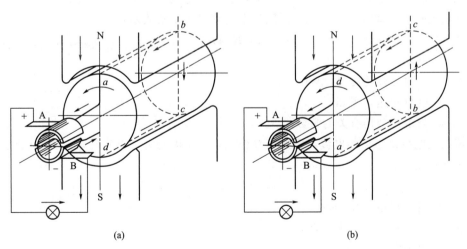

(a)　　　　　　　　　　　　　　　　(b)

图 3-1　直流发电机工作原理

　　直流电机作为发电机运行（图 3-1）时，电枢由原动机驱动而在磁场中旋转，在电枢线圈的两根有效边 ab 和 cd 切割磁力线时便感应出电动势 e。显然，每一有效边中的电动势都是交变的，即在 N 极下是一个方向，当它转到 S 极下时是另一个方向。但是，由于电刷 A 总是同与 N 极下的有效边相连的换向片接触，而电刷 B 总是同与 S 极下的有效边相连的换

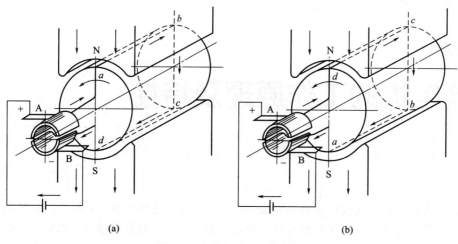

图 3-2 直流电动机工作原理

向片接触，因此，在电刷间就出现一个极性不变的电动势或电压。所以，电刷和换向片组成的换向器起到了换向的作用。即将发电机电枢绕组内的交流电动势变换成电刷之间的极性不变的电动势。当电刷之间接有负载时，在电动势的作用下就在电路中产生一定方向的电流。

直流电机作电动机运行（图 3-2）时，将直流电源接在电刷之间使电流通入电枢线圈。电流方向应该是这样的：N 极下的有效边中的电流总是一个方向，而 S 极下的有效边中的电流总是另一个方向，这样才能使两个边上受到的电磁力形成的电磁转矩的方向一致，电枢才能转动。因此，当线圈的有效边从 N(S) 极下转到 S(N) 极下时，其中电流的方向必须同时改变，以使电磁力的方向不变，这也必须通过换向器才得以实现。另外，当电枢在磁场中转动时，线圈中也要产生感应电动势 e，这个电动势的方向（由右手定则确定）与电流或外加电压的方向总是相反，所以称为反电势，它与发电机中电动势的作用是不同的。

根据电磁感应定律，直流电机电刷间的电动势可用下式表示：

$$E = K_e \Phi n \tag{3-1}$$

式中 E——电动势，V；

Φ——一对磁极的磁通，Wb；

n——电枢转速，r/min；

K_e——与电机结构有关的常数。

直流电机电枢绕组中的电流与磁通相互作用，产生电磁力和电磁转矩。直流电机的电磁转矩可用下式表示：

$$T = K_m \Phi I_a \tag{3-2}$$

式中 T——电磁转矩，N·m；

Φ——一对磁极的磁通，Wb；

I_a——电枢电流，A；

K_m——与电机结构有关的常数。

直流发电机和直流电动机的电磁转矩的作用是不同的。发电机的电磁转矩是阻转矩。在图 3-1 中，应用左手定则就可看出它与电枢转动的方向或原动机的驱动转矩的方向相反。因此，在等速转动时，原动机的转矩 T_Y 必须与发电机的电磁转矩 T 及空载损耗转矩 T_0 相平衡。当发电机的负载（即电枢电流）增加时，电磁转矩和输出功率也随之增加，这时原动机的驱动转矩和所供给的机械功率亦必须相应增加，以保持转矩之间及功率之间的平衡。

电动机的电磁转矩是驱动转矩，它使电枢转动。因此，电动机的电磁转矩 T 必须与机械负载转矩 T_L 及空载损耗转矩 T_0 相平衡。当轴上的机械负载发生变动时，则电动机的转速、电动势、电流及电磁转矩将自动进行调整，以适应负载的变化，保持新的平衡。比如，当负载增加，即阻转矩增加时，电动机的电磁转矩便暂时小于阻转矩，所以，转速开始下降；随着转速的下降，当磁通 Φ 不变时，反电动势 E 必将减小，而电枢电流 I_a 将增加，于是电磁转矩也随着增加，直到电磁转矩与阻转矩达到新的平衡后，转速不再下降，而电动机以较原转速为低的新转速稳定运行，这时的电枢电流已大于原数值，也就是说从电源输入的电流增加了。

注意：直流电机作发电机运行和作电动机运行时，虽然都产生电动势 E、电流 I_a 和电磁转矩 T，但其作用不同，见表 3-1。

表 3-1　电机不同运行方式下电动势 E、电流 I_a、电磁转矩 T 的比较

电机运行方式	E 与 I_a 的方向	E 的作用	电磁转矩的作用
发电机	相同	电源电动势	阻转矩
电动机	相反	反电动势	驱动转矩

3.1.2　直流电机的基本结构

实际应用的直流电机的结构包括定子和转子两部分。定子和转子之间由空气隙分开。定子的作用是产生主磁场，并在机械结构上支撑电机。定子的组成部分有主磁极、换向极、电刷装置、机座、端盖和轴承等。转子的作用是产生感应电势并产生机械转矩以实现能量的转换。转子的组成部分有电枢铁芯、电枢绕组、换向器、轴、风扇等。如图 3-3 所示为直流电

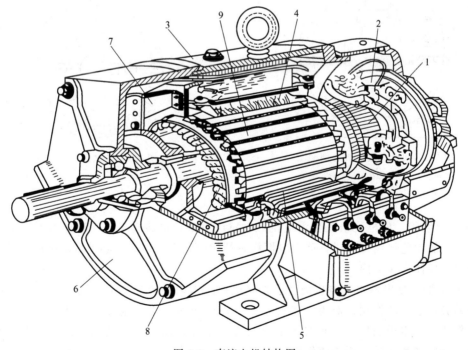

图 3-3　直流电机结构图

1—换向器；2—电刷装置；3—机座；4—主磁极；5—换向极；6—端盖；7—风扇；8—电枢绕组；9—电枢铁芯

机结构图。

(1) 定子部分

① 主磁极。主磁极 4 (图 3-3) 包括主磁极铁芯和套在上面的励磁绕组,其主要任务是产生主磁场。磁极下面扩大的部分称为极掌,它的作用是使通过空气隙中的磁通分布和有利于能量转换,并使励磁绕组能牢固地固定在铁芯上。磁极是磁路的一部分,采用 1.0~1.5mm 的钢片叠压制成。励磁绕组用绝缘铜线绕成。

② 电刷装置。电刷装置 2 (图 3-3) 包括电刷及电刷座,它们固定在定子机座上,其电刷与换向器保持滑动接触,以便将电枢绕组和外电路接通。

③ 换向极。图 3-4 为两极直流电机的剖面图。直流电机的换向极的作用是改善换向性能,能够减小电机运行时电刷与换向片之间产生的换向火花。换向极一般装在两个相邻主磁极之间,由换向极铁芯 4 和换向极绕组 5 组成。换向极绕组用绝缘导线绕制而成,套在换向极铁芯上,换向极的数目与主磁极相等,用螺栓固定在定子的两个主磁极的中间。功率很小的直流电机也有不装换向极的。

④ 机座。机座一方面用来固定主磁极、换向极和端盖等,并作为整个电机的支架用地脚螺栓将电机固定在基础上;另一方面也是电机磁路的一部分,多用铸钢或者是钢板压成。

(2) 转子部分

① 电枢铁芯。电枢铁芯是主磁通磁路的一部分,用硅钢片叠成,呈圆柱形,表面冲了槽,槽内嵌放电枢绕组。为了加强铁芯的冷却,电枢铁芯上可有轴向通风孔,如图 3-5 所示。

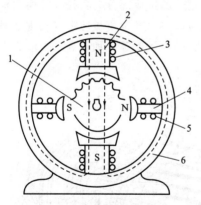

图 3-4　两极直流电机的剖面图

1—电枢;2—主磁极;3—励磁绕组;
4—换向极铁芯;5—换向极绕组;6—机座

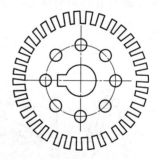

图 3-5　电枢铁芯硅钢片

② 电枢绕组。电枢绕组是直流电机产生感应电势及电磁转矩,实现能量转换的关键部分。绕组一般由绝缘铜线绕成,嵌入电枢铁芯的槽中,为了防止离心力将绕组甩出槽外,用槽楔将绕组导体楔在槽内。

③ 换向器。换向器对发电机而言,是将电枢绕组内感应的交流电动势转换成电刷间的直流电动势,起整流作用;对电动机而言,是将外加的直流电流转换为电枢绕组的交流电流,并保证每一定子磁极下电枢导体的电流方向不变,以产生持续的、方向不变的电磁转矩,使电动机持续运转,起逆变作用。

换向器是直流电机的关键部件之一。图 3-6 所示的是换向器的结构图:由很多彼此绝缘的、做成鸽尾形的铜片沿圆周排列，用 V 形套筒和螺旋压紧。这些铜片称为换向片，其间彼此用云母片绝缘，换向片其他部位用云母环与转子轴绝缘。每个换向片都和对应的电枢绕组连接。

换向器与压在换向器上的电刷的联合作用使电机在转动过程中完成整流或逆变过程。

需要特别强调的是，直流电机从原理上，既可作为电动机使用，又可作为发电机使用。但实际工程应用的发电机或电动机有具体工作状态和参数的要求，必须考虑效率、经济性等指标。无论是直流发电机还是电动机，通常是根据相关标准系列分别进行设计和制造，并要求电机在额定参数下工作。因此在具体结构，特别是相关的工作参数方面，直流发电机与电动机在应用上往往是有区别的。

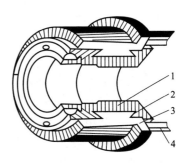

图 3-6　换向器结构
1—V 形套筒；2—云母环；
3—换向片；4—连接片

如果电机的实际工作电流小于额定电流，称为欠载运行，大马拉小车，浪费能量，运行效率低；如果电机的实际工作电流大于额定电流，称为过载运行，小马拉大车，容易过热而烧坏电机。电机长期工作时，无论发电还是电动，只有在额定工作参数状态下才会有较好的经济指标。

例如 110V 的直流电动机，在 110V 时额定转速 1440r/min，作为电动机的额定功率、效率是确定的，能满足电动机的设计要求。当它工作在发电机状态时，能量转换效率就不是额定效率了。如果转速按 1440r/min 旋转，输出电压不到 110V（电流经内阻造成部分电压降）。要想使输出电压达到 110V，需要提高转速或是改变磁场绕组参数等，这样能量转化效率往往会较低。把它作为发电机使用时，经过优化的设计参数未必与发电的工程实际所需要的发电参数一致。而勉强使用时，通常未必恰恰是电动机的优化设计参数，结果降低能量转化效率甚至损坏电动机。所以直流电动机一般不长时间工作在发电机状态，反之亦然。

还需要指出的是，短时间的发电与电动互逆在很多工程实际中比较常见，如电动车辆减速、制动时电动机可以由电动状态变为发电状态，将机械能转变为电能，有利于节能（比白白浪费甚至消耗刹车片材料产生热量和温升要好得多）。

总而言之，直流发电机与电动机在设计、制造、选用时是有针对性的，必须根据对应的相关标准系列和最优化原则进行，具体落实并体现在电机的铭牌数据和使用说明书上。

3.2　直流电机的基本方程

3.2.1　直流电机的励磁方式

直流电机的运行情况受励磁绕组连接方法的影响，因此，直流电机通常按励磁方法分为他励和自励两大类。他励直流电机如图 3-7 所示。

他励直流电机的励磁绕组是由外电源供电的，励磁电流不受电枢端电压或电枢电流的影响。

自励直流电机的励磁电流即为电枢电流或为电枢电流的一部分，又可分为并励 [图 3-8(a)]、串励 [图 3-8(b)] 和复励 [图 3-8(c)] 三种。

并励绕组与电枢并联，它的导线较细而匝数较多，因而电阻较大，通过的电流较小；串励绕组与电枢串联，通过的电枢电流较大，故它的导线较粗而匝数较少，电阻较小。

此外，在有些设备中的直流电机也有用永久磁铁来产生所需磁场的，这种直流电机称为永磁式直流电机，可以认为是最简单的他励直流电机。随着永磁材料技术的发展，永磁式直流电机应用越来越广泛。

由于他励直流电机励磁电流不受电枢端电压或电枢电流的影响，学习和研究过程相对比较容易，工程上也有较多应用，

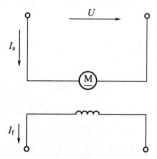

图 3-7　他励直流电机的励磁

所以本书将他励直流电机作为重点，后续如不做特殊说明，直流电机主要指他励直流电机。在此基础上，其他种类的直流电机的特性可以举一反三，要注意不同直流电机的各自特点。

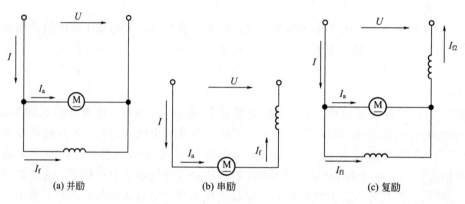

(a) 并励　　　　　　(b) 串励　　　　　　(c) 复励

图 3-8　自励直流电机的励磁

3.2.2　直流发电机的基本方程

电机的工作过程符合相关物理学定律，由此可以得到反映发电机运行状态及参数之间关系的方程，这是设计、分析、应用发电机的重要基础。

以他励直流发电机为例，其电路原理如图 3-9 所示。图中，R 是负载电阻；I 是负载电流；R_f 是励磁调节电阻；R_a 是电枢电阻；I_a 是电枢电流；E 和 U 分别为发电机的电动势和端电压。

(1) 电压平衡方程

如图 3-9 所示，他励发电机中的电压与电流间的关系遵循回路电压定律：

$$E = U + I_a R_a \tag{3-3}$$

当发电机空载时，$I_a = 0$，发电机的电枢电动势等于其空载端电压 U_0：

$$U_0 = E = K_e \Phi n$$

此式与式(3-1) 一致。磁通 Φ 的大小决定于励磁电流 I_f，而 I_f 是可以通过改变励磁调节电阻 R_f 调节的。

保持发电机的转速 n 为额定值，调节励磁电流以获得所需的空载电压 U_0，然后接上负载，当增加负载时，发电机的端电压逐渐下降。在发电机的转速 n 和励磁电流 I 为常数的条件下，发电机端电压 U 与负载电流 I 之间关系的曲线称为外特性曲线 $U = f(I)$，如图 3-10

所示。如果发电机电路中的用电负载是额定值，图中额定转速对应的 U_N 和 I_N 分别是额定工作电压和额定工作电流，该点称为发电机的工作点。一般工程应用中，从空载到额定负载的电压变化率为 $5\%\sim10\%$。

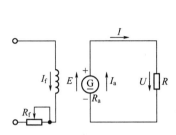

图 3-9　他励直流发电机电路原理

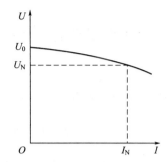

图 3-10　他励直流发电机的外特性曲线

(2) 转矩平衡方程

他励直流发电机稳定运行时，带动发电机转子转动的原动机的转矩应与发电机电磁转矩和空载损耗转矩之和相等。满足这样的条件，转子会以不变的转速运行。

$$T_Y = T + T_0 \qquad (3\text{-}4)$$

式中　T_Y——原动机的驱动转矩；

　　　T——发电机的电磁转矩；

　　　T_0——发电机空载损耗转矩。

应该注意的是，电磁转矩 T 会随着用电负载的变化而改变。通常情况下，当用电负载增加时，电流 I 增加，电磁转矩增大，如果 $T_Y < T + T_0$，发电机转速下降，工作点向图 3-10 的右下方移动。反之，当用电负载减少时，电流 I 减小，电磁转矩减小，如果 $T_Y > T + T_0$，发电机转速上升，工作点向图 3-10 的左上方移动。

发电机空载损耗转矩 $T_0 > 0$，表示发电机将机械能转变为电能过程伴随着能量损失。

3.2.3　直流电动机的基本方程

直流电动机也是按励磁方法分为他励、自励（包括并励、串励和复励）。这里主要介绍工程实际用得较多的他励直流电动机。

与直流发电机的基本方程不同的是电动机将电能转换为机械能。

他励直流电动机的电路原理如图 3-11 所示。I_a 为电枢电流，R_a 为电枢电阻，E 为电动机的电动势，U 为电路端电压。

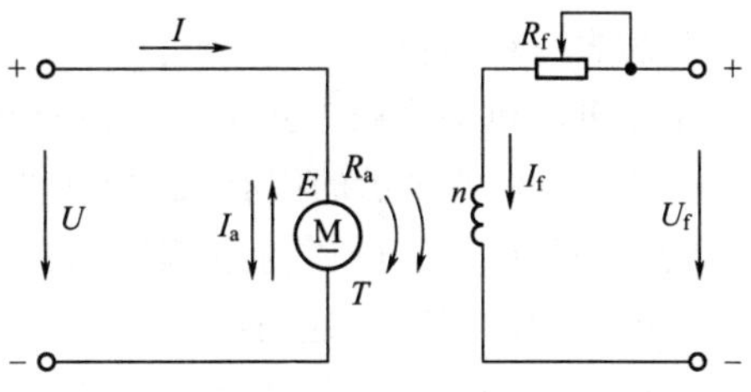

(1) 电压平衡方程

在电枢回路中，根据回路电压定律：

$$U = E + I_a R_a \qquad (3\text{-}5)$$

图 3-11　他励直流电动机的电路原理

比较式(3-5)与式(3-3)的区别：式(3-5)中的 U 是外部电源提供给电动机的；式(3-3)中的 U 是发电机提供给用电负载的。

(2) 转矩平衡方程

当电动机稳定运行时，电磁转矩 T 与负载转矩 T_L 和空载损耗转矩 T_0 之和相平衡：

$$T = T_L + T_0 \tag{3-6}$$

比较式(3-6)与式(3-4)的区别：式(3-6)中电动机的电磁转矩 T 是主动转矩，促使电动机转动；式(3-4)中发电机的转动靠外部原动机带动，电磁转矩 T 阻碍发电机转动。

3.3 直流电动机的机械特性

直流电动机的机械特性是电动机的实际转速与输出转矩之间的函数关系：$n = f(T)$。机械特性可分为固有机械特性和人为机械特性。

3.3.1 直流电动机的固有机械特性

固有机械特性又称自然机械特性 $n = f(T)$。对于他励直流电动机，就是在额定电压 U 和额定磁通下，电枢电路内不外接任何电阻时的 $n = f(T)$。

固有机械特性曲线的形状与电动机的应用范围、应用效果密切相关。固有机械特性（曲线）$n = f(T)$ 是分析电动机与所带机械负载关系的重要工具，也是后续分析人为机械特性的基础。

将式(3-1) $E = K_e \Phi n$ 代入式(3-5) $U = E + I_a R_a$，整理后可得：

$$n = \frac{U}{K_e \Phi} - \frac{R_a}{K_e \Phi} I_a \tag{3-7}$$

式(3-7)称为直流电动机的转速特性 $n = f(I_a)$。

根据式(3-2) $T = K_m \Phi I_a$ 得：

$$I_a = \frac{T}{K_m \Phi}$$

代入式(3-7)，即可得直流电动机机械特性的一般表达式：

$$n = \frac{U}{K_e \Phi} - \frac{R_a}{K_e K_m \Phi^2} T = n_0 - \Delta n \tag{3-8}$$

当 $T = 0$ 时的转速 $n_0 = \dfrac{U}{K_e \Phi}$ 称为理想空载转速。

实际上，电动机总存在空载转矩，依靠电动机本身的作用不可能使其转速上升到 n_0，故称为理想空载转速。

由于电动机的励磁方式不同，磁通 Φ 随 I 和 T 变化的规律也不同，所以在不同励磁方式下，式(3-8)所表示的固有机械特性形状也不尽相同。对他励与并励而言，励磁与电枢同属一个电源，且不考虑供电电源的内阻时，这两种电动机励磁电流（或磁通 Φ）的大小均与电枢电流 I_a 无关，因此，它们的机械特性是一样的，如图 3-12 所示。

为了衡量电动机在负载变动情况下稳定速度的能力，定义机械特性硬度，记作 β：

$$\beta = \frac{dT}{dn} = \frac{\Delta T}{\Delta n} \times 100\% \tag{3-9}$$

即转矩变化 dT 与转速变化 dn 的比值，称为机械特

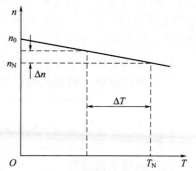

图 3-12 他励直流电动机的机械特性

性的硬度，根据 β 值的不同，可将电动机的机械特性分为三类：

①　绝对硬特性（$\beta \to \infty$）：如交流同步电动机的机械特性。

②　硬特性（$\beta > 10$）：如他励直流电动机的机械特性、交流异步电动机机械特性的上半部。

③　软特性（$\beta < 10$）：如直流串励电动机和直流复励电动机的机械特性。

在生产实际中，应根据生产机械和工艺过程的具体要求选用不同硬度特性的电动机。如一般的金属切削机床往往选用硬特性的电动机，而起重机则选用软特性的电动机。

3.3.2　直流电动机的人为机械特性

为满足生产实际的需要，人为改变电动机的相关参数而得到的机械特性是人为机械特性。

人为机械特性主要是在电枢回路中串接附加电阻、改变供电电压或改变磁通时得到的电动机的机械特性。

(1) 电枢回路中串接附加电阻时的人为机械特性

当 $U = U_N$，$\Phi = \Phi_N$，电枢回路中串接附加电阻 R_{ad}，以 $R_{ad} + R_a$ 代替式（3-8）中的 R_a，就可求得人为机械特性方程：

$$n = \frac{U_N}{K_e \Phi_N} - \frac{R_{ad} + R_a}{K_e K_m \Phi_N^2} T = n_0 - \Delta n \tag{3-10}$$

它与固有机械特性式（3-8）比较可看出，当 U 和 Φ 都是额定值时，二者的理想空载转速 n_0 是相同的，而转速降 Δn 却变大了，即特性变软。R_{ad} 越大，特性越软，对于不同的 R_{ad} 值，可得一族过点 $(0, n_0)$ 的人为机械特性曲线，如图 3-13 所示。

(2) 改变电枢电压 U 时的人为机械特性

当 $\Phi = \Phi_N$，$R_{ad} = 0$，改变电枢电压 U 时，由式（3-8）可见，理想空载转速 $n_0 = U/(K_e \Phi_N)$ 要随 U 的变化而改变，但转速降 Δn 不变。

$$n = \frac{U}{K_e \Phi_N} - \frac{R_a}{K_e K_m \Phi_N^2} T = n_0 - \Delta n \tag{3-11}$$

所以，对于不同的电枢电压 U，可得一组平行于固有特性曲线的人为机械特性曲线，如图 3-14 所示。由于电动机绝缘耐压强度的限制，电枢电压只允许在其额定值以下调节，所以，不同 U 值时的人为特性曲线均在固有特性曲线之下。

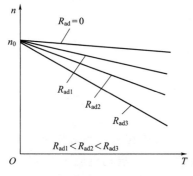

图 3-13　电枢回路串接电阻时他励
直流电动机的人为机械特性

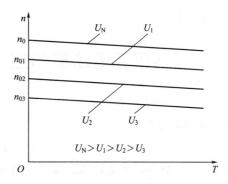

图 3-14　改变电枢电压时他励直流
电动机的人为机械特性

(3) 改变磁通 Φ 时的人为机械特性

当 $U=U_N$，$R_{ad}=0$，改变磁通 Φ 时，由式(3-8)可见，理想空载转速 $n_0=U/(K_e\Phi_N)$ 和转速降 $\Delta n=\dfrac{R_a}{K_e K_m \Phi^2}T$ 都要随磁通的改变而变化。

$$n=\frac{U_N}{K_e\Phi}-\frac{R_a}{K_e K_m \Phi^2}T=n_0-\Delta n \qquad (3-12)$$

由于励磁线圈发热与电动机磁路饱和的限制，电动机的励磁电流和它对应的磁通 Φ 只能在低于其额定值的范围内调节。所以，随着磁通的降低，理想空载转速 n_0 和转速降 Δn 都要增大。不同磁通 Φ 值下的人为机械特性曲线如图 3-15 所示。

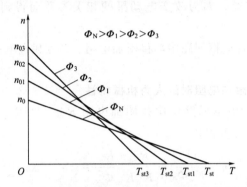

图 3-15 改变磁通时他励直流电动机的人为机械特性

从图 3-15 中可看出，每条人为特性曲线均与固有特性曲线相交，交点左边的一段在固有特性曲线之上，右边的一段在固有特性曲线之下，而在额定运转条件（额定电压、额定电流、额定功率）下，电动机总是工作在交点的左边区域内。

必须注意的是，当磁通过分削弱后，如果负载转矩不变，将使电动机电流大大增加而严重过载，可能造成电动机转矩不能带动负载，通常称为"堵转"或"闷车"，很快会烧坏电动机。

还要特别强调，当 $\Phi=0$ 时，理论上，电动机空载转速将趋于 ∞，实际上励磁电流为零时，电动机尚有剩磁，这时转速虽不会趋于 ∞，但如果此时空载或转矩很小，电动机转速可能会升到机械强度所不允许的数值，通常称为"飞车"。因此，他励直流电动机启动前必须先加励磁电流，在运转过程中，决不允许励磁电路断开或励磁电流为零。为此，他励直流电动机在使用中，一般都设有"失磁"保护。

3.4 他励直流电动机的启动特性

电动机的启动就是接通电动机电源，使电动机转子从静止状态下开始加速转动，达到所要求的转速的过程。

对直流电动机而言，由式(3-5) $U=E+I_a R_a$ 知：电动机在未启动之前 $n=0$，$E=0$，而 R_a 很小。所以，将电动机直接接入电网并施加额定电压时，启动电流 $I_{st}=U_N/R_a$ 将很大，一般情况下能达到其额定电流的 $10\sim20$ 倍。

这样大的启动电流使电动机在换向过程中产生危险的火花，甚至烧坏换向器。过大的电枢电流还可能产生过大的电动力，引起绕组绝缘的损坏。同时，与启动电流成正比例的启动转矩，会在机械系统和传动机构中产生过大的动态转矩冲击，使机械传动部件损坏。对供电电网而言，过大的启动电流将引起电网电压的下降，影响其他负载的正常运行，或使保护装置动作，为了避免造成事故而切断电源使电动机不能正常运行。

因此，功率较大的直流电动机一般是不允许直接启动的。即在启动时必须设法限制电枢电流。例如普通的 Z2 型直流电动机，规定电枢的瞬时电流不得大于额定电流的 1.5～2 倍。

怎样限制直流电动机的启动电流？一般有两种方法：

一种是降压启动。即在启动瞬间，降低供电电源电压。随着转速 n 的升高，反电势 E 增大，再逐步提高供电电压，最后达到额定电压 U 时，电动机逐渐达到所要求的转速。

另一种是在电枢回路内串接外加电阻启动。此时启动电流 $I_{st} = U_N/(R_a + R_{st})$ 将受到外加启动电阻 R_{st}（可以是多个电阻串联）的限制，随着电动机转速 n 的升高，反电势 E 增大，再逐步切除外加电阻一直到全部切除，使 R_{st} 为零，电动机达到所要求的转速。

生产机械对电动机启动的要求是有差异的。一般生产机械要求有足够的启动转矩，以缩短启动时间，提高生产效率。从技术上来说，一般希望平均启动转矩大些，这样启动电阻的段数就应多些。而从经济上来看，则要求启动设备简单、经济和可靠，这样启动电阻的段数就应少些。

如图 3-16(a) 所示，图中只有一段启动电阻，若启动后，将启动电阻一下全部切除，则启动特性如图 3-16(b) 所示，此时由于电阻被切除，工作点将从特性 1 切换到特性 2 上。由于在切除电阻的瞬间，机械惯性的作用使电动机的转速不能突变，在此瞬间 n 维持不变，即从 a 点切换到 b 点，此时会有增大的冲击电流，为了减小这种冲击，可以串联多个电阻，采用逐级切除、逐步减小启动电阻的方法来启动。启动级数愈多，启动过程愈平稳，相应地要增加成本。

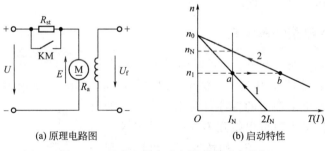

(a) 原理电路图　　　　(b) 启动特性

图 3-16　具有一段启动电阻的他励电动机

3.5　他励直流电动机的调速特性

电动机的调速就是在一定的负载条件下，人为地改变电动机的电路参数，从而改变电动机稳定状态下的转速。

如图 3-17 所示的特性曲线 1 与 2。在负载转矩一定时，电动机工作在特性 1 上的 A 点，以 n_A 转速稳定运行；若人为地增加电枢电路的电阻，则电动机将降速至特性 2 上的 B 点，以新的稳定转速 n_B 运行。这种转速的变化是人为改变（或调节）电枢电路的电阻所造成的，故称调速或速度调节。

请注意，速度调节与速度变化是两个不同的概念，所谓速度变化是指由于电动机负载转矩发生变化（增大或减小），而引起的电动机转速的改变（下降或上升，如图 3-18 所示）。当负载转矩由 T_1 增加到 T_2 时，电动机的转速由 n_A 降低到 n_B。而速度调节则是在某一特定的负载下，靠人为改变机械特性而得到的。

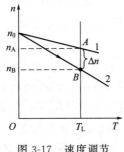

图 3-17　速度调节

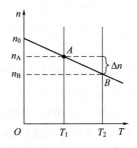

图 3-18　速度变化

电动机的调速是生产机械所要求的。如金属切削机床，根据工件尺寸、材料性质、切削用量、刀具特性、加工精度等不同，需要选用不同的切削速度，以保证产品质量和提高生产效率；电梯类或其他要求稳速运行或准确停止的生产机械，要求在启动和制动时速度要慢或停车前降低运转速度以实现在准确的位置上停止。

从他励直流电动机人为机械特性方程式(3-10)

$$n = \frac{U_N}{K_e \Phi_N} - \frac{R_{ad} + R_a}{K_e K_m \Phi_N^2} T = n_0 - \Delta n$$

可知，改变串入电枢回路的电阻 R_{ad}、电枢供电电压 U_N 或主磁通 Φ_N，都可以得到不同的人为机械特性，从而在负载不变时，可以改变电动机的转速，以达到速度调节的要求。故直流电动机调速的方法有以下三种。

3.5.1　改变电枢电路外串电阻

直流电动机电枢回路串电阻后，可以得到人为的机械特性（图 3-13），并可用此法进行启动控制（图 3-16）。同样，用这个方法也可以进行调速，如图 3-19 所示。

从改变电枢电路电阻调速的特性可看出，在一定的负载转矩下，串入不同的电阻可以得到不同的工作转速。如在电阻分别为 R_N、R_3、R_2、R_1 的情况下，可以得到对应于 A、C、D 和 E 点的转速 n_A、n_C、n_D、n_E。不考虑电枢电路的电感时，电动机调速时的过程（如降低转速）如图 3-19 中沿 A—B—C 的箭头方向所示。即从稳定转速 n_A 调至新的稳定转速 n_C。这种调速方法存在不少的缺点，如机械特性较软，电阻愈大则特性愈软，稳定度愈低；在空载或轻载时，调速范围不大，很难实现大范围的无级调速；在调速电阻上消耗电能等。应特别注意的是，一般的启动电阻是短时工作，不能当作长期工作的调速电阻使用，

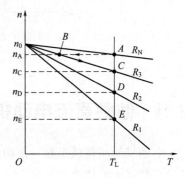

图 3-19　改变电枢电路
电阻调速的特性

否则容易烧坏。目前这种方法仅在有些起重机、卷扬机等低速运转时间不长的传动系统中采用。

3.5.2 改变电动机供电电压

改变供电电压 U 得到人为机械特性，如图 3-20 所示。

在一定负载转矩 T 下，加上不同的电压可以得到不同的转速。即改变电枢电压可以达到调速的目的。

这种调速方法的特点是：

① 当电源电压连续变化时，转速可以平滑无级调节，一般只能在额定转速以下调节。

② 调速特性与固有特性互相平行，机械特性硬度不变，调速的稳定度较高，调速范围较大。

③ 调速时，因电枢电流与电压 U 无关，且 $\Phi = \Phi_N$，故电动机转矩 $T = K_m \Phi_N I_a$ 不变，属恒转矩调速，适合于对恒转矩型负载进行调速。

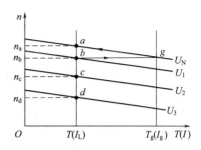

图 3-20 改变电枢电压调速的特性

④ 可以靠调节电枢电压来启动电动机，不用其他启动设备。

目前已普遍采用晶闸管整流装置调电压了。精度更高的晶体管脉宽调制放大器供电的系统也已应用于工业生产中。

[例 3-1] 有一台直流他励电动机额定值为 $P_N = 1.5 \text{kW}$，$U_N = 110 \text{V}$，$I_N = 17.5 \text{A}$，$n_N = 1500 \text{r/min}$，$R_a = 0.5 \Omega$，采用晶闸管整流装置进行降压启动与调速，如果整流装置的内阻 R 为 0.1Ω，试问：

① 若启动时最大电流限定在 35A，晶闸管整流装置输出的直流电压 U_1？

② 为得到 n_2 为 1000r/min 的转速，直流电压 U_2？

解：

① 降压启动：由回路电压定律得

$$U_1 = I_{st}(R_a + R) = 35 \times (0.5 + 0.1) = 21 (\text{V})$$

② 调速：由机械特性 $U_N / n_N = U_2 / n_2$ 得

$$U_2 = n_2 U_N / n_N = 1000 \times 110 / 1500 = 73.3 (\text{V})$$

3.5.3 改变电动机主磁通

改变电动机主磁通时的人为机械特性如图 3-15 所示。不难看出：

① 只能弱磁调速，在额定转速以上调节，可以平滑无级调速。

② 调速特性较软，且受电动机换向条件等的限制，普通他励电动机的最高转速不得超过额定转速的 1.2 倍，调速范围不大。

③ 调速时维持电枢电压和电枢电流不变时，电动机的输出功率不变，属于恒功率调速。

④ 基于弱磁调速范围不大，它往往是和调压调速配合使用，即在额定转速以下，用降压调速，而在额定转速以上，则用弱磁调速。

3.6 他励直流电动机的制动特性

电动机的制动是与启动相对应的一种工作状态，启动是从停止加速到某一稳定转速，而制动则是从某一稳定转速开始减速到停止或是限制位能负载下降速度的一种运转状态。

　　请注意，电动机的制动与自然停车是两个不同的概念，自然停车是电动机脱离电网，依靠很小的摩擦转矩消耗机械能使转速慢慢下降直到转速为零而停车。这种停车过程需时较长，当不能满足生产机械的要求时，为了提高生产效率，保证产品质量，需要加快停车过程，实现准确停车等，要求电动机运行在制动状态，常简称为电动机的制动。

　　就能量转换的观点而言，电动状态是电动机最基本的工作状态，其特点是电动机所产生的电动转矩 T 的方向与转速 n 的方向相同，如图 3-21（a）所示。如当起重机提升重物时，电动机将电源输入的电能转换成机械能，使重物 G 以速度 V 上升。

　　但电动机也可工作在其电动转矩 T 与转速 n 方向相反的状态，如图 3-21（b）所示，这就是电动机的制动状态。此时，为使重物稳速下降，电动机必须产生与转速方向相反的转矩，以吸收或消耗重物的机械位能。否则重物由于重力作用，其下降速度将愈来愈快。又如当生产机械要由高速运转迅速降到低速或者生产机械要求迅速停车时，也需要电动机产生与旋转方向

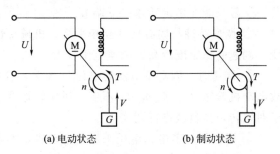

(a) 电动状态　　　　　(b) 制动状态

图 3-21　他励直流电动机的工作状态

相反的转矩，来吸收或消耗机械能，使它迅速制动。

　　进一步讨论电动机的制动过程，可按速度分成稳定的制动状态和过渡的制动状态。

　　卷扬机下放重物时为限制位能负载的运动速度，电动机的转速不变，以保持重物的匀速下降，这属于稳定的制动状态。在降速或停车制动时，电动机的转速是变化的，这时则属于过渡的制动状态。

　　两种制动形式的区别在于转速是否变化。它们的共同点是，电动机的转矩 T 与转速 n 方向相反。电动机工作在发电机运行过程，电动机吸收或消耗机械能（位能或动能），并将其转化为电能反馈回电网或消耗在电枢电路的电阻中。

　　还以他励直流电动机为例，根据电动机处于制动状态时的外部条件和能量传递情况，它的制动状态又可细分为回馈制动、反接制动、能耗制动三种形式。

3.6.1　回馈制动

　　当电动机在外部条件作用下使其实际转速大于其理想空载转速时，感应电势大于电源电压，使电枢电流反向，电磁转矩也反向变为制动转矩。此时，电动机变为发电机，将机械能变为电能向电网馈送，故称回馈制动或再生发电制动。

　　回馈制动时的电压方程：

$$U = E + I(R_a + R_{ad}) \tag{3-13}$$

　　机械特性方程：

$$n = \frac{U}{K_e \Phi} - \frac{R_a + R_{ad}}{K_e K_m \Phi^2} T \tag{3-14}$$

　　显然，回馈制动或再生发电制动将多余的机械能转变为电能，一部分消耗在电阻上，一部分回馈给了连接电动机的电网。故这种制动方式是一种较为节能的制动方式。

　　常见回馈制动产生的过程有：

　　① 如电动机车下坡时。

② 卷扬机下放重物时。

③ 电枢电压突然下降时。

④ 弱磁状态突然增磁时。

3.6.2　反接制动

当电动机的电枢电压 U 或电枢电势 E 中的任一个在外部条件作用下改变了方向，即二者由方向相反变为方向一致时，电动机即运行于反接制动状态。

把改变电枢电压 U 的方向所产生的反接制动称为电源反接制动；而把改变电枢电势 E 的方向所产生的反接制动称为倒拉反接制动。

(1) 电源反接制动

如图 3-22(a) 所示，若电动机开始运行在正向电动状态（制动特性曲线中的工作点 a），对应电动机电枢电压的极性为图 3-22(b) 电路原理图中的虚线箭头所示。

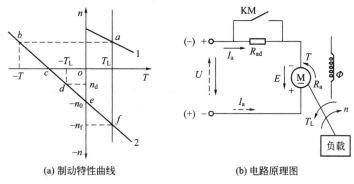

(a) 制动特性曲线　　　　(b) 电路原理图

图 3-22　电源反接时的反接制动过程

如果电源的极性突然反接成图 3-22(b) 电路原理图中的实线箭头，则电动机开始进入电源反接制动，电枢电流 I_a 和对应的电磁转矩反向。

在反接制动期间，电枢电势 E 和电源电压 U 是串联相加的，为了限制电枢电流，电动机的电枢电路中通常要串接限流电阻 R_{ad}。

对应的电压平衡方程：

$$-U = E + I(R_a + R_{ad}) \tag{3-15}$$

机械特性方程：

$$n = \frac{-U_N}{K_e \Phi_N} - \frac{R_a + R_{ad}}{K_e K_m \Phi_N^2} T \tag{3-16}$$

由于电动机的转速和对应的电枢电动势不能突变，此时电动机系统的状态由制动特性曲线中的工作 a 点移到 b 点，电动机在 T 和 T_L 的共同作用下沿直线 2 降速直至为零到达 c 点，反接制动结束。

电源反接制动一般应用在生产机械要求迅速减速、停车和反向的场合。

(2) 倒拉反接制动

如图 3-23 所示，倒拉反接制动多用于控制位能性负载的下放速度。

倒拉反接制动的电路平衡方程：

$$U = E + I(R_a + R_{ad}) \tag{3-17}$$

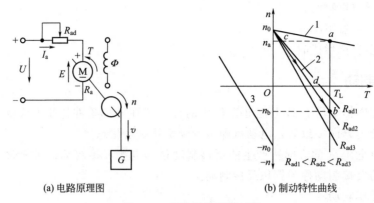

(a) 电路原理图　　　　　　　　(b) 制动特性曲线

图 3-23　倒拉反接制动过程

机械特性方程：

$$n = \frac{U_N}{K_e \Phi_N} - \frac{R_a + R_{ad}}{K_e K_m \Phi_N^2} T_L \tag{3-18}$$

适当选择电枢电路中附加电阻的大小，即可得到不同的下降速度，且附加电阻越小，下降速度越低。这种下放重物的制动方式弥补了回馈制动的不足，它可以得到极低的下降速度，保证了生产的安全，故倒拉反接制动常用在控制位能负载的下降速度，使之不致在重物作用下有愈来愈大的加速。要注意的是其机械特性硬度小，较小的转矩波动就可能引起较大的转速波动。

倒拉反接制动状态下的机械特性曲线实际上是第一象限中电动状态下的机械特性曲线在第四象限中的延伸；若电动机反向运转在电动状态，则倒拉反接制动状态下的机械特性曲线就是第三象限中电动状态下的机械特性曲线在第二象限的延伸，如图 3-23(b) 曲线 3 所示。

［例 3-2］　一台直流他励电动机的参数为 $P_N = 28\text{kW}$，$U_N = 220\text{V}$，$I_N = 140\text{A}$，$R_a = 0.1\Omega$，当电动机运行于额定状态时进行反接制动，如果最大制动转矩必须限制为额定转矩的二倍，即 $2T_N$ 时，试求反接制动时要接入的制动电阻 R_{ad}？

解：

① 电源反接，电机将机械能转变为电能时，电枢绕组产生的反电动势：

$$E_N = U_N - I_N R_a = 220 - 140 \times 0.1 = 206(\text{V})$$

② 电源反接制动时要接入的电阻：由回路电压定律

$$-U_N = E_N + 2I_N(R_a + R_{ad})$$

有：　　　　　　　　　　$-220 = 206 - 2 \times 140(0.1 + R_{ad})$

得：　　　　　　　　　　　　$R_{ad} = 1.4(\Omega)$

3.6.3　能耗制动

如图 3-24(a) 所示，电动机在电动状态运行时，若把外加电枢电压 U 突然降为零，同时将电枢串接一个附加电阻。即制动时，接触器 KM 断电，其常开触点断开，常闭触点闭合。这时，由于机械惯性，电动机仍在旋转。结果是，电动机旋转方向不变，电枢电势也不变，电势在电枢和电阻形成的回路内产生（反向）电流，则电磁转矩也反向成为制动转矩，形成能耗制动状态。

这里的机械能转变为电能后没有回馈到电网，而是作用在附加电阻上转变为热能，所以

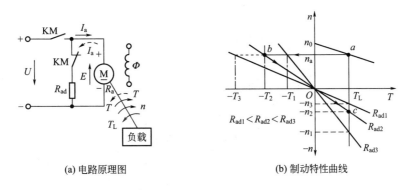

(a) 电路原理图　　　　　　　(b) 制动特性曲线

图 3-24　能耗制动状态下的机械特性

称为能耗制动。

能耗制动状态下的电路平衡方程式为：

$$U = E + I(R_a + R_{ad}) = 0 \tag{3-19}$$

机械特性方程：

$$n = 0 - \frac{R_a + R_{ad}}{K_e K_m \Phi_N^2} T \tag{3-20}$$

其机械特性曲线见图 3-24(b) 中的直线 2，它是通过原点，且位于第二象限和第四象限的一根直线。

制动分析过程如下。

如果电动机带动的是只有动能的惯性负载，设电动机原来运行在 a 点，转速为 n_a，刚开始制动时 n_0 不变（不能跃变），制动特性为曲线 2，工作点由 a 点转到 b 点。这时电动机的转矩 T 为负值（在电势 E 的作用下，电枢电流 I_a 反向），成为制动转矩。在制动转矩和负载转矩共同作用下，拖动系统减速（电动机工作点沿特性 2 上的箭头方向变化）。随着转速 n 的下降，制动转矩也逐渐减小，直至 $n = 0$ 时，电动机产生的制动转矩也下降到零，制动过程自动结束。这种制动方式不像电源反接制动那样存在着电动机反向启动的危险。

如果电动机带动的还有位能负载，则在制动到 $n = 0$ 时，重物还将拖着电动机反转，使电动机向重物下降的方向加速，即电动机进入第四象限的能耗制动状态。随着转速的升高，电势 E 增加，电流和制动转矩也增加，系统的状态由能耗制动特性曲线 2 的 O 点向 c 点移动，当 $T = T_L$ 时，系统进入稳定平衡状态，电动机以 $-n_2$ 转速使重物匀速下降。采用能耗制动下放重物的主要优点是，不会出现像倒拉反接制动那样因对 T_L 的大小估计错误而引起重物上升的事故，运行速度也较反接制动时稳定。能耗制动通常应用于拖动系统需要迅速而准确地停车及卷扬机重物的恒速下放的场合。

改变制动电阻 R_{ad} 的大小，可得到不同斜率的特性，如图 3-24(b) 所示。

从以上分析可知，电动机有电动和制动两种运转状态。在同一种接线方式下，通常运行在额定的电动状态，必要时也可以运行在制动状态。对他励直流电动机，用正常的接线方法，不仅可以实现电动运转，也可以实现回馈制动和反接制动。如图 3-25 曲线 1 与 3 所示，分别对应于正、反转方向。

能耗制动时的接线方法有所不同，其特性如图 3-25 中曲线 2 所示，第二象限对应于电动机原处于正转状态时的情况，第四象限对应于反转时的情况。

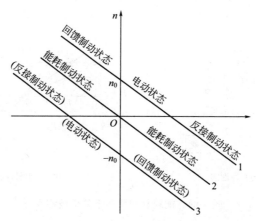

图 3-25 他励直流电动机不同运行状态下的机械特性

习 题

3.1 直流电机主要有哪些部件? 各有什么作用?

3.2 为什么直流电机的转子要用表面有绝缘层的硅钢片叠压而成?

3.3 如何判断直流电机是运行于发电状态还是电动状态?

3.4 一台他励直流电动机所拖动的负载转矩 T_L=常数, 当电枢电压或电枢附加电阻改变时, 能否改变其稳定运行状态下电枢电流的大小? 为什么? 这时拖动系统中哪些量必然要发生变化?

3.5 一台他励直流电动机的铭牌数据为 P_N=5.5kW, U_N=110V, I_N=62A, n_N=1000r/min, R_a=0.5Ω, 试绘出它的固有机械特性曲线。

3.6 为什么直流电动机直接启动时启动电流很大?

3.7 他励直流电动机启动过程中有哪些要求? 如何实现?

3.8 他励直流电动机启动时, 为什么一定要先把励磁电流加上? 若忘了先合励磁绕组的电源开关就把电枢电源接通, 这时会产生什么现象 (试从 T_L=0 和 T_L=T_N 两种情况加以分析)? 当电动机运行在额定转速下, 若突然将励磁绕组断开, 此时又将出现什么情况?

3.9 直流串励电动机能否空载运行? 为什么?

3.10 直流电动机用电枢电路串电阻的办法启动时, 为什么要逐渐切除启动电阻? 如切除太快会带来什么后果?

3.11 转速调节 (调速) 与固有的速度变化在概念上有什么区别?

3.12 他励直流电动机有哪些方法进行调速? 它们的特点是什么?

3.13 一台直流发电机, 其部分铭牌数据如下: P_N=180kW, U_N=230V, n_N=1450r/min, 忽略损耗, 试求:

① 该发电机的额定电流?

② 电流保持为额定值而电压下降为 100V 时, 原动机的输出功率?

3.14 他励直流电动机有哪几种制动方法? 试比较各种制动方法的优缺点。

3.15 一台他励直流电动机拖动一台卷扬机构, 在电动机拖动重物匀速上升时将电枢电源突然反接, 试利用机械特性说明: 从反接开始到系统达到新的稳定平衡状态之间, 电动机经历了几种运行状态? 最后在什么状态下建立系统新的稳定平衡点?

第4章
交流电动机的工作原理及特性

常用的交流电动机有异步电动机（或称感应电动机）和同步电动机。异步电动机由于其结构简单、维护容易、运行可靠、价格便宜、具有较好的稳态和动态特性，因此，在工业中应用非常广泛。

本章主要介绍三相异步电动机的工作原理，启动、制动、调速的特性和方法。要求在了解异步电动机的基本结构和旋转磁场的产生等基础上，着重掌握异步电动机的工作原理、机械特性以及启动、调速和制动的方法，学会用机械特性的四个象限来分析异步电动机的运行状态。

4.1　三相异步电动机的结构和工作原理

4.1.1　三相异步电动机的基本结构

三相异步电动机主要由定子和转子构成，定子是静止不动的部分，转子是旋转部分，在定子与转子之间有一定的气隙，其结构如图 4-1 所示。

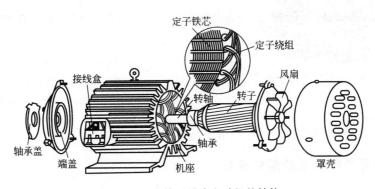

图 4-1　三相笼型异步电动机的结构

(1) 定子

定子由铁芯、绕组与机座三部分组成。定子铁芯是电动机磁路的一部分，是由 0.5mm 的硅钢片叠压而成，片与片之间绝缘，以减少涡流损耗。定子铁芯硅钢片的内圆冲有定子槽，其结构如图 4-2 所示。槽中安放绕组，硅钢片铁芯在叠压后成为一个整体，固定于机座上。定子绕组是电动机的电路部分，由许多线圈连接而成，每个线圈有两个有效边，分别放在两个槽里。三相对称绕组 AX、BY、CZ 可连接成星形或三角形。机座主要用于固定与支撑定子铁芯。中小型异步电动机一般采用铸铁机座，根据不同的冷却方式可以采用不同的机座形式。

（2）转子

转子由铁芯与绕组组成。转子铁芯压装在转轴上，由硅钢片叠压而成，转子硅钢片冲片如图 4-2 所示，转子铁芯也是电动机磁路的一部分，转子铁芯、气隙与定子铁芯构成电动机的完整磁路。异步电动机转子绕组多采用笼式，在转子铁芯槽里插入铜条，再将全部铜条两端焊在两个铜环上组成，如图 4-3 所示。小型笼式转子绕组多用铝离心浇铸而成，如图 4-4 所示，以铝代铜，制造方便。

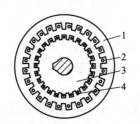

图 4-2　定子和转子的硅钢片

1—定子铁芯硅钢片；2—定子绕组；

3—转子铁芯硅钢片；4—转子绕组

图 4-3　笼式转子

异步电动机的转子绕组除了笼式外还有线绕式。线绕式转子绕组与定子绕组一样，由线圈组成绕组放入转子铁芯槽里，转子绕组一般是连接成星形的三相绕组，转子绕组组成的磁极数与定子相同，线绕式转子通过轴上的滑环和电刷在转子回路中接入外加电阻，用以改善启动性能与调节转速，如图 4-5 所示。

图 4-4　铝铸的笼式转子

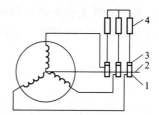

图 4-5　线绕式异步电机接线

1—滑环转子绕组；2—轴；3—电刷；4—变阻器

线绕式和笼式两种电动机的转子构造虽然不同，但工作原理相同。

4.1.2　三相异步电动机的旋转磁场

（1）旋转磁场的产生

当电动机定子绕组通以三相电流时，各相绕组中的电流都将产生自己的磁场。由于电流随时间变化，它们产生的磁场也将随时间变化，而三相电流产生的总磁场（合成磁场）不仅随时间变化，而且还在空间旋转，因此称旋转磁场。

为了简便起见，假设每相绕组只有一个线匝，分别嵌放在定子内圆周的 6 个凹槽之中（图 4-6），则图中 A、B、C 和 X、Y、Z 分别代表各相绕组的首端与末端。

定子绕组中，流过电流的正方向规定为自各相绕组的首端到它的末端，并取流过 A 相

绕组的电流 i_A 作为参考正弦量，即初相位为零，则各相电流的瞬时值可表示为（相序为 A→B→C）

$$i_A = I_m \sin\omega t \tag{4-1}$$

$$i_B = I_m \sin\left(\omega t - \frac{2\pi}{3}\right) \tag{4-2}$$

$$i_C = I_m \sin\left(\omega t - \frac{4\pi}{3}\right) \tag{4-3}$$

图 4-7 所示是这些电流随时间变化的曲线，在 $t=0$ 时，$i_A=0$；i_B 为负，电流实际方向与正方向相反，即电流从 Y 端流到 B 端；i_C 为正，电流实际方向与正方向一致，即电流从 C 端流到 Z 端。

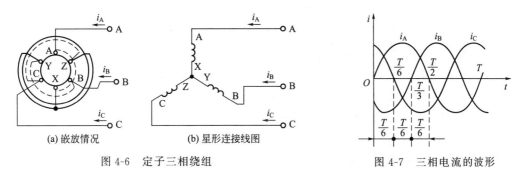

图 4-6　定子三相绕组　　　　图 4-7　三相电流的波形

按右手螺旋法则确定三相电流产生的合成磁场，如图 4-8(a) 箭头所示。

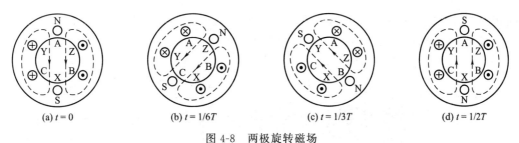

图 4-8　两极旋转磁场

由以上分析可以证明：当三相电流随时间不断变化时，合成磁场的方向在空间也不断旋转，这样就产生了旋转磁场。

(2) 旋转磁场的旋转方向

从图 4-6 和图 4-7 可见，A 相绕组内的电流，超前于 B 绕组内的电流 $2\pi/3$，而 B 相绕组内的电流又超前于 C 相绕组内的电流 $2\pi/3$，同时图 4-8 中所示旋转磁场的旋转方向也是从 A→B→C，即向顺时针方向旋转。所以，旋转磁场的旋转方向与三相电流的相序一致。

如果将定子绕组接至电源的三根导线中的任意两根线对调，例如，将 B 和 C 两根线对调，如图 4-9 所示，则在图 4-7 中，对应地应将 B 和 C 电流的相

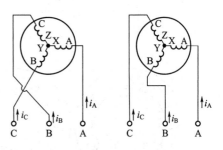

图 4-9　将 B、C 两根线对调，改变绕组电流相序

位对调，此时 A 相绕组内的电流超前于 C 相绕组内的电流 $2\pi/3$，因此，旋转磁场的旋转方

向也将变为 A→C→B，向逆时针方向旋转，如图 4-10 所示，即与未对调前的旋转方向相反。

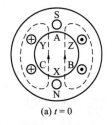 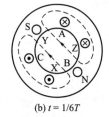 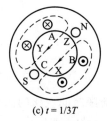 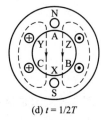

(a) $t=0$ (b) $t=1/6T$ (c) $t=1/3T$ (d) $t=1/2T$

图 4-10 逆时针方向旋转的两极旋转磁场

由此可见，要改变旋转磁场的旋转方向（即改变电动机的旋转方向），只要把定子绕组接到电源的三根导线中的任意两根对调即可。

(3) 旋转磁场的极数与旋转速度

以上讨论的旋转磁场具有一对磁极（磁极对数用 p 表示），即 $p=1$。电流变化经过一个周期（变化 360°电角度），旋转磁场在空间也旋转了一周（转了 360°机械角度），若电流的频率为 f，旋转磁场每分钟将旋转 $60f$ 转，以 n_0 表示，即

$$\{n_0\}_{\mathrm{r/min}}=60\{f\}_{\mathrm{Hz}}$$

如果把定子铁芯的槽数增加 1 倍（12 个槽），制成如图 4-11 所示的三相绕组，其中，每相绕组由两个部分串联组成，再将这三相绕组接到对称三相电源使其通过对称三相电流（图4-7），便产生具有两对磁极的旋转磁场。从图 4-12 可以看出，对应不同时刻，旋转磁场在空间转到不同位置，此情况下电流变化半个周期，旋转磁场在空间只转过了 $\pi/2$，即 1/4转，电流变化一个周期，旋转磁场在空间只转了 1/2 转。

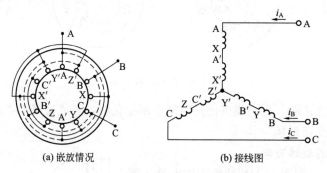

(a) 嵌放情况   (b) 接线图

图 4-11 产生四极旋转磁场的定子绕组

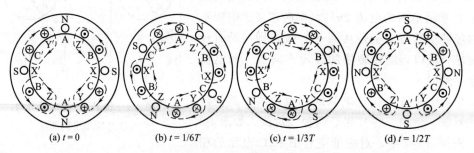

(a) $t=0$ (b) $t=1/6T$ (c) $t=1/3T$ (d) $t=1/2T$

图 4-12 四极旋转磁场

由此可知，当旋转磁场具有两对磁极（$p=2$）时，其旋转速度仅为一对磁极时的一半，即每分钟 $60f/2$ 转。依此类推，当有 p 对磁极时，其转速为

$$\{n_0\}_{\text{r/min}}=60\{f\}_{\text{Hz}}/p \tag{4-4}$$

所以，旋转磁场的旋转速度（即同步转速）n_0 与电流的频率成正比而与磁极对数成反比，因为标准工业频率（即电流频率）为 50Hz，因此，对应于 $p=1$、2、3 和 4 时，同步转速分为 3000r/min、1500r/min、1000r/min 和 750r/min。

实际上，旋转磁场不仅可以由三相电流来获得，任何两相以上的多相电流，流过相应的多相绕组，都能产生旋转磁场。

4.1.3　三相异步电动机的工作原理

三相异步电动机的工作原理是基于定子旋转磁场（定子绕组内三相电流所产生的合成磁场）和转子电流（转子绕组内的电流）的相互作用。

如图 4-13(a) 所示，当定子的对称三相绕组接到三相电源上时，绕组内将通过对称三相电流，并在空间产生旋转磁场，该磁场沿定子内圆周方向旋转。如图 4-13(b) 所示为具有一对磁极的旋转磁场，假设磁极位于定子铁芯内画有阴影线的部分。

当磁场旋转时，转子绕组的导体切割磁通将产生感应电势 e_2；假设旋转磁场向顺时针方向旋转，则相当于转子导体向逆时针方向旋转切割磁通，根据右手定则，在 N 极面下转子导体中感应电势的方向由图面指向读者，而在 S 极下转子导体中感应电势方向则由读者指向图面。

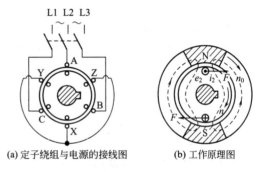

(a) 定子绕组与电源的接线图　　(b) 工作原理图

图 4-13　三相异步电动机接线图和工作原理图

由于电势 e_2 的存在，转子绕组中产生转子电流 i_2。根据安培电磁力定律，转子电流与旋转磁场相互作用将产生电磁力 F（其方向由左手定则决定，这里假设 i_2 和 e_2 同向），该力在转子的轴上成电磁转矩，且转矩的作用方向与旋转磁场的旋转方向相同，转子受此转矩作用，便按旋转磁场的旋转方向旋转起来。但是，转子的旋转速度 n（即电动机的转速）恒比旋转磁场的旋转速度 n_0（称为同步转速）小，因为如果两种转速相等，转子和旋转磁场没有相对运动，转子导体不切割磁通，便不能产生感应电势 e_2 和电流 i_2，也就没有电磁转矩，转子将不会继续旋转。因此，转子和旋转磁场之间的转速差是保证转子旋转的主要因素。

由于转子转速不等于同步转速，所以把这种电动机称为异步电动机，而把转速差 n_0-n 与同步转速 n_0 的比值称为异步电动机的转差率，用 S 表示，即

$$S=\frac{n_0-n}{n_0} \tag{4-5}$$

转差率 S 是分析异步电动机运行情况的主要参数。

当转子旋转时，如果在轴上加有机械负载，则电动机输出机械能。从物理本质上来分析，异步电动机的运行和变压器相似，即电能从电源输入定子绕组（原绕组），通过电磁感应的形式，以旋转磁场作媒介传送到转子绕组（副绕组），而转子中的电能通过电磁力的作

用变换成机械能输出。由于在这种电动机中，转子电流的产生和电能的传递是基于电磁感应现象，所以异步电动机又称为感应电动机。

通常异步电动机在额定负载时，n 接近于 n_0，转差率 S 很小，约为 $0.015\sim0.060$。

4.2　三相异步电动机的额定参数

(1) 定子绕组线端连接方式

三相电动机的定子绕组，每相都由许多线圈（或称绕组元件）组成。其绕制方法此处不作详细叙述。

定子绕组的首端和末端通常都接在电动机接线盒内的接线柱上，一般按图 4-14 所示的方法排列，这样可以很方便地接成星形（图 4-15）或三角形（图 4-16）。

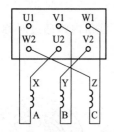

图 4-14　出线端的排列

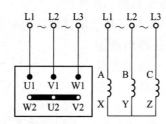

图 4-15　星形连接

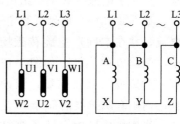

图 4-16　三角形连接

按照我国电工专业标准规定，定子三相绕组出线端的首端是 U1、V1、W1，末端是 U2、V2、W2。

定子三相绕组的连接方式（Y 或 △）的选择，和普通三相负载一样，需视电源的线电压而定。如果电动机所接入的电源的线电压等于电动机的额定相电压（即每相绕组的额定电压），那么，它的绕组应该接成三角形；如果电源的线电压是电动机额定相电压的 $\sqrt{3}$ 倍，那么，它的绕组就应该接成星形。通常电动机的铭牌上标有符号 Y/△ 和数字 380/220，前者表示定子绕组的接法，后者表示对应于不同接法应加的线电压值。

[例 4-1]　电源线电压为 380V，现有两台电动机，其铭牌数据如下，试选择定子绕组的连接方式

① Y90S-4，功率 1.0kW，电压 220/380V，连接方法 △/Y，电流 4.67/2.7A，转速 1400r/min，功率因数 0.79。

② Y112M-4，功率 4.0kW，电压 380/660V，连接方法 △/Y，电流 8.8/5.1A，转速 1440r/min，功率因数 0.82。

解： Y90S-4 电动机应接成星形（Y），如图 4-17(a) 所示。

Y112M-4 电动机应接成三角形（△），如图 4-17(b) 所示。

(2) 三相异步电动机的额定参数

电动机在制造工厂所拟定的情况下工作，称为电动机的额定运行，通常用额定值来表示其运行条件，这些数据大部分都标明在电动机的铭牌上。使用电动机时，必须看懂铭牌。

电动机的铭牌上通常标有下列数据。

① 型号。

② 额定功率 P_N：额定运行情况下，电动机轴上输出的机械功率。

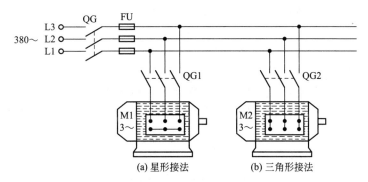

图 4-17　电动机定子绕组的接法

③ 额定电压 U_N：在额定运行情况下，定子绕组端应加的线电压值。如标有两种电压值（例如 220/380V），则对应于定子绕组采用 $\triangle$/Y 连接时应加的线电压值。一般规定电动机的外加电压不应高于或低于额定值的 5%。

④ 额定频率 f_N：在额定运行情况下，定子外加电压的频率（$f=50\mathrm{Hz}$）。

⑤ 额定电流 i_N：在额定频率、额定电压和轴上输出额定功率时，定子的线电流值。如标有两种电流值（例如 10.35/5.9A），则对应于定子绕组为 $\triangle$/Y 连接的线电流值。

⑥ 额定转速 n_N：在额定频率、额定电压和电动机轴上输出额定功率时，电动机的转速。与此转速相对应的转差率称为额定转差率 S_N。

⑦ 工作方式（定额）。

⑧ 温升（或绝缘等级）。

⑨ 电动机重量。

一般不标在电动机铭牌上的几个额定值如下：

① 额定功率因数 $\cos\varphi_N$：在额定频率、额定电压和电动机轴上输出额定功率时，定子相电流与相电压之间相位差的余弦。

② 额定效率：在额定频率、额定电压和电动机轴上输出额定功率时，电动机输出机械功率与输入电功率之比，其表达式为

$$\eta_N = \frac{P_N}{\sqrt{3}\,U_N I_N \cos\varphi_N} \times 100\%$$

③ 额定负载转矩 T_N：电动机在额定转速下输出额定功率时轴上的负载转矩。

④ 线绕式异步电动机转子静止时的滑环电压和转子的额定电流。

通常手册上给出的数据就是电动机的额定值。

（3）三相异步电动机的能流图

三相异步电动机的功率和损耗可用图 4-18 所示的能流图来说明。

从电磁功率中减去转子绕组的铜损 ΔP_{Cu1}（转子铁损忽略不计，因为转子铁芯中交变磁化的频率 f_2 很低）后，剩下的即转换为电动机的机械功率 P_m。

在机械功率中减去机械损失功率 ΔP_m 后，即为电动机的输出（机械）功率 P_2，异步电动机的铭牌上所标的就是 P_2 的额

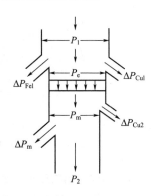

图 4-18　三相异步
电动机的能流图

定值。输出功率与输入功率的比值，称为电动机的效率，即

$$\eta=\frac{P_2}{P_1}=\frac{P_1-\sum\Delta P}{P_1} \tag{4-6}$$

式中，$\sum\Delta P$ 为电动机的总功率损失。

电动机在轻载时效率很低，随着负载的增大，效率逐渐增高，通常在接近额定负载时，效率达到最高值。一般异步电动机在额定负载时的效率为 $0.7\sim0.9$。容量愈大，其效率也愈高。

若 ΔP_{Cu2} 和 ΔP_{m} 忽略不计，则

$$P_2=T_2\omega\approx P_{\mathrm{e}}=T\omega$$

式中　T——电动机的电磁转矩；

　　　T_2——电动机轴上的输出转矩，且

$$T_2=\frac{P_2}{\omega}=9.55\frac{P_2}{n} \tag{4-7}$$

电动机的额定转矩则可由铭牌上所标的额定功率和额定转速根据式(4-7)求得。

4.3　三相异步电动机的转矩与机械特性

电磁转矩（以下简称转矩）是三相异步电动机最重要的物理量之一。机械特性是它的主要特性。

4.3.1　三相异步电动机的定子电路和转子电路

(1) 定子电路的分析

三相异步电动机的电磁关系同变压器类似，定子绕组相当于变压器的原绕组，转子绕组（一般是短接的）相当于副绕组。当定子绕组接上三相电源电压（相电压为 u_1）时，则有三相电流通过（相电流为 i_1），定子三相电流产生旋转磁场，其磁力线通过定子和转子铁芯而闭合。该磁场不仅在转子每相绕组中要感应出电动势 e_2，而且在定子每相绕组中也要感应出电动势 e_1（实际上三相异步电动机中的旋转磁场是由定子电流和转子电流共同产生的），如图 4-19 所示。定子和转子每相绕组的匝数分别为 N_1 和 N_2，图 4-20 所示电路图是三相异步电动机的一相电路图。

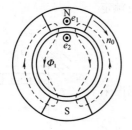

图 4-19　感应电动势的产生

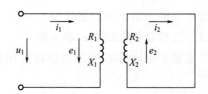

图 4-20　三相异步电动机的一相电路图

旋转磁场的磁感应强度沿定子与转子间空气隙的分布接近正弦规律分布，因此，当其旋转时，通过定子每相绕组的磁通随时间按正弦规律变化，即 $\Phi_1=\Phi_{\mathrm{m}}\sin\omega t$，其中，$\Phi_{\mathrm{m}}$ 是通过每相绕组的磁通最大值，在数值上等于旋转磁场的每极磁通 Φ，即为空气隙中磁感应强度

的平均值与每极面积的乘积。

定子每相绕组中产生的感应电动势为

$$e_1 = -N_1 \frac{\mathrm{d}\Phi_1}{\mathrm{d}t}$$

它也是正弦量，其有效值为

$$\{E_1\}_\mathrm{V} = 4.44 \{f_1\}_\mathrm{Hz} N_1 \{\Phi\}_\mathrm{Wb} \tag{4-8}$$

式中　f_1——e_1 的频率。

因为旋转磁场和定子间的相对转速为 n_0，所以

$$\{f_1\}_\mathrm{Hz} = \frac{p(n_0)_\mathrm{r/min}}{60} \tag{4-9}$$

它等于定子电流的频率，即 $f_1 = f$。

定子电流除产生旋转磁通（主磁通）外，还产生漏磁通 Φ_L1，该漏磁通只围绕某一相的定子绕组，而与其他相定子绕组及转子绕组不交连。因此，在定子每相绕组中还要产生漏磁电动势

$$e_\mathrm{L1} = -L_\mathrm{L1} \frac{\mathrm{d}i_1}{\mathrm{d}t}$$

变压器原绕组的情况一样，加在定子每相绕组上的电压也分成三个分量，即

$$u_1 = i_1 R_1 + (-e_\mathrm{L1}) + (-e_1) = i_1 R_1 + L_\mathrm{L1} \frac{\mathrm{d}i_1}{\mathrm{d}t} + (-e_1) \tag{4-10}$$

如用复数表示，则为

$$\dot{u}_1 = \dot{I}_1 R_1 + (-\dot{E}_\mathrm{L1}) + (-\dot{E}_1) = \dot{I}_1 R_1 + \mathrm{j}\dot{I}_1 X_1 + (-\dot{E}_1) \tag{4-11}$$

式中，R_1 和 X_1（$X_1 = 2\pi f_1 L_\mathrm{L1}$）为定子每相组的电阻和漏磁感抗。

由于 R_1 和 X_1（或漏磁通 Φ_L1）较小，其上电压降与电动势 E_1 比较起来，常可忽略，于是

$$\dot{U}_1 \approx -\dot{E}_1 \qquad U_1 \approx E_1 \tag{4-12}$$

(2) 转子电路的分析

异步电动机之所以能转动是因为定子接上电源后，在转子绕组中产生感应电动势，从而产生转子电流，而这电流同旋转磁场的磁通作用产生电磁转矩。因此，在讨论电动机的转矩之前，必须先弄清楚转子电路中的各个物理量——转子电动势 e_2、转子电流 i_2、转子电流频率 f_2、转子电路的功率因数 $\cos\varphi_2$、转子绕组的感抗 X_2 以及它们之间的相互关系。

旋转磁场在转子每相绕组中感应出的电动势为

$$e_2 = -N_2 \frac{\mathrm{d}\Phi_2}{\mathrm{d}t}$$

其有效值为

$$\{E_2\}_\mathrm{V} = 4.44 \{f_2\}_\mathrm{Hz} N_2 \{\Phi\}_\mathrm{Wb} \tag{4-13}$$

因为旋转磁场和转子间的相对转速为 $n_0 - n$，所以

$$\{f_2\}_\mathrm{Hz} = \frac{p\{n_0\}_\mathrm{r/min} - \{n\}_\mathrm{r/min}}{60} = \frac{\{n_0\}_\mathrm{r/min} - \{n\}_\mathrm{r/min}}{\{n_0\}_\mathrm{r/min}} \times \frac{p\{n_0\}_\mathrm{r/min}}{60} = S\{f_1\}_\mathrm{Hz} \tag{4-14}$$

可见转子频率 f_2 与转差率 S 有关，也就是与转速 n 有关。

在 $n = 0$，即 $S = 1$（电动机开始启动瞬间）时，转子与旋转磁场间的相对转速最大，转

子导体被旋转磁力线切割得最快，所以这时 f_2 最高，即 $f_2 = f_1$。异步电动机在额定负载时，$S = 1.5\% \sim 6\%$，则 $f_2 = 0.75 \sim 3\text{Hz}$（$f_1 = 50\text{Hz}$）。

将式(4-14)代入式(4-13)，得

$$\{E_2\}_V = 4.44S\{f_1\}_{Hz}N_2\{\Phi\}_{Wb} \tag{4-15}$$

在 $n = 0$，即 $S = 1$ 时，转子电动势为

$$\{E_{20}\}_V = 4.44\{f_1\}_{Hz}N_2\{\Phi\}_{Wb} \tag{4-16}$$

这时，$f_2 = f_1$，转子电动势最大。

由式(4-15)和式(4-16)得出

$$E_2 = SE_{20} \tag{4-17}$$

可见转子电动势 E_2 与转差率 S 有关。

与定子电流一样，转子电流也要产生漏磁通 Φ_{L2}，从而在转子每相绕组中还要产生漏磁电动势

$$e_{L2} = -L_{L2}\frac{\mathrm{d}i_2}{\mathrm{d}t}$$

因此，对于转子每相电路，有

$$e_2 = i_2R_2 + (-e_{L2}) = i_2R_2 + L_{L2}\frac{\mathrm{d}i_2}{\mathrm{d}t} \tag{4-18}$$

如用复数表示，则为

$$\dot{E}_2 = \dot{I}_2R_2 + (-\dot{E}_{L2}) = \dot{I}_2R_2 + \mathrm{j}\dot{I}_2X_2 \tag{4-19}$$

式中，R_2 和 X_2 为转子每相绕组的电阻和漏磁感抗。

X_2 与转子频率 f_2 有关：

$$X_2 = 2\pi f_2L_{L2} = 2\pi Sf_1L_{L2} \tag{4-20}$$

在 $n = 0$，即 $S = 1$ 时，转子感抗为

$$X_{20} = 2\pi f_1L_{L2} \tag{4-21}$$

这时 $f_2 = f_1$，转子感抗最大。

由式(4-20)和式(4-21)得出

$$X_2 = SX_{20} \tag{4-22}$$

可见转子感抗 X_2 与转差率 S 有关。

转子每相电路的电流可由式(4-19)得出，即

$$I_2 = \frac{E_2}{\sqrt{R_2^2 + X_2^2}} = \frac{SE_{20}}{\sqrt{R_2^2 + (SX_{20})^2}} \tag{4-23}$$

可见转子电流 I_2 也与转差率 S 有关。当 S 增大，即转速 n 降低时，转子与旋转磁场间的相转速 $n_0 - n$ 增加，转子导体被磁力线切割的速度提高，于是 E_2 增加，I_2 也增加。I_2 随 S 的变化关系可用图4-21所示的曲线表示。当 $S = 0$，即 $n_0 - n = 0$ 时，$I_2 = 0$；当 S 很小时，$R_2 \gg SX_{20}$，$I_2 \approx \dfrac{SE_{20}}{R_2}$，即与 S 近似地成正比；

当 S 接近于 1 时，$SX_{20} \gg R_2$，$I_2 \approx \dfrac{SE_{20}}{X_2}$ 为常数。

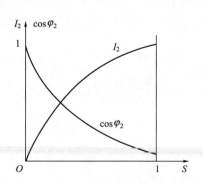

图 4-21　I_2 和 $\cos\varphi_2$ 与转差率 S 的关系

由于转子有漏磁通 Φ_{L2}，相应的感抗为 X_2，因此，I_2 比 E_2 滞后 φ_2 角，转子电路的功率因数为

$$\cos\varphi_2 = \frac{R_2}{\sqrt{R_2^2 + X_2^2}} = \frac{R_2}{\sqrt{R_2^2 + (SX_{20})^2}} \qquad (4\text{-}24)$$

它也与转差率 S 有关。当 S 很小时，$R_2 \gg SX_{20}$，$\cos\varphi_2 \approx 1$；当 S 增大时，X_2 也增大，于是 $\cos\varphi_2$ 减小；当 S 接近于 1 时，$SX_{20} \gg R_2$，$\cos\varphi_2 \approx R_2/X_{20}$。图 4-21 表示 $\cos\varphi_2$ 与 S 的关系。

由上可知，转子电路的各个物理量，如电动势、电流、频率、感抗及功率因数等都与转差率有关，即与转速有关。

4.3.2　三相异步电动机的转矩

三相异步电动机的转矩是由旋转磁场的每极磁通与转子电流 I_2 相互作用而产生的，它与 Φ 和 I_2 的乘积成正比，此外，它还与转子电路的功率因数 $\cos\varphi_2$ 有关，如图 4-22 所示反映了 $\cos\varphi_2$ 对转矩的影响。

图 4-22(a) 表示假设转子感抗与其电阻相比可以忽略不计，即 $\cos\varphi_2 = 1$ 的情况，在图中旋转磁场用虚线所示的磁极表示，根据右手定则不难确定转子导体中感应电动势 e_2 的方向（用外层记号表示）。因为，在这种情况下，$\dot{I}_2$ 与 $\dot{E}_2$ 同向，所以，i_2 的方向（用内层的记号表示）与 e_2 的方向一致，再应用左手定则确定转子各导体受力的方向，由图可见，在 $\cos\varphi_2 = 1$ 的情况下，所有作用于转子导体的力将产生同一方向的转矩。

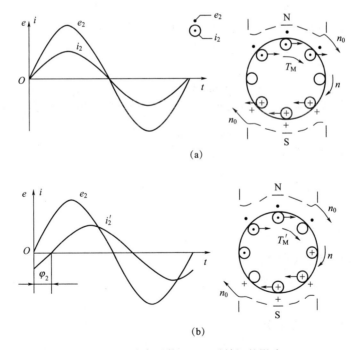

图 4-22　功率因数 $\cos\varphi_2$ 对转矩的影响

假设转子电阻与其感抗相比可以忽略不计，即 $\cos\varphi_2 = 0$ 的情况，这时 $\dot{I}_2$ 比 $\dot{E}_2$ 滞后 $90°$。这种情况下，作用于转子各导体的力正好互相抵消，转矩为零。

图 4-22(b) 表示的是实际情况，$\dot{I}_2$ 比 $\dot{E}_2$ 滞后 φ_2 角，即 $\cos\varphi_2 < 1$。这时，各导体受力的方向不尽相同，在同样的电流和旋转磁通之下，产生的转矩小于 $\cos\varphi_2 = 1$ 时产生的转矩。由此可以得出

$$T = K_m \Phi I_2 \cos\varphi_2 \tag{4-25}$$

将式(4-23)和式(4-24)代入式(4-25)，则得出转矩的另一个表达式

$$T = K_m \Phi = \frac{SE_{20}}{\sqrt{R_2^2 + (SX_{20})^2}} \times \frac{R_2}{\sqrt{R_2^2 + (SX_{20})^2}} = K_m \Phi \frac{SE_{20}R_2}{R_2^2 + (SX_{20})^2} \tag{4-26}$$

考虑到定子电流的频率 f_1 一定时 Φ 与 U 成正比，且 E_{20} 与 Φ 成正比，即 E_{20} 与 U 成正比，经系数合成简化可得

$$T = K_m \frac{SR_2U^2}{R_2^2 + (SX_{20})^2} \tag{4-27}$$

4.3.3　三相异步电动机的机械特性

电磁转矩 T 与转差率 S 的关系 $T = f(S)$ 通常叫作 T-S 曲线。

在异步电动机中，转速 $n = (1-S)n_0$，为了符合习惯画法，可将 T-S 曲线换成转速与转矩之间的 n-T 关系曲线，即 $n = f(T)$ 称为异步电动机的机械特性。它有固有机械特性和人为机械特性之分。

(1)　固有机械特性

异步电动机在额定电压和额定频率下，用规定的接线方式，定子和转子电路中不串联任何电阻或电抗时的机械特性称为固有（自然）机械特性。由相应参数可得到三相异步电动机的固有机械特性曲线，如图 4-23 所示。从特性曲线上可以看出，其上有四个特殊点可以决定特性曲线的基本形状和异步电动机的运行性能。

① $T = 0$，$n = n_0$（$S = 0$），电动机处于理想空载工作点，此时电动机的转速为理想空载转速 n_0。

② $T = T_N$，$n = n_N$（$S = S_N$），为电动机额定工作点。此时额定转矩和额定转差率为

$$T_N = 9.55 \frac{P_N}{n_N} \tag{4-28}$$

$$S_N = \frac{n_0 - n_N}{n_0} \tag{4-29}$$

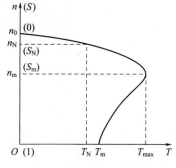

图 4-23　异步电动机的
固有机械特性

式中　P_N——电动机的额定功率；

　　　n_N——电动机的额定转速，一般 $n_N = (0.94 \sim 0.985)n_0$；

　　　S_N——电动机的额定转差率，一般 $S_N = 0.06 \sim 0.015$；

　　　T_N——电动机的额定转矩。

③ $T = T_{st}$，$n = 0$（$S = 1$），为电动机的启动工作点。

将 $S = 1$ 代入式(4-27)，可得

$$T_{st} = K \frac{R_2U^2}{R_2^2 + X_{20}^2} \tag{4-30}$$

当施加在定子每相绕组上的电压 U 降低时，启动转矩会明显减小；当转子电阻适当增大时，启动转矩会增大；而若增大转子电抗则会使启动转矩大为减小，这是我们所不需要的。通常把在固有机械特性上启动转矩与额定转矩之比 $\lambda_{st} = T_{st}/T_N$ 作为衡量异步电动机启动能力的一个重要数据。一般 $\lambda_{st} = 1.0 \sim 1.2$。

④ $T = T_{max}$，$n = n_m(S = S_m)$，为电动机的临界工作点。欲求转矩的最大值，可由式 (4-27) 令 $dT/dS = 0$，而得临界转差率

$$S_m = R_2/X_{20} \tag{4-31}$$

再将 S_m 代入式 (4-27)，即可得

$$T_{max} = K \frac{U^2}{2X_{20}} \tag{4-32}$$

从式 (4-32) 和式 (4-31) 可看出，最大转矩 T_{max} 的大小与定子每相绕组上所加电压 U 的平方成正比，这说明异步电动机对电源电压的波动是很敏感的。电源电压过低，会使轴上输出转矩明显下降，甚至小于负载转矩，而造成电动机停转；最大转矩 T_{max} 的大小与转子电阻 R_2 的大小无关，但临界转差率 S_m 却正比于 R_2，这对线绕式异步电动机而言，在转子电路中串接附加电阻，可使 S_m 增大，而 T_{max} 不变。

异步电动机在运行中经常会遇到短时冲击负载，如果冲击负载转矩小于最大电磁转矩，电动机仍然能够运行，而且电动机短时过载也不会引起剧烈发热。通常把在固有机械特性上最大电磁转矩与额定转矩之比

$$\lambda_m = T_{max}/T_N \tag{4-33}$$

称为电动机的过载能力系数。它表征了电动机能够承受冲击负载的能力大小，是电动机的又一个重要运行参数。各种电动机的过载能力系数在国家标准中有规定，如普通的 Y 系列鼠笼式异步电动机的 $\lambda_m = 2.0 \sim 2.2$，供起重机械和冶金机械用的 YZ 和 YZR 型线绕式异步电动机的 $\lambda_m = 2.5 \sim 3.0$。

在实际应用中，用式 (4-27) 计算机械特性非常麻烦，如把它化成用 T_{max} 和 S_m 表示的形式，则方便很多。为此，用式 (4-27) 除以式 (4-32)，并代入式 (4-31)，经整理后就可得到

$$T = 2T_{max} \bigg/ \left(\frac{S}{S_m} + \frac{S_m}{S} \right) \tag{4-34}$$

此式为转矩-转差率特性的实用表达式，也叫规格化转矩-转差率特性。

(2) 人为机械特性

异步电动机的机械特性与电动机的参数有关，也与外加电源电压、电源频率有关，将关系式中的参数人为地加以改变而获得的特性称为异步电动机的人为机械特性，即改变定子电压 U、定子电源频率 f、定子电路串入电阻或电抗、转子电路串入电阻或电抗等，都可得到异步电动机的人为机械特性。

① 降低电动机电源电压时的人为机械特性。电压 U 的变化对理想空载转速 n_0 和临界转差率 S_m 不产生影响，但最大转矩 T_{max} 与 U^2 成正比，当降低定子电压时，n_0 和 S_m 不变，而 T_{max} 大大减小。在同一转差率情况下，人为机械特性与固有机械特性的转矩之比等于电压的平方之比。因此在绘制降低电压的人为机械特性时，是以固有机械特性为基础，在不同的 S 处，取固有机械特性上对应的转矩乘降低电压与额定电压比值的平方，即可作出人为机械特性曲线，如图 4-24 所示。当 $U_a = U_N$ 时，$T_a = T_{max}$；当 $U_b = 0.8U_N$ 时，$T_b = 0.64T_{max}$；当 $U_c = 0.5U_N$ 时，$T_c = 0.25T_{max}$。可见，电压愈低，人为机械特性曲线愈往左

移。由于异步电动机对电网电压的波动非常敏感，运行时，如电压降低太多，会大大降低它的过载能力与启动转矩，甚至使电动机发生带不动负载或者根本不能启动的现象。例如，电动机运行在额定负载 T_N 下，即使 $\lambda_m = 2$，若电网电压下降到 $70\% U_N$，这时电动机也会停转。此外，电网电压下降，在负载转矩不变的条件下，将使电动机转速下降，转差率 S 增大，电流增加，引起电动机发热甚至烧坏。

$$T_{max} = \lambda_m T_N \left(\frac{U}{U_N}\right)^2 = 2 \times 0.7^2 T_N = 0.98 T_N \tag{4-35}$$

② 定子电路接入电阻或电抗时的人为机械特性。在电动机定子电路中外串电阻或电抗后，电动机端电压为电源电压减去定子外串电阻上或电抗上的压降，致使定子绕组相电压降低，这种情况下的人为机械特性与降低电源电压时的相似，如图 4-25 所示，图中实线 1 为降低电源电压的人为机械特性，虚线 2 为定子电路串入电阻 R_{1s} 或电抗 X_{1s} 的人为机械特性。从图中可看出，所不同的是定子串入 R_{1s} 或 X_{1s} 后的最大转矩要比直接降低电源电压时的最大转矩大一些，这是因为随着转速的上升和启动电流的减小，在 R_{1s} 或 X_{1s} 上的压降减小，加到电动机定子绕组上的端电压自动增大，致使最大转矩大些；而降低电源电压的人为机械特性在整个启动过程中，定子绕组的端电压是恒定不变的。

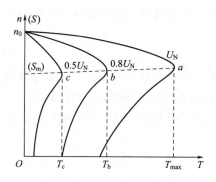

图 4-24 改变电源电压时的
人为机械特性曲线

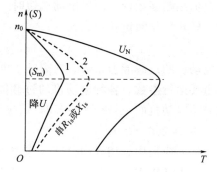

图 4-25 定子电路串接电阻或
电抗时的人为机械特性曲线

③ 改变定子电源频率时的人为机械特性。改变定子电源频率 f 对三相异步电动机机械特性的影响是比较复杂的，下面仅定性地分析 $n = f(T)$ 的近似关系。根据式(4-4)、式(4-30)～式(4-32)，并注意到上列式中 $X_{20} \propto f$，$K \propto 1/f$，且一般变频调速采用恒转矩调速，即希望最大转矩 T_{max} 保持为恒值，为此在改变频率 f 的同时，电源电压 U 也要作相应的变化，使 $U/f =$ 常数，这在实质上是使电动机气隙磁通保持不变。在上述条件下就存在有 $n \propto f$，$S_m \propto 1/f$，$T_{st} \propto 1/f$ 和 T_{max} 不变的关系，即随着频率的降低，理想空载转速 n_0 要减小，临界转差率要增大，启动转矩要增大，而最大转矩基本维持不变，如图 4-26 所示。

④ 转子电路串电阻时的人为机械特性。在三相线绕式异步电动机的转子电路中串入电阻 R_{2r} 后，如图 4-27(a) 所示，转子电路中的电阻为 $R_2 + R_{2r}$，由式(4-5)、式(4-31) 和式(4-32) 可看出，R_{2r} 的串入对理想空载转速 n_0、最大转矩 T_{max} 没有影响，但临界转差率 S_m 则随着 R_{2r} 的增加而增大，此时的人为机械特性将是根比固有机械特性较软的一条曲线，如图 4-27(b) 所示。

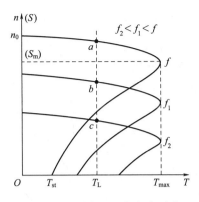
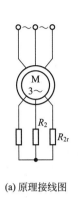
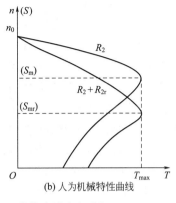

图 4-26　改变定子电源频率时的
人为机械特性曲线

图 4-27　线绕式异步电动机
转子电路串电阻

(a) 原理接线图　　　　(b) 人为机械特性曲线

4.4　三相异步电动机的启动特性

采用电动机拖动生产机械，对电动机启动的主要要求如下。

① 有足够大的启动转矩，保证生产机械能正常启动。一般场合下希望启动越快越好，以提高生产效率。电动机的启动转矩要大于负载转矩，否则电动机不能启动。

② 在满足启动转矩要求的前提下，启动电流越小越好。因为过大的启动电流冲击，对于电网和电动机本身都是不利的。对电网而言，它会引起较大的线路压降，特别是电源容量较小时，电压下降太多，会影响接在同一电源上的其他负载，例如影响到其他异步电动机的正常运行甚至停车；对电动机本身而言，过大的启动电流将在绕组中产生较大的损耗，引起发热，加速电动机绕组绝缘老化，且在大电流冲击下，电动机绕组端部受电动力的作用，有发生位移和变形的可能，容易造成短路事故。

③ 要求启动平滑，即要求启动时平滑加速，以减小对生产机械的冲击。

④ 启动设备安全可靠，力求结构简单，操作方便。

⑤ 启动过程中的功率损耗越小越好。

其中，①和②两条是衡量电动机启动性能的主要技术指标。

异步电动机在接入电网启动的瞬时，由于转子处于静止状态，定子旋转磁场以最快的相对速度（即同步转速）切割转子导体，在转子绕组中感应出很大的转子电势和转子电流，从而引起很大的定子电流，一般启动电流可达额定电流 I_{st} 的 5～7 倍，因启动时 $S_{st}=1$，转子功率因数 $\cos\varphi_2$ 很低，因而启动转矩 $T_{st}=K_m\Phi I_{2st}\cos\varphi_{2st}$ 不大，一般 $T_{st}=(0.8\sim1.5)T_N$。固有启动特性如图 4-28 所示。

显然，异步电动机的这种启动性能和生产机械对电动机的要求是相矛盾的，为了解决这些矛盾，必须根据具体情况，采取不同的启动方法。

4.4.1　鼠笼式异步电动机的启动方法

在一定的条件下，鼠笼式异步电动机可以直接启动，在不允许直接启动时，则采用限制启动电流的降压启动。

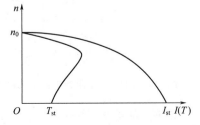

图 4-28　异步电动机的固有启动特性

(1) 直接启动

所谓直接启动（全压启动），就是将电动机的定子绕组通过闸刀开关或接触器直接接入电源，在额定电压下进行启动，如图 4-29 所示。由于直接启动的启动电流很大，因此，在什么情况下才允许采用直接启动，主要取决于电动机的功率与供电变压器的容量之比值（有关供电、动力部门都有规定）。一般在有独立变压器供电（即变压器供动力用电）的情况下，若电动机启动频繁，则电动机功率小于变压器容量的 20% 时允许直接启动；若电动机不经常启动，电动机功率小于变压器容量的 30% 时也允许直接启动。如果在没有独立的变压器供电（即与照明共用电源）的情况下，电动机启动比较频繁，则常按经验公式来估算。

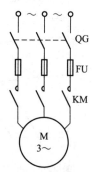

图 4-29 直接启动的电路原理图

直接启动因无须附加启动设备，且操作和控制简单、可靠，所以，在条件允许的情况下应尽量采用，考虑到目前在大中型厂矿企业中，变压器容量已足够大，因此，绝大多数中、小型鼠笼式异步电动机都采用直接启动。

(2) 电阻或电抗器降压启动

异步电动机采用定子串电阻或电抗器的降压启动原理接线图如图 4-30 所示。启动时，接触器 KM1 断开、KM 闭合，将启动电阻 R_{st} 串入定子电路，使启动电流减小；待转速上升到一定程度后再将 KM1 闭合，R_{st} 被短接，电动机接上全部电压而趋于稳定运行。

这种启动方法的缺点是：

① 启动转矩随定子电压的平方关系下降，其机械特性见图 4-25，因此它只适用于空载或轻载启动的场合。

② 不经济，在启动过程中，电阻器上消耗能量大，不适用于经常启动的电动机，若采用电抗器代替电阻器，则所需设备费较贵，且体积大。

(3) Y-△降压启动

Y-△降压启动的接线图如图 4-31 所示，启动时，接触器的触点 KM 和 KM1 闭合，KM2 断开，将定子绕组接成星形待转速上升到一定程度后再将 KM1 断开、KM2 闭合，将定子绕组接成三角形，电动机启动过程完成而转入正常运行。这适用于电动机运行时定子绕组接成三角形的情况。

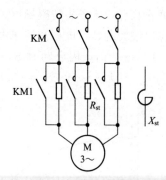

图 4-30 定子串电阻或电抗器的降压启动

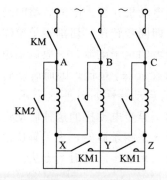

图 4-31 Y-△降压启动

设 U_1 为电源线电压，I_{stY} 及 $I_{st\triangle}$ 为定子绕组分别接成星形及三角形的启动电流（线电流），Z 为电动机在启动时每相绕组的等效阻抗。则有

$$I_{stY}=U_1/(\sqrt{3}Z), \quad I_{st\triangle}=\sqrt{3}U_1/Z$$

所以 $I_{stY}=I_{st\triangle}/3$，即定子接成星形时的启动电流等于接成三角形时启动电流的 $1/3$，而接成星形时的启动转矩 $T_{stY}\propto(U_1/\sqrt{3})^2=U_1^2/3$，接成三角形时的启动转矩 $T_{st\triangle}\propto U_1^2$，所以，$T_{stY}=T_{st\triangle}/3$，即 Y 连接降压启动时的启动转矩只有△连接直接启动时的 $1/3$。

Y-△换接启动除了可用接触器控制外，尚有一种专用的手操式 Y-△ 启动器，其特点是体积小、重量轻、价格便宜、不易损坏、维修方便。

这种启动方法的优点是设备简单、经济、启动电流小；缺点是启动转矩小，且启动电压不能按实际需要调节，因此只适用于空载或轻载启动的场合，并只适用于正常运行时定子绕组按△接线的异步电动机。由于这种方法应用广泛，我国规定 4kW 及以上的三相异步电动机，其定子额定电压为 380V，连接方法为△。当电源线电压为 380V 时，它们就能采用 Y-△ 换接启动。

（4）自耦变压器降压启动

自耦变压器降压启动的原理接线图如图 4-32（a）所示。启动时 KM1、KM2 闭合，KM 断开，三相自耦变压器 T 的三个绕组连成星形接于三相电源，使接于自耦变压器副边的电动机降压启动，当转速上升到一定值后，KM1、KM2 断开，自耦变压器 T 被切除，同时 KM 闭合，电动机接上全电压运行。

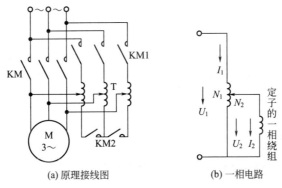

（a）原理接线图　（b）一相电路

图 4-32　自耦变压器降压启动电路原理接线图和一相电路

图 4-32（b）为自耦变压器启动时的一相电路，由变压器的工作原理知，此时，副边电压与原边电压之比为 $K=U_2/U_1=N_1/N_2<1$，$U_2=KU_1$，启动时加在电动机定子每相绕组的电压是全压启动时的 K 倍，因而电流 I_2 也是全压启动时的 K 倍，即 $I_2=KI_{st}$（注意：I_2 为变压器副边电流，I_{st} 为全压启动时的启动电流）；而变压器原边电流 $I_1=KI_2=K^2I_{st}$，即此时从电网吸取的电流 I_1 是直接启动时电流 I_2 的 K^2 倍，这与 Y-△降压启动时情况一样，只是在 Y-△降压启动时的 $K=1/\sqrt{3}$ 为定值，而自耦变压器启动时的 K 是可调节的，这就是此种启动方法优于 Y-△启动方法之处，当然它的启动转矩也是全压启动时的 K^2 倍。这种启动方法的缺点是变压器的体积大、重量重、价格高、维修麻烦，且启动时自耦变压器处于过电流（超过额定电流）状态下运行，因此，不适于启动频繁的电动机。所以，它在启动不太频繁，要求启动转矩较大、容量较大的异步电动机上应用较为广泛。通常把自耦变压器的输出端做成固定抽头（一般有 $K=80\%$、65% 和 50% 三种电压，可根据需要进行选择），连同转换开关（图 4-32 中的 KM、KM1 和 KM2）和保护用的继电器等组合成一个设备，称为启动补偿器。

为了便于根据实际要求选择合理的启动方法，现将上述几种常用启动方法的启动电压、启动电流和启动转矩的相对值列于表 4-1。

表 4-1 笼型异步电动机几种常用启动方法的比较

启动方法	启动电压相对值 $K_U = \dfrac{U_{st}}{U_N}$	启动电流相对值 $K_I = \dfrac{I'_{st}}{I_{st}}$	启动转矩相对值 $K_T = \dfrac{T'_{st}}{T_{st}}$
直接(全压)启动	1	1	1
定子电路串电阻或电抗降压启动	0.8	0.8	0.64
	0.65	0.65	0.42
	0.5	0.5	0.25
Y-△降压启动	0.57	0.33	0.33
自耦变压器降压启动	0.8	0.64	0.64
	0.65	0.42	0.42
	0.5	0.25	0.25

从电动机的产品目录中查到：U_N、I_{st} 和 T_{st} 为按各种方法启动时实际加在电动机上的线电压、实际启动电流（对电网的冲击电流）和实际的启动转矩。

[例 4-2] 有台拖动空气压缩机的鼠笼式异步电动机，$P_N = 40\text{kW}$，$n_N = 1465\text{r/min}$，启动电流 $I_{st} = 5.5I_N$，启动转矩 $T_{st} = 1.6T_N$，运行条件要求启动转矩必须大于（$0.9 \sim 1.0$）T_N，电网允许电动机的启动电流不得超过 $3.5I_N$。试问应选用何种启动方法。

解： 按要求，启动转矩的相对值应保证为

$$K_T = \frac{T'_{st}}{T_{st}} \geqslant \frac{0.9T_N}{1.6T_N} = 0.56$$

启动电流的相对值应保证为

$$K_I = \frac{I'_{st}}{I_{st}} \leqslant \frac{3.5I_N}{5.5I_N} = 0.64$$

由表 4-1 可知，只有当自耦变压器降压比为 0.8 时，才可满足 $K_T \geqslant 0.56$ 和 $K_I \leqslant 0.64$ 的条件。因此选用自耦变压器降压启动方法，变压器的降压比为 0.8。

4.4.2 线绕式异步电动机的启动方法

鼠笼式异步电动机启动转矩小，启动电流大，因此不能满足某些生产机械需要高启动转矩、低启动电流的要求。而线绕式异步电动机由于能在转子电路中串电阻，因此具有较大的启动转矩和较小的启动电流，具有较好的启动特性。

在转子电路中串电阻的启动方法常用的有两种：逐级切除启动电阻法和频敏变阻器启动法。

(1) 逐级切除启动电阻法

采用逐级切除启动电阻的方法，其日的和启动过程与他励直流电动机采用逐级切除启动电阻的方法相似，主要是为了使整个启动过程中电动机能保持较大的加速转矩。启动过程如下：如图 4-33(a) 所示，启动开始时，触点 KM1、KM2、KM3 均断开，启动电阻全部接入，KM 闭合，将电动机接入电网。电动机的机械特性如图 4-33(b) 中曲线Ⅲ所示，初始启

动转矩为 T_A，加速转矩 $T_{a1}=T_A-T_L$，这里 T_L 为负载转矩，在加速转矩的作用下，转速沿曲线上升，轴上输出转矩相应下降，当转矩下降至 T_B 时，加速转矩下降到 $T_{a2}=T_A-T_L$，这时，为了使系统保持较大的加速度，让 KM3 闭合，使各相电阻中的 R_{st3} 被短接（或切除），启动电阻由 R_3 减为 R_2，电动机的机械特性曲线由曲线Ⅲ变化到曲线Ⅱ，只要 R_2 的大小选择合适，并掌握好切除时间，就能保证在电阻刚被切除的瞬间电动机轴上输出转矩重新回升到 T_A，即使电动机重新获得最大的加速转矩。以后各段电阻的切除过程与上述相似，直到转子电阻全部被切除，电动机稳定运行在固有机械特性曲线上，即图中曲线Ⅳ上相应于负载转矩 T_L 的点 9，启动过程结束。

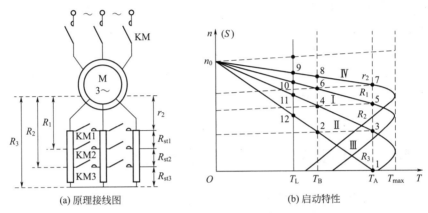

图 4-33 逐级切除启动电阻法的启动过程

（2）频敏变阻器启动法

采用逐级切除启动电阻法来启动线绕式异步电动机时，可以由手动操作"启动变阻器"或"鼓形控制器"来切除电阻，也可以用继电器接触器自动切换电阻，前者很难实现较理想的启动要求，且对提高劳动生产率、减轻劳动强度不利；后者则增加附加设备等费用，且维修较麻烦。因此，单从启动而言，逐级切除启动电阻的方法不是很好的方法。若采用频敏变阻器来启动线绕式异步电动机，既可自动切除启动电阻，又不需要控制电器。

频敏变阻器实质上是一个铁芯损耗很大的三相电抗器，铁芯由一定厚度的几块实心铁板或钢板叠成，一般做成三柱式，每柱上绕有一个线圈，三相线圈连成星形，然后接到线绕式异步电动机的转子电路中。

频敏变阻器之所以能取代启动电阻，是因为在频敏变阻器的线圈中通过转子电流，它在铁芯中产生交变磁通，在交变磁通的作用下，铁芯中就会产生涡流，涡流使铁芯发热，从电能损失的观点来看，这和电流通过电阻发热而损失电能一样，所以，可以把涡流的存在看成是一个电阻 R。另外，铁芯中交变的磁通又在线圈中产生感应电势，阻碍电流流通，因而有感抗 X（即电抗）存在。所以，频敏变阻器相当于电阻 R 和电抗 X 的并联电路。启动过程中频敏变阻器内的实际电磁过程如下：一方面启动开始时，$n=0$，$S=1$，转子电流的频率（$f_2=Sf$）高，铁损大（铁损与 f_2^2 成正比），相当于 R 大，且 $X\propto f_2$，所以，X 也很大，即等效阻抗大，从而限制了启动电流。另一方面由于启动时铁损大，频敏变阻器从转子取出的有功电流也较大，从而提高了转子电路的功率因数，增大了启动转矩。随着转速的逐步上升，转子频率 f_2 逐渐下降，从而使铁损减少，感应电势也减少，即由 R 和 X 组成的等效阻抗逐渐减少，这就相当于启动过程中逐渐自动切除电阻和电抗。当转速 $n=n_N$ 时，f_2 很小，R 和 X 近似为零，这相当于转子被短路，启动完毕，进入正常运行。这种电阻和电抗对频率的"敏感"作用，就是"频敏变阻器"名称的由来。

与逐级切除启动电阻的启动方法相比，采用频敏变阻器的主要优点是：具有自动平滑调节启动电流和启动转矩的良好启动特性，且结构简单，运行可靠，无须经常维修。它的缺点是：功率因数低（一般为 $0.3\sim0.8$），因而启动转矩的增大受到限制，且不能用作调速电阻。因此，频敏变阻器用于对调速没有什么要求、启动转矩要求不大、经常正反向运转的线绕式异步电动机的启动是比较合适的。它广泛应用于冶金、化工等传动设备上。

我国生产的频敏变阻器系列产品，有不经常启动和重复短时工作制启动的两类，前者在启动完毕后要用接触器 KM 短接，后者则不需要。

频敏变阻器的铁芯和铁轭间设有气隙，在绕组上留有几组抽头，改变气隙大小和绕组匝数，用以调整电动机的启动电流和启动转矩，匝数少、气隙大时启动电流和启动转矩都大。

为了使单台频敏变阻器的体积、重量不要过大，当电动机容量较大时，可以采用多台频敏变阻器串联使用。

4.5　三相异步电动机的调速方法与特性

根据式（4-34）可以在已知 T 的条件下求出 S 为

$$S = S_m \left[\frac{T_{max}}{T} - \sqrt{\left(\frac{T_{max}}{T}\right)^2 - 1} \right] \tag{4-36}$$

根据式（4-4）和式（4-5）可以得到

$$\{n\}_{r/min} = \{n_0\}_{r/min}(1-S) = \frac{60(f)_{Hz}}{p}(1-S) \tag{4-37}$$

把式（4-36）代入式（4-37）内就可以得出电动机在稳定运行条件（$T = T_L$）下的转速 n。由此可见，如在一定负载下，欲得到不同的转速 n，可以由改变 T_{max}、S_m、f 和 p 四个参数入手，有如下几种调速方法。

4.5.1　调压调速

把改变电源电压时的人为机械特性重画，如图 4-34 所示，可见，当电压改变时，T_{max}

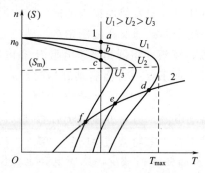

图 4-34　调压调速时的机械特性

变化，而 n_0 和 S_m 不变。对于恒转矩性负载 T_L，由负载特性曲线 1 与不同电压下电动机的机械特性的交点，可以有 a、b、c 点所决定的速度，其调速范围很小；离心式通风机型负载曲线 2 与不同电压下机械特性的交点为 d、e、f，可以看出，调速范围稍大。

这种调速方法能够无级调速，但当降低电压时，转矩也按电压的平方比例减小，所以，调速范围不大。

在定子电路中串电阻（或电抗）和用晶管调压调速都是属于这种调速方法。

4.5.2 转子电路串电阻调速

原理接线图和机械特性与图 4-33 相同，从图 4-33 中可看出，转子电路串不同的电阻，其 n_0 和 T_{max} 不变，但 S_m 随外加电阻的增大而增大。对于恒转矩负载 T_L，由负载特性曲线与不同外加电阻下电动机机械特性的交点（9、10、11 和 12 等点）可知，随着外加电阻的增大，电动机的转速降低。

当然，这种调速方法只适用于线绕式异步电动机，其启动电阻可兼作调速电阻用，不过此时要考虑稳定运行时的发热，应适当增大电阻的容量。

转子电路串电阻调速简单可靠，但它是有级调速，随转速降低，特性变软。转子电路电阻损耗与转差率成正比，低速时损耗大。所以，这种调速方法大多用在重复短期运转的生产机械中，如在起重运输设备中应用非常广泛。

4.5.3 改变极对数调速

在生产中有大量的生产机械，它们并不需要连续平滑调速，只需要几种特定的转速就可以了，而且对启动性能没有高的要求，一般只在空载或轻载下启动，在这种情况用变极对数调速的多速鼠笼式异步电动机是合理的。

根据式(4-4)，同步转速 n_0 与极对数 p 成反比，因此改变极对数 p 即可改变电动机的转速。

另外，由于极对数的改变，不仅使转速发生了改变，而且三相定子绕组中电流的相序也改变，为了改变极对数后仍维持原来的转向不变，就必须在改变极对数的同时，改变三相绕组接线的相序，这是设计变极调速电动机控制线路时应注意的一个问题。

多速电动机启动时宜先接成低速，然后再换接为高速，这样可获得较大的启动转矩。

多速电动机虽其体积稍大、价格稍高、只能有级调速，但因结构简单、效率高、特性好且调速时所需附加设备少，曾经广泛用于机电联合调速的场合，特别是中、小型机床上用得较多。随着科学技术的发展，在很多机电联合调速的场合，变频调速相对于变极调速的应用更加广泛。

4.5.4 变频调速

如式(4-4)和图 4-26 所示的改变定子电源频率时的人为机械特性可以看出，异步电动机的转速正比于定子电源的频率 f_1，若连续地调节定子电源频率 f_1，即可实现连续地改变电动机的转速 n。

变频调速用于一般鼠笼式异步电动机，采用一个频率可以变化的电源向异步电动机定子绕组供电，异步电动机的变频调速是一种很好的调速方法。

✎ 习　题

4.1　试述三相鼠笼式异步电动机的主要结构。

4.2　三相异步电动机旋转磁场的转速与哪些因素有关？

4.3　将三相异步电动机接三相电源的三根引线中的两根对调，此电动机是否会反转？为什么？

4.4　有一台四极三相异步电动机，电源电压的频率为 50Hz，满载时电动机的转差率为 0.02，求电动机的同步转速、转子转速和转子电流频率。

4.5　当三相异步电动机的负载增加时，为什么定子电流会随转子电流的增加而增加？

4.6　三相异步电动机带动一定的负载运行时，若电源电压降低了，此时电动机的转矩、电流及转速有无变化？如何变化？

4.7　三相异步电动机正在运行时，转子突然被卡住，这时电动机的电流会如何变化？对电动机有何影响？

4.8　三相异步电动机断了一根电源线后，为什么不能启动？而在运行时断了一线，为什么仍能继续转动？这两种情况对电动机将产生什么影响？

4.9　三相异步电动机在相同电源电压下，满载和空载启动时，启动电流是否相同？启动转矩是否相同？

4.10　为什么线绕式异步电动机在转子串电阻启动时，启动电流减少而启动转矩反而增大？

4.11　有一台三相异步电动机 $P_N = 50kW$，$U_N = 380V$，$\cos\varphi = 0.85$，试求电动机的额定电流 I_N？

4.12　为了使三相异步电动机快速停车，可采用哪几种制动方法？

4.13　异步电动机有哪几种调速方法？各种调速方法有何优缺点？

4.14　什么叫恒功率调速？什么叫恒转矩调速？

4.15　异步电动机变极调速的可能性和原理是什么？其接线图是怎样的？

第5章
控制电动机

随着电子技术的不断发展，电动机的功能越来越多，其类型也越来越多。除一般的直流电动机和交流电动机之外，目前在机电设备中还使用各种控制电动机，常用的有步进电动机、直流伺服电动机、交流伺服电动机、直线电动机等。

本章主要介绍这些电动机的结构、工作原理、特性及功能。

5.1 步进电动机

步进电动机是一种将电脉冲信号转换成相应角位移或直线位移的机电执行元件。每输入一个电脉冲，转子就转动一个固定的角度。脉冲一个接一个地输入，转子相应地一步一步地转动，因此称之为步进电动机。

步进电动机的角位移量与输入电脉冲的个数成正比，旋转速度与输入电脉冲的频率成正比，即控制输入电脉冲的个数、频率和定子绕组的通电方式，就可以控制步进电动机转子的角位移量、旋转速度和旋转方向。

步进电动机具有快速启停、精度高、能够直接接收数字信号和不需要位移传感器就可达到较精确定位等特点，因此在需要精确定位的场合，如软盘驱动系统、绘图机、打印机、经济型数控系统等得到广泛的应用。

5.1.1 步进电动机的分类与工作原理

步进电动机根据转子的结构不同通常可以分为 3 种类型，即反应式（VR）、永磁式（PM）和混合式（HB）步进电动机。此外，目前又出现了新的步进电动机类型，如直线步进电动机和平面步进电动机。

(1) 反应式步进电动机

反应式步进电动机的定子由硅钢片叠成的定子铁芯和装在其上的多个绕组组成。输入电脉冲对多个定子绕组轮流进行励磁而产生磁场，定子绕组的个数称为相数。转子用硅钢片叠成或用软磁性材料做成凸极结构，凸极的个数称为齿数。转子本身没有励磁绕组的称为反应式步进电动机，用永久磁铁做转子的称为永磁式步进电动机，图 5-1 所示为三相反应式步进电动机的结构。

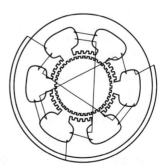

图 5-1　三相反应式步进
电动机结构

图 5-2 为三相反应式步进电动机的工作原理图。它的定子

有 6 个极，每极上都绕有控制绕组，每两个相对的极组成一相。转子有 4 个均匀分布的齿，上面没有绕组。磁通总是要沿着磁阻最小的路径通过，类似于电磁铁的工作原理。

(a) A 相通电   (b) B 相通电   (c) C 相通电

图 5-2   三相反应式步进电动机工作原理图

当 A 相绕组通电，B 相和 C 相绕组不通电时，转子齿 1、3 的轴线向定子 A 极的轴线对齐，即在电磁吸力作用下，将转子齿 1、3 吸引到 A 极下。此时，转子受到的力只有径向力而无切向力，故转矩为零，转子被自锁在这个位置，如图 5-2(a) 所示；当 A 相绕组通电变为 B 相绕组通电时，定子 B 极的轴线使最靠近的转子齿 2、4 的轴线向其对齐，促使转子在空间顺时针转过 30°角，如图 5-2(b) 所示；当 B 相绕组通电又变为 C 相绕组通电时，定子 C 极的轴线使最靠近的转子齿 1、3 的轴线向其对齐，转子又将在空间顺时针转过 30°角，如图 5-2(c) 所示。可见通电顺序为 A→B→C→A 时，电动机的转子便一步一步按顺时针方向转动，每步转过的角度均为 30°。

步进电动机转子齿与齿之间的角度称为齿距角，转子每步转过的角度称为步距角。图 5-2 所示的转子有 4 个齿，齿距角为 90°。三相绕组循环通电一次，磁场旋转一周，转子前进一个齿距角，即步距角为 30°。

若按 A→C→B→A 的顺序通电，转子就反向转动。因此只要改变通电顺序，就可改变步进电动机旋转方向。

步进电动机有单相轮流通电、双相轮流通电和单、双相轮流通电的三种通电方式。"单"是指每次切换前后只有一相绕组通电，"双"就是指每次有两相绕组通电。定子控制绕组每改变一次通电状态，称为一拍。

现以三相步进电动机为例说明步进电动机的通电方式。

① 三相单三拍通电方式。

这种方式的通电顺序为 A→B→C→A。因为定子绕组为三相，每次只有一相绕组通电，而每一个循环只有三次通电，故称为三相单三拍通电方式。单三拍通电方式每次只有一相控制绕组通电吸引转子，容易使转子在平衡位置附近产生振荡，运行稳定性较差。另外，在切换时一相控制绕组断电而另一相控制绕组开始通电，容易造成失步，故这种通电方式实际上很少采用。

② 三相双三拍通电方式。

这种方式的通电顺序为 AB→BC→CA→AB。因为它是两相同时通电，而每个循环只有三次通电，故称为三相双三拍通电方式。双三拍通电方式每次两相绕组同时通电，转子受到的感应力矩大，静态误差小，定位精度高；另外，转换时始终有一相控制绕组通电，所以工作稳定，不易失步。

③ 三相六拍通电方式。

这种方式的通电顺序为 A→AB→B→BC→C→CA→A，如图 5-3 所示。这种通电方式是单、双相轮流通电，而每一个循环有六次通电，故称为三相六拍通电方式。这种通电方式具有双三拍的特点，且一次循环的通电次数增加一倍，使步距角减小一半。

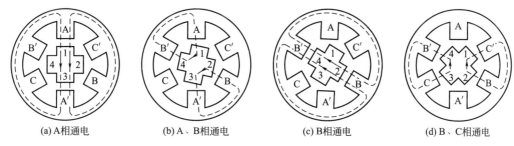

(a) A相通电   (b) A、B相通电   (c) B相通电   (d) B、C相通电

图 5-3　步进电动机的三相六拍通电方式

上述步进电动机的结构是为了讨论工作原理而进行了简化，实际步进电动机的步距角一般比较小，如 1.8°、1.5° 等。

因为每通电一次（即运行一拍），转子就走一步，各相绕组轮流通电一次，转子就转过一个齿距，故步距角为

$$\beta = \frac{360^\circ}{Kmz} \tag{5-1}$$

式中　K——通电系数，当相数等于拍数时，$K=1$，否则 $K=2$；

　　　m——定子相数；

　　　z——转子齿数。

若步进电动机的输入电脉冲信号的频率为 f，则步进电动机的转速为

$$n = 60 \frac{\beta f}{2\pi} = 60 \frac{2\pi f/(Kmz)}{2\pi} = \frac{60f}{Kmz} \tag{5-2}$$

(2) 永磁式步进电动机

永磁式步进电动机的转子一般使用永磁材料制成，故得此名。如图 5-4 所示是永磁式步进电动机的典型结构原理图，转子为永磁体的磁极，定子上绕有两相或多相绕组，电源按正负脉冲供电。当定子 A 相绕组正向通电时，在 A 相的 A(1)、A(3) 端产生 S 极，A(2)、A(4) 端产生 N 极。基于磁极同性相斥、异性相吸原理，转子位于图 5-4(a) 所示的位置上。当 A 相断电，B 相绕组正向通电时，B 相的 B(1)、B(3) 端产生 S 极，B(2)、B(4) 端产生 N 极，转子将顺时针旋转 45° 至图 5-4(b) 所示的位置。当 B 相断电，A 相负向通电时，A 相的 A(1)、A(3) 端产生 N 极，A(2)、A(4) 端产生 S 极，转子继续顺时针旋转 45° 至图 5-4(c) 所示的位置。当 A 相断电，B 相负向通电时，B 相的 B(1)、B(3) 端产生 N 极，B(2)、B(4) 端产生 S 极，转子继续顺时针旋转 45° 至图 5-4(d) 所示的位置。

按上述 A→B→$\overline{A}$→$\overline{B}$→…单四拍方式循环通电，转子便连续旋转。也可按 AB→B$\overline{A}$→$\overline{A}\,\overline{B}$→$\overline{B}$A→…双四拍方式通电，步距角均为 45°；当按照 A→AB→B→B$\overline{A}$→$\overline{A}$→$\overline{A}\,\overline{B}$→$\overline{B}$→$\overline{B}$A→…八拍方式通电时，步距角为 22.5°。

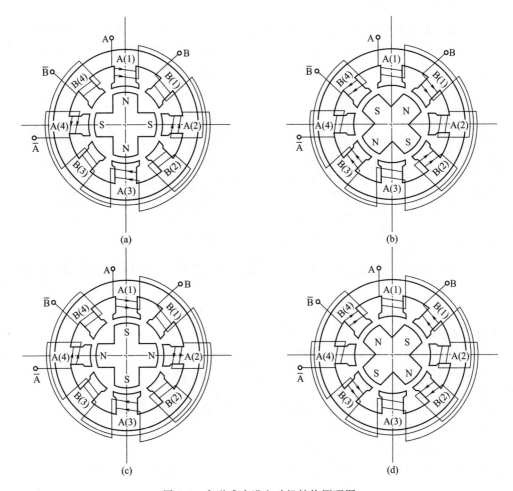

图 5-4　永磁式步进电动机结构原理图

对于永磁式步进电动机，若要减小步距角，可以增加转子的磁极数和定子的齿数，然而制成 N-S 相间的多对磁极十分困难。加之必须相应增加定子极数和定子绕组线圈数，这些都将受到定子空间的限制，因此永磁式步进电动机的步距角一般都比较大。

（3）混合式步进电动机

混合式步进电动机在永磁和变磁阻原理的共同作用下运转，也可称为永磁感应式步进电动机。它兼具了反应式步进电动机步距角小、启动频率和运行频率高的优点以及永磁式步进电动机励磁功率小、无励磁时具有转矩定位的优点，成为目前市场上的主流品种。和永磁式步进电动机相同的是，这类电动机要求电源提供正负脉冲。

图 5-5 是混合式步进电动机的剖面图，其中图 5-5（a）是电动机轴向剖面图，图 5-5（b）是电动机 x、y 方向的剖面图。由图中可以看出，电动机转子上装有一个轴向磁化永磁体，用来产生一个单向磁场。转子分为两段，一段经永磁体磁化为 S 极，另一段则磁化为 N 极，每段转子齿以一个齿距间隔均匀分布，但是两段转子的齿之间相互错开 1/2 转子齿距。定子上有 8 个磁极，每相绕组分别绕在 4 个磁极上，图中 A 相绕组绕在 1、3、5、7 磁极上，B 相绕组绕在 2、4、6、8 磁极上，每相相邻磁极上的绕组以相反方向缠绕，以便相邻磁极产生方向相反的磁场，转子受力转动与指南针类似。

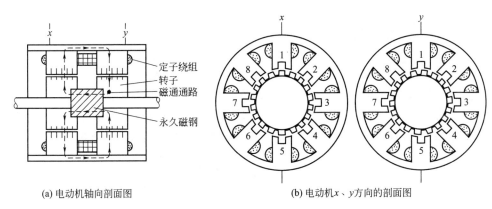

(a) 电动机轴向剖面图   (b) 电动机x、y方向的剖面图

图 5-5　混合式步进电动机剖面图

5.1.2　步进电动机的特点

(1) 易于实现数字控制

步进电动机严格受数字脉冲信号的控制，因此易于与微机接口，实现数字控制。

① 步进电动机的输出角位移与输入脉冲数成正比，即

$$\theta = N\beta \tag{5-3}$$

式中　θ——电动机转子转过的角度，(°)；

　　　N——控制脉冲数；

　　　β——步距角，(°)。

② 步进电动机的转速与输入脉冲频率成正比，即

$$n = \frac{\beta}{360°} \times 60f = \frac{\beta f}{6°}$$

③ 步进电动机的转动方向可以通过改变绕组通电相序来改变。

(2) 具有自锁能力

步进电动机具有自锁能力，当停止输入脉冲时，只要某些相的控制绕组仍保持通电状态，电动机就可以保持在该固定位置上，从而使步进电动机实现停车时转子定位。

(3) 抗电气干扰能力强

步进电动机的工作状态不易受到各种干扰因素（如电源电压波动、电流的幅值与波形的变化、环境温度变化等）影响，只要这些干扰未引起"失步"，步进电动机就可以继续正常工作。

(4) 步距角误差不会长期累积

从理论上讲，每一个脉冲信号应使步进电动机的转子转过相同的角度，即步距角。实际上，由于定子、转子的齿距分度不均匀，或定子、转子之间的气隙不均匀等原因，实际步距角和理论步距角之间存在偏差，即步距角误差。当转子转过一定步数以后，步距角会产生累积误差，由于步进电动机每转一周都有固定的步数，因此当转子转过 360° 后又恢复原来位置，累积误差将变为零，所以步进电动机的步距角只有周期性误差，而无累积误差。

(5) 多用于构成开环控制系统

步进电动机可以用于开环和闭环两种控制系统。当步进电动机用于开环控制时，由于无须位置和速度检测反馈装置，因此结构简单，使用维护方便，并且可以可靠地获得较高的位置精度，因此广泛应用于构成开环位置伺服系统。

5.2 直流伺服电动机

早期的直流伺服电动机输出功率一般为 $1\sim600\mathrm{W}$。它的基本结构和工作原理与普通直流他励电动机相同，不同的只是它做得比较细长一些，以满足快速响应的要求。

图 5-6(a)、(b) 分别为传统型电磁式、永磁式直流伺服电动机的电路原理图。除传统型外，还有低惯量型直流伺服电动机，又可分为无槽、杯形、圆盘、无刷电枢几种。

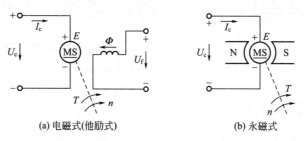

(a) 电磁式(他励式)　　　　(b) 永磁式

图 5-6　直流伺服电动机的电路原理图

电磁式、永磁式直流伺服电动机的机械特性公式与他励直流电动机机械特性公式相同，即

$$n = \frac{U_{\mathrm{c}}}{K_{\mathrm{e}}\Phi} - \frac{R}{K_{\mathrm{e}}K_{\mathrm{m}}\Phi^2}T \tag{5-4}$$

式中　U_{c}——电枢控制电压；

$\quad\quad R$——电枢回路电阻；

$\quad\quad \Phi$——每极磁通；

K_{e}，K_{m}——电动机结构常数。

由式(5-4) 可以看出，改变控制电压 U_{c} 或改变磁通 Φ 都可以控制直流伺服电动机的转速和转向，前者称为电枢控制，后者称为磁场控制。电枢控制具有响应迅速、机械特性硬、调速特性线性度好的优点，在实际生产中大都采用电枢控制方式（永磁式伺服电动机只能采取电枢控制）。

图 5-7 所示为直流伺服电动机的机械特性。从图看出，在一定负载转矩下，当磁通 Φ 不变时，如果升高电枢电压 U_{c}，电动机的转速就上升；反之，转速下降；当 $U_{\mathrm{c}}=0$ 时，电动机立即停止，因此，无自转现象。直流伺服电动机与交流伺服电动机的机械特性比较，前者的堵转矩大，特性曲线线性度好，机械特性较硬；缺点是有换向器，因而结构复杂，产生无线电干扰。在确定系统采用何种电动机时，要综合考虑各种电动机的特点。

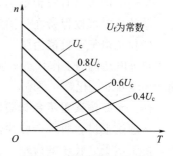

图 5-7　直流伺服电动机的
机械特性

5.3 交流伺服电动机

直流伺服电动机有机械换向器和电刷，降低了电动机运行的可靠性，加重了维护和保养负担。而基于交流异步电动机伺服电动机结构简单，成本低廉，无电刷磨损，维修方便，被

认为是一种理想的伺服电动机,但伺服控制算法复杂,常用在数控机床主轴伺服系统中。而同步交流伺服电动机以其优良的控制性能和高可靠性在数控机床和机器人的轨迹控制系统中得到了越来越广泛的应用。

5.3.1　交流伺服电动机的基本结构

交流伺服电动机的基本结构如图 5-8 所示。定子上放置三相对称绕组,异步伺服电动机的转子是导磁体而同步伺服电动机的转子则是永磁体,一般采用稀土磁钢制成,故称为稀土永磁电动机。

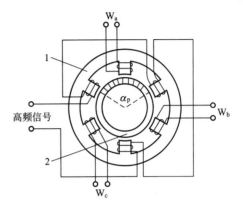

与直流伺服电动机比,同步交流伺服电动机不过是将定子与转子的位置作了互换,就是将直流伺服电动机的永磁定子变为交流伺服电动机的永磁转子,而直流伺服电动机的转子绕组变为交流伺服电动机的定子绕组。这样互换的结果省去了机械换向器和电刷,取而代之的是电子换向器或逆变器。

图 5-8　交流伺服电动机基本结构
1—定子;2—永久磁铁

同步交流伺服电动机按气隙磁场的分布方式可分为两种,一种称为无刷直流电动机(BDCM),另一种称为永磁同步电动机(PMSM)。无刷直流电动机其实也是交流电动机,它的气隙磁场是按方波分布的,而永磁同步电动机的气隙磁场是按正弦波分布的。

5.3.2　无刷直流电动机

(1) 无刷直流电动机的结构

无刷直流电动机在结构上相当于一台反装式直流电动机,它的电枢放置在定子上,转子为永磁体。它的电枢绕组为多相绕组,一般为三相,可接成星形或三角形,各相绕组分别与电子换向器电路中的晶体管开关连接,如图 5-9 所示。

在无刷直流电动机的转子轴上装有转子位置检测器、测速发电机和光电脉冲编码器。转子位置检测器的输出信号控制电子换向器,实现对电动机的换向,即电子换向器中的晶体管的导通与截止由转子位置检测器的输出信号决定。测速发电机的输出信号用于速度反馈。而光电脉冲编码器的信号送入 CNC 装置,用于位置反馈。转子位置检测器有多种类型,但其输出信号的波形均为图 5-10 所示的三路方波。

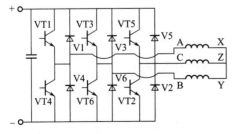

图 5-9　电子换向器与绕组的连接

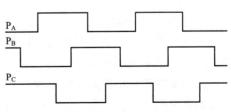

图 5-10　转子位置检测器输出信号的波形

（2）转子位置检测器

① 光电式。

光电式转子位置检测器利用光束与转子位置角之间的对应关系，按规定的顺序照射光电元件，由此发出电信号使电子换向器中相应的晶体管导通，去控制定子绕组依次换流。

光电位置检测器的原理（图5-11）是将一个带有小孔的光屏蔽罩和转轴连接在一起，并随转子绕一固定光源旋转。安装在对应于定子绕组确定位置上的光电池受到光束的照射时，发出电信号，从而检测出定子绕组需要进行换流的确切位置。

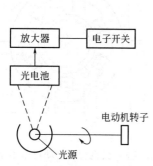

图5-11 光电式转子位置检测器原理图

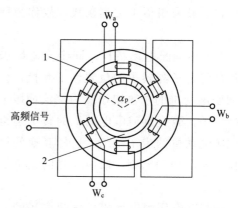

图5-12 电磁式转子位置检测器原理图
1—定子；2—转子

② 电磁式。

电磁式位置检测器的原理如图5-12所示。它由定子和转子两部分组成，定子铁芯和转子上的扇形部分（即图中的圆心角为 α_p 的部分）均由高导磁材料制成。在定子铁芯上也有与电动机定子绕组相对应的相数，每相的一端均嵌有输入线圈，并在输入线圈中外接高频励磁电压，每相的另一端嵌有输出线圈，分别为图中的 W_a、W_b、W_c。位置检测器的转子与电动机的转子同轴安装。当位置检测器转子的扇形部分转到定子某相的输入线圈和输出线圈相耦合的位置时，该相输出线圈则有电压信号输出，而其余未耦合相的输出线圈则无电压信号输出。利用输出的电压信号，就可检测出电动机定子绕组需要进行换流的确切位置。

③ 接近开关式。

接近开关式位置检测器由一个与电动机同轴旋转的金属扇形盘和一个接近开关的电路组成。图5-13为接近开关的电路原理图。接近开关电路中的电感线圈 L_1、L_2、L_3 为耦合线圈，放置在对应于电动机定子绕组的各换流处。利用输出电压信号可检测出电动机定子绕组需要进行换流的确切位置。

④ 霍尔元件。

永磁无刷直流电动机可以很方便地利用霍尔元件的"霍尔效应"检测转子的位置。采用霍尔元件作为转子位置传感器的无刷直流电动机称为霍尔无刷直流电动机。

（3）无刷直流电动机的工作原理

无刷直流电动机相当于三个换向片的直流电动机，只不过换向是由晶体管完成的，因此，电枢绕组及变流器静止不动，而磁极旋

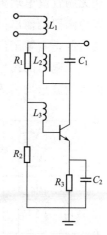

图5-13 接近开关
电路原理图

转。无刷直流电动机的工作原理如图 5-14 所示。

当依次使晶体管按 6、1→1、2→2、3→3、4…的顺序导通时，则磁极（转子）也会依次转过 60°。下面从磁场的变化来分析电动机的旋转情况。当晶体管 6、1 导通时，电流转换为：电源正极→晶体管 1→A 相绕组→B 相绕组→晶体管 6→电源负极，形成回路。此时定子磁势 F_a 垂直于 C 相绕组轴线，如图 5-14（a）所示，转子磁极磁势为 F_r，转子磁场与定子磁场方向的夹角为 120°，所以转子顺时针旋转。当转子转到 F_{r1} 位置时，F_{r1} 与 F_a 的夹角为 90°，电动机的电磁转矩最大，转子继续转动。转子转到 F_{r2} 位置时，F_{r2} 与 F_a 的夹角为 60°，这时通过控制电路使晶体管 2 导通，同时晶体管 6 截止，电枢电流转换为：电源正极→晶体管 1→A 相→C 相→晶体管 2→电源负极，形成回路。此时 F_a 转过 60°，如图 5-14（b）所示，而 F_r 与 F_a 的夹角又变为 120°。如此重复进行，F_r 与 F_a 的夹角始终在 60°、120°范围内变化，因此电动机转子连续转动。

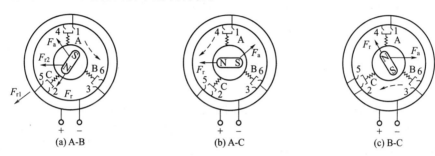

(a) A-B　　　　　　(b) A-C　　　　　　(c) B-C

图 5-14　无刷直流电动机工作原理图

每转过 60°电角度就有一只晶体管换流。为此，要求随着转子的旋转，使相应的晶体管周期性地导通或截止，才能使定子磁场和转子磁场保持同步，但这里的定子磁场是以"跳跃"方式旋转的。

电动机中电磁转矩 T_m 是定、转子磁场相互作用而产生的，若略去铁芯磁饱和的影响，可用下式计算：

$$T_m = K_m F_a F_r \sin\theta_{sr} \tag{5-5}$$

式中　K_m——电磁转矩常数；

　　　F_a——定子磁势；

　　　F_r——转子磁势。

在无刷直流电动机中，由于定子磁势和转子磁势之间的夹角在 60°、120°之间周期性地变化，所以电磁转矩也是脉动的，如图 5-15 所示。

图 5-15　电动机电磁转矩的波动

5.3.3　正弦波永磁同步电动机

(1) 正弦波永磁同步电动机的基本结构

正弦波永磁同步电动机的结构与无刷直流电动机基本相同。其转子也是永磁体（一般用稀土磁钢制成），定子上对称地安装着三相绕组。但永磁同步电动机的气隙磁场是按正弦波分布的，因此，在定子绕组中具有正弦波反电动势。

一般采用高精度脉冲编码器或旋转变压器作为位置检测器。位置检测器输出的检测信号有两种用途：一是向 CNC 装置中的位置控制器提供位置反馈信号。二是作为速度控制单元的电流指令信号。

（2）正弦波永磁同步电动机的电磁转矩

正弦波永磁同步电机的工作原理基于定子产生的旋转磁场与转子上永磁体产生的磁场之间的相互作用。其电磁转矩的计算则更多地依赖于矢量控制策略。

在矢量控制中，通过坐标变换将三相静止坐标系下的电机数学模型转换为两相旋转坐标系下的模型，从而实现对电机磁链和转矩的解耦控制。在不考虑机械损失和电机非线性特性的理想情况下，正弦波永磁同步电机的转矩主要由磁场产生，磁场的大小与定子电流成正比。可以简化为：

$$T_m = K_m I_m \tag{5-6}$$

简化后的永磁同步电动机电磁转矩的计算公式与直流无刷伺服电动机电磁转矩的计算公式类似。

与无刷直流伺服电机相比，正弦波永磁同步电机也可以在很低的转速下运行，调速范围宽，此外正弦波永磁同步电机还具有高效率、高功率因数和低噪声的特点。适用于需要高动态性能和低噪声的应用场景，广泛应用于电动汽车、机器人、数控机床、航空航天等领域。

在近年来发展较快的人形机器人技术中，以及在机器人学科竞赛中，直流无刷伺服电机和正弦波同步交流伺服电动机应用越来越广泛。

伺服电机当前的一个重要发展趋势是无框伺服电机。各种伺服电机的无框结构为设计者提供了更高的设计灵活性，可以直接将伺服电机主要器件集成到机械结构中，真正做到机电一体化，达到整体系统最优。特别适合对重量、装配空间、动态性能要求较高的应用场景。例如人形机器人的关节（多为无框无刷直流伺服电动机或无框永磁同步交流伺服电动机），数控机床的电主轴（无框三相异步伺服电动机）等等。

5.4　直线电动机

直线电动机是一种能够将电能转换为直线运动的驱动元件。在交通运输、机械工业和仪器仪表行业中，直线电动机得到广泛应用。它为实现精度高、响应快和稳定性好的机电传动和控制开辟了新的领域。

每一种旋转电动机原则上都有其相应的直线电动机，因此，直线电动机种类很多。一般按照工作原理可分为直线异步电动机、直线直流电动机和直线同步电动机三种。

5.4.1　直线异步电动机的结构

直线异步电动机与笼型异步电动机工作原理完全相同，二者只是在结构形式上有所差别。图 5-16(b) 所示是直线异步电动机的结构，它相当于把旋转异步电动机 [图 5-16(a)] 沿径向剖开，并将定子、转子圆周展开成直线。直线异步电动机的定子一般是初级，而它的转子（动子）则是次级。在实际应用中初级和次级不能做成完全相等的长度，而应该做成初、次级长短不等的结构，如图 5-17(a)、(b) 所示。

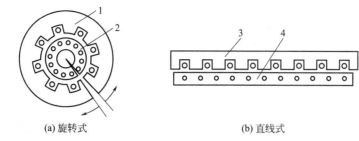

图 5-16 异步电动机的结构

1—定子；2—转子；3—初级；4—次级

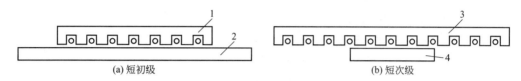

图 5-17 直线异步电动机的初级和次级

1,3—初级；2,4—次级

由于短初级结构比较简单，故一般常采用短初级。下面以短初级直线异步电动机为例来说明它的工作原理。

5.4.2 直线异步电动机的工作原理

直线电动机是由旋转电动机演变而来的，因而当初级的多相绕组通入多相电流后也会产生一个气隙磁场，这个磁场的磁感应强度 B_δ 按通电的相序顺序做直线移动（图 5-18），该磁场称为行波磁场。显然行波的移动速度与旋转磁场在定子内圆表面的线速度是一样的，这个速度称为同步线速度，用 v_s 表示，且

$$v_s = 2f\tau \tag{5-7}$$

式中　τ——极距，cm；

f——电源频率，Hz。

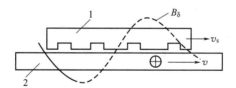

图 5-18 直线异步电动机的工作原理图

1—初级；2—次级

在行波磁场切割下，次级导条将产生感应电动势和电流，所有导条的电流和气隙磁场相互作用，产生切向电磁力 F。如果初级是固定不动的，那么，次级就顺着行波磁场运动的方向做直线运动。

直线异步电动机的推力公式与三相异步电动机转矩公式相类似，即

$$F = KpI_2\Phi_m\cos\varphi_2$$

式中　K——电动机结构常数；

p——初级磁极对数；

　　　I_2——次级电流；

　　　Φ_m——初级一对磁极磁通量的幅值；

　　$\cos\varphi_2$——次级功率因数。

　　在推力 F 作用下，次级运动速度应小于同步速度 v_s，则转差率 S 为

$$S=\frac{v_s-v}{v_s}$$

故次级移动速度

$$v=(1-S)v_s=2f\tau(1-S) \tag{5-8}$$

　　式(5-8) 表明直线异步电动机的速度与电动机极距及电源频率成正比，因此，改变极距或电源频率都可改变电动机的速度。

　　与旋转异步电动机一样，改变直线异步电动机初级绕组的通电相序，可以改变电动机运动的方向，从而可使直线电动机做往复运动。

　　直线异步电动机的机械特性、调速特性等都与旋转异步电动机相似，因此，直线异步电动机的启动和调速以及制动方法与旋转异步电动机也相同。

5.4.3　直线电动机的特点及应用

　　直线电动机较之旋转电动机有下列优点：

　　① 直线电动机不需要中间传动机构，因而整个机构得到简化，提高了精度，减小了振动和噪声。

　　② 响应快速。用直线电动机拖动时，由于不存在中间传动机构的惯量和阻力矩的影响，因而加速和减速时间短，可实现快速启动和正反向运行。

　　③ 散热良好，额定值高，电流密度可取很大，对启动的限制小。

　　④ 装配灵活性大，往往可将电动机的定子和动子分别与其他机体合成一体。

　　与旋转电动机相比较，直线电动机存在着效率和功率因数低、电源功率大及低速性能差等缺点。

　　直线电动机主要用于吊车传动、金属传送带、冲压锻压机床以及高速电力机车等。此外，它还可以用在悬挂式车辆传动、工件传送系统、机床导轨等处。如将直线电动机作为机床工作台进给驱动装置，则可将初级（定子）固定在被驱动体（滑板）上，或将它固定在基座或床身上。随着先进制造技术的发展，交流永磁同步、直线伺服电机已逐渐应用于高性能数控机床、光刻机等精密设备上。

✎ 习　题

　　5.1　通过分析步进电动机的工作原理和通电方式，可得出什么结论？

　　5.2　步进电动机在使用中为什么要采用小步距角？

　　5.3　步进电动机按工作原理可分为哪几种？各有什么特点？

　　5.4　步进电动机的步距角的含义是什么？一台步进电动机可以有两个步距角，例如，$3°/1.5°$是什么意思？什么是三相单三拍、三相六拍和三相双三拍？

　　5.5　一台五相反应式步进电动机，采用五相十拍运行方式时，步距角为 $1.5°$，若脉冲电源的频率为 3000Hz，试问转速是多少？

5.6 一台五相反应式步进电动机，其步距角为 $1.5°/0.75°$，该电动机的转子齿数是多少？

5.7 步进电动机有哪些主要性能指标？了解这些性能指标有何实际意义？

5.8 步进电动机的运行特性与输入脉冲频率有什么关系？

5.9 步距角小、最大静转矩大的步进电动机，为什么启动频率和运行频率高？

5.10 负载转矩和转动惯量对步进电动机的启动频率和运行频率有什么影响？

5.11 有一台直流伺服电动机，电枢控制电压和励磁电压均保持不变，当负载增加时，电动机的控制电流、电磁转矩和转速如何变化？

5.12 有一台直流伺服电动机，当电枢控制电压 $U_c = 110\text{V}$ 时，电枢电流 $I_{a1} = 0.05\text{A}$，转速 $n_1 = 3000\text{r/min}$；加负载后，电枢电流 $I_{a2} = 1\text{A}$，转速 $n_2 = 1500\text{r/min}$。试作出其机械特性曲线。

5.13 若直流伺服电动机的励磁电压一定，当电枢控制电压 $U_c = 100\text{V}$ 时，理想空载转速 $n_0 = 3000\text{r/min}$。试问：当 $U_c = 50\text{V}$ 时，n_0 等于多少？

5.14 为什么多数数控机床的进给系统宜采用大惯量直流电动机？

5.15 有一台直线异步电动机，已知电源频率为 50Hz，极距 τ 为 10cm，额定运行时的转差率 S 为 0.05，试求其额定速度。

5.16 直线电动机与旋转电动机相比有哪些优、缺点？

第6章
继电接触器控制

机电传动控制不仅必须有电动机拖动生产机械这个主体，而且还包括一套控制装置，用以实现生产机械各种生产工艺的要求。如龙门刨床要求传动部分根据加工需要有顺序地传动工作台正向工作、停止、快速返回、停止、又正向工作……的自动循环，故需要对电动机的启动、调速、反转、制动等过程加以控制。操作者以简单的控制电器如闸刀开关、转换开关等手控电器来实现电力拖动控制，称为手动控制；若用自动电器来实现电力拖动的控制，就称为自动控制。自动控制不仅能减轻操作人员的劳动强度、提高工作机械的生产率和产品品质，而且可以实现手动控制难以完成的诸如远距离集中控制等。

尽管电力拖动自动控制已向无触点、连续控制、弱电化、微机控制方向发展，但由于继电接触器控制系统所用的控制电器结构简单、价格便宜、能够满足生产机械一般生产的要求，因此，目前仍然获得广泛的应用。

本章扼要地介绍常用的各种控制电器的结构、工作原理、应用范围和自动控制的基本原理和基本线路。

6.1 常用低压电器

生产机械中所用的控制电器多属低压电器，它是指交流 1200V 以下，直流 1500V 以下，用来接通或断开电路以及用来控制、调节和保护用电设备的电器器具。

电器按动作性质可分为以下两类。

① 手动电器：这类电器没有动力机构，依靠人力或其他外力来接通或切断电路，如刀开关、按钮等。

② 自动电器：这类电器有电磁铁等动力机构，按照指令、信号或参数变化而启动动作，使工作电路接通和切断，如接触器、继电器、电磁阀等。

电器按其用途又可分为以下三类。

① 控制电器：用来控制电动机的启动、反转、调速、制动等动作，如磁力启动器、接触器、继电器等。

② 保护电器：用来保护电动机，使其安全运行以及保护生产机械使其不受损坏，如熔断器、电流电器、热继电器等。

③ 执行电器：用来操纵、带动生产机械和支撑与保持机械装置在固定位置上的一种执行元件，如电磁铁、电磁离合器等。

(1) 刀开关

刀开关又称隔离开关，主要用于隔离电源，不需要经常切断与闭合的交、直流低压

（≤500V）电路，在额定电压下其工作电流不能超过额定值，但在机床上，刀开关主要用作电源开关，它一般不用来开断电动机的工作电流。

一般刀开关结构如图 6-1 所示。转动手柄后，刀极即与刀夹座相接，从而接通电路。

一般刀开关由于触点分断速度慢、灭弧困难，仅用于切断小电流电路。若用刀开关切断较大电流的电路，特别是切断直流电路时，为了使电弧迅速熄灭以保护开关，可采用带有快速断弧刀片的刀开关，如图 6-2 所示。图中，主刀极用弹簧与断弧刀片相连，在切断电路时，主刀极首先从刀夹座脱出，这时断弧刀片仍留在刀夹座内，电路尚未断开，无电弧产生。当主刀极拉到足够远时，在弹簧的作用下，断弧刀片与刀夹座迅速脱离，使电弧很快拉长而熄灭。

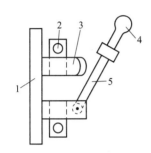

图 6-1　一般刀开关结构

1—绝缘底板；2—接线端子；3—刀夹座（静触点）；

4—刀极支架和手柄；5—刀极（动触点）

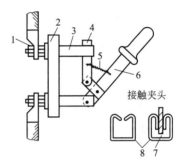

图 6-2　具有断弧刀片的刀开关

1—接线端子；2—底座；3,8—刀夹座；

4—断弧刀片；5—快断刀极弹簧；6,7—主刀极

刀开关分单极、双极和三极，常用的三极刀开关长期允许通过电流有 100A、200A、400A、600A 和 1000A 五种。目前生产的产品有 HD（单投）和 HS（双投）等系列型号。

负荷开关是由有快断刀极的刀开关与熔断器组合而成的铁壳开关，常用来控制小容量异步电动机的不频繁启动和停止。常用型号有 HH4 系列。

刀开关的选择应根据工作电流和电压来选择。

（2）转换开关

刀开关作为隔电用的配电电器是恰当的，但在小电流的情况下用它进行线路的接通、断开和换接控制时就显得不太灵巧和方便，所以，在机床上广泛地用转换开关（又称组合开关）代替刀开关。转换开关的结构紧凑，占用面积小，操作时不是用手扳动而是用手拧转，故操作方便、省力。

图 6-3 所示是一种盒式转换开关结构示意图，它有许多对动触片，中间以绝缘材料隔开，装在胶木盒里，故称盒式转换开关。常用型号有 HZ5、HZ10 系列。它是由一个或数个单线旋转开关叠成的，用公共轴的转动控制。转换开关可制成单极和多极的，多极装置的原理是：当轴转动时，一部分动触片插入相应的静触片中，使对应的线路接通，而另一部分开断，当然也可使全部动、静触片同时接通或断开。因此转换开关既起断路器的作用，又起转换器的作用。在转换开关的上部装有定位机构，以使触点处在一定的位置上，并使之迅速地转换而与手柄转动的速度无关。

盒式转换开关除了作电源的引入开关外，还可用来控制启动次数不多（每小时关合次数不超过 20 次）、7.5kW 以下的三相鼠笼式感应电动机，有时也作控制线路及信号线路的转换开关。HZ5 型有单极、双极、三极的，额定电流有 10A、20A、40A 和 60A 四种。

用来控制电动机正反转的转换开关亦称倒顺开关，其原理如图 6-4 所示。电源线接到触点 X_1、X_2、X_3 上，电动机定子绕组的三根线接到触点 D_1、D_2、D_3 上。当转换开关转到位置 I 时，触点 X_1、X_2、X_3 相应和 D_1、D_2、D_3 接通，于是电动机正转。当转到位置 II 时，触点 X_1、X_2、X_3 相应和 D_1、D_3、D_2 接通，于是电动机反转。为了更清楚地表明触点闭合与断开情况，在电气传动系统图中还用表 6-1 所示的触点合断表表示。表中"×"表示触点接通，空格表示断开。

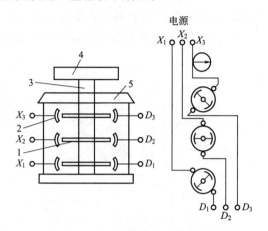

图 6-3　盒式转换开关结构示意图

1—动触片；2—静触片；3—轴；4—转换手柄；5—定位机构

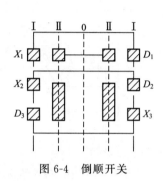

图 6-4　倒顺开关

表 6-1　触点合断表

触点	转换位置		
	I	0	II
	正转	停止	反转
X_1-D_1	×		×
X_2-D_2	×		
X_3-D_3	×		
X_2-D_3			×
X_3-D_2			×

转换开关的图形符号如用在主电路中则同刀开关，用在控制电路中则同万能转换开关。转换开关的文字符号用 SA 表示。

手控电器不仅每小时的关合次数有限、操作较笨重、工作不太安全，而且保护性能差，例如，当电网电压突然消失时，因为这些开关不能自动复原，故它不能自动切断电动机，如果不另加保护设备则可能发生意外。随着生产的发展，使得控制对象的容量、运动速度、动作频率等不断增大，运动部件不断增多，要求各运动部件间实现联锁控制和远距离集中控制，显然手控电器不能适应这些要求，因此，就要用到自动控制电器，如接触器、反映各种信号的继电器和其他完成各种不同任务的控制电器。

6.1.1　接触器

接触器是在外界输入信号下能够自动地接通或断开带有负载的主电路（如电动机）的自动控制电器，它是利用电磁力来使开关打开或闭合的电器。它适用于频繁操作（高达每小时

1500 次)、远距离控制强电流电路,并具有低压释放的保护性能、工作可靠、寿命长(机械寿命达 2000 万次,电寿命达 200 万次)和体积小等优点。接触器是继电器-接触器控制系统中最重要和常用的元件之一,它的工作原理如图 6-5 所示。当按钮按下时,线圈通电,静铁芯被磁化,并把动铁芯(衔铁)吸上,带动转轴使触点闭合,从而接通电路。当松开按钮时,过程与上述相反,电路断开。

根据主触点所接回路的电流种类,接触器分为交流和直流两种。

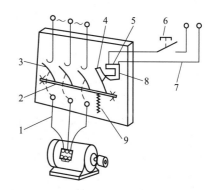

图 6-5　接触器控制电路的工作原理
1—主电路;2—轴;3—触点;
4—动铁芯;5—线圈;6—按钮;
7—控制电路;8—静铁芯;9—反作用弹簧

(1) 交流接触器

① 触点:它是完成接触器接通或断开电路这个主要任务的。对触点的要求是接通时导电性能良好、不跳(不振动)、噪声小、不过热,断开时能可靠地消除规定容量下的电弧。

为使触点接触时导电性能好,接触电阻小,触点常用铜、银及其合金制成。但是在铜的表面上易于产生氧化膜,并且在断开和接通处,电弧常易将触点烧损,造成接触不良。因此,工作于大电流回路的接触器,其触点常采用滚动接触的形式,开始接通时,动触点在 A 点 [图 6-6(a)] 接触,最后滚动到 B 点 [图 6-6(b)],B 点位于触点根部,是触点长期工作接触区域。断开时触点先从 B 点向上滚动,最后从 A 点处断开。这样断开和接通点均在 A 点,保证 B 点工作良好。同时,触点滚动的结果,还可去除表面的氧化膜。

要使触点闭合时不跳,就要适当调整触点压力即可。

要使触点闭合时噪声小,就要使衔铁与铁芯的接触面平滑,在交流接触器的铁芯中还要加短路环。

要使触点闭合时不过热,必须把工作电流限制在额定值内。

在接触器中除了接在主电路中的主触点外还有辅助(连锁)触点,它用来闭合或断开辅助(控制)电路。辅助触点的构造与主触点不大一样,如图 6-7 所示,横杆 3 上焊有两个动触点 2,当横杆 3 压下时,动触点 2 与静触点 1 闭合,接通电路。弹簧 4 是为了使动、静触点保持良好的接触。

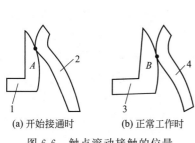

(a) 开始接通时　(b) 正常工作时

图 6-6　触点滚动接触的位置
1,3—静触点;2,4—动触点

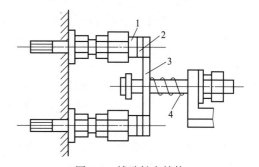

图 6-7　辅助触点结构
1—静触点;2—动触点;3—横杆;4—弹簧

为了减少涡流损耗,交流接触器的铁芯都用硅钢片叠铆而成,并在铁芯的端面上装有分磁环(短路环)。

接触器中有两类触点：一类是动合（常开）触点。所谓动合触点，就是当接触器线圈内通有电流时触点闭合，而线圈断电时触点断开。另一类是动断（常闭）触点，即线圈通电时触点断开，而线圈断电时触点闭合。

② 灭弧装置：当触点断开大电流时，在动、静触点间产生强烈电弧，严重时会烧坏触点，并使切断时间拉长，为使接触器可靠工作，必须使电弧迅速熄灭，故要采用灭弧装置。

③ 铁芯（磁路）：在线圈中通有交变电流时，在铁芯中产生的磁通是与电流同频率变化的，当电流频率为 50Hz 时，磁通每秒有 100 次经过零点。当磁通经过零时，它所产生的吸力也为零，动铁芯（衔铁）有离开趋势，但未及离开，磁通又很快上升，动铁芯又被吸回，结果造成振动，产生噪声。如果能使铁芯间通过两个在时间上不同相的磁通，总磁通将不会经过零点，矛盾即可解决，短路环即为此而设。

短路环的结构如图 6-8 所示。短路环将铁芯端部分为两部分，铁芯面 A 不被短路环所包，通过这部分的磁通 Φ_A 产生吸力 F_A，如图 6-9 所示。被短路环所包的铁芯面 B 在短路环内产生感应电势和电流，这电流所产生的磁通将企图阻止 B 面中磁通的变化，致使穿过 B 面的实际磁通 Φ_B 滞后于 Φ_A 一个角度，它所产生的吸力 F_B 也将滞后于 F_A，使总的合力 $F_合$ 不经过零点，从而消除了振动和噪声。

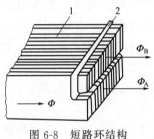

图 6-8 短路环结构

1—静铁芯；2—铜制短路环

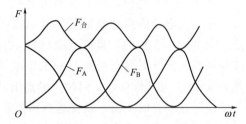

图 6-9 铁芯吸力的变化

④ 线圈：交流接触器的吸引线圈（工作线圈）一般做成有架式，形状较扁，以避免与铁芯直接接触，改善线圈的散热情况。交流线圈的匝数较少，纯电阻大，因此，在接通电路的瞬间，由于铁芯气隙大，电抗小，电流可达到 15 倍的工作电流，所以，交流接触器不适宜于极频繁启动、停止的工作制。而且要特别注意，千万不要把交流接触器的线圈接在直流电源上，否则将因电阻小而流过很大的电流使线圈烧坏。

目前常用的交流接触器型号有 CJ110、CJ12、CJ12B、CJ20、CJX1 等系列。例如 CJ10-40A，其主触点的额定工作电流为 40A，可以控制额定电压为 380V、额定功率为 20kW 的三相异步电动机，它的结构图如图 6-10 所示。该接触器为开启式，动作机构皆为直动式，有动合主触点三个，动合、动断辅助触点各两个，触点为双断点式，接触部分为纯银块，外壳采用塑料压制成；具有结构紧凑、体积小、机械寿命长、成本低、使用和维修方便、允许操作频率高（1200 次/h 或 600 次/h）、外形美观等优点；适用于长期及间断长期工作制，也适用于短时和重复短时工作制，用于后者时额定电流可以适当选小一些。

(2) 直流接触器

直流接触器主要用以控制直流电路（主电路、控制电路和励磁电路等）。它的组成部分和工作原理同交流接触器一样。目前常用的是 CZ0 系列，直流接触器的结构图如图 6-11所示。

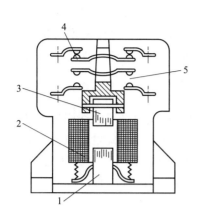

图 6-10　交流接触器的结构图

1—静铁芯；2—线圈；3—动铁芯；

4—常闭触点；5—常开触点

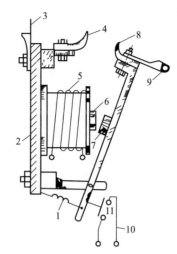

图 6-11　直流接触器的结构图

1—反作用弹簧；2—底板；3,9,10—连接线端；

4—静主触点；5—线圈；6—铁芯；

7—衔铁；8—动主触点；11—辅助触点

直流接触器常用磁吹和纵缝灭弧装置来灭弧。

直流接触器的铁芯与交流接触器不同，它没有涡流的存在，因此一般用软钢或工程纯铁制成圆形。

由于直流接触器的吸引线圈通以直流，所以没有冲击的启动电流，也不会产生铁芯猛烈撞击现象，因而它的寿命长，适用于频繁启动、制动的场合。

交、直流接触器的选用可根据线路的工作电压和电流查电器产品目录。

在电气传动系统图中，接触器用图 6-12 所示的图形符号表示。其中，包括吸引线圈 ［图(a)］，动合主触点 ［图(b)］，动断主触点 ［图(c)］，动合辅助触点 ［图(d)］，动断辅助触点 ［图(e)］。

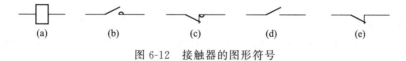

(a)　　　　　(b)　　　　　(c)　　　　　(d)　　　　　(e)

图 6-12　接触器的图形符号

接触器的文字符号用 KM 表示。

6.1.2　继电器

接触器虽已将电动机的控制由手动变为自动，但还不能满足复杂生产工艺过程自动化的要求，如对大型龙门刨床的工作，不仅要求工作台能自动地前进和后退，而且要求前进后退的速度不同，能自动地进行电路切换，这些要求，必须要有整套自动控制设备才能满足，而继电器就是这种控制设备中的主要元件。

继电器实质上是一种传递信号的电器，它可根据输入的信号达到不同的控制目的。

继电器的种类很多，按它反映信号的种类可分为电流、电压、速度、压力、热继电器等；按动作时间分为瞬时动作和延时动作继电器（后者常称时间继电器）；按作用原理分为电磁式、感应式、电动式、电子式和机械式等。由于电磁式继电器具有工作可靠、结构简单、制造方便、寿命长等一系列的优点，故在机床电气传动系统中应用得最为广泛，有90％以上的继电器是电磁式的。继电器一般用来接通和断开控制电路，故电流容量、触点、体积都很小，只有当电动机的功率很小时，才可用某些中间继电器来直接接通和断开电动机的主电路。电磁式继电器有直流和交流之分，它们的主要结构和工作原理与接触器基本相同，它们各自又可分为电流、电压、中间、时间继电器等，而且同一型号（如直流继电器JT3）中可有这几种继电器，继电器的文字符号多用 K 表示。

(1) 电流继电器

电流继电器是根据电流信号而动作的。如在直流并励电动机的励磁线圈里串联一电流继电器，当励磁电流过小时，它的触点便打开，从而控制接触器以切除电动机的电源，防止电动机因转速过高或电枢电流过大而损坏，具有这种性质的继电器叫欠电流继电器（如 JT3L型）；反之，为了防止电动机短路或过大的电枢电流（如严重过载）而损坏电动机，就要采用过电流继电器（如 JL18 系列）。

电流继电器的特点是线圈匝数少、线径较大、能通过较大电流。

在电气传动系统中，用得较多的电流继电器有 JL14、JL15、JT3、JT9、JT10 等型号。选择电流继电器时主要根据电路内的电流种类和额定电流大小来选择。

(2) 电压继电器

电压继电器是根据电压信号动作的。如果把上述电流继电器的线圈改用细线绕成，并增加匝数，就构成了电压继电器，它的线圈是与电源并联的。

电压继电器也可分为过电压继电器和欠（零）电压继电器两种。

过电压继电器：当控制线路出现超过所允许的正常电压时，继电器动作而控制切换电器（接触器），使电动机停止工作，以保护电气设备不致因过高的电压而损坏。

欠（零）电压继电器：当控制线圈电压过低，使控制系统不能正常工作，此时利用欠电压继电器电压过低时动作，使控制系统或电动机脱离不正常的工作状态，这种保护称欠压保护。

在机床电气传动系统中常用的电压继电器有 JT3、JT4 型。选择电压继电器时根据线路电压的种类和大小来选择。

(3) 中间继电器

中间继电器本质上是电压继电器，但还具有触点多（多至六对或更多）、触点能承受的电流较大（额定电流 5～10A）、动作灵敏（动作时间小于 0.05s）等特点。

它的用途有两个：

第一，用作中间传递信号，当接触器线圈的额定电流超过电压或电流继电器触点所允许通过的电流时，可用中间继电器作为中间放大器再来控制接触器。

第二，用作同时控制多条线路。

在机床电气传动系统中常用的中间继电器除了 JT3、JT4 型外，目前用得最多的要算是JZ7 型和 JZ8 型中间继电器。在可编程序控制器和仪器仪表中还用到各种小型中间继电器。

选用中间继电器时，主要依据是控制线路所需触点的多少和电源电压等级。

(4) 时间继电器

某些生产机械的动作有时间要求，例如电动机启动电阻需要在电动机启动后隔一定时间切除，这就出现了一种在输入信号经过一定时间间隔才能控制电流流通的自动控制电器——时间继电器。

图 6-13 所示为 JS7-A 型空气式时间继电器的结构，它主要由电磁铁、气室和工作触点三部分组成。其工作原理如下：线圈通电后，衔铁吸下，胶木块在弹簧作用下向下移动，但胶木块通过连杆与活塞相连，活塞表面上覆有橡皮膜，因此当活塞向下时，就在气室上层形成稀薄的空气层，活塞受其下层气体的压力而不能迅速下降，室外空气经由进气孔、调节螺钉逐渐进入气室，活塞逐渐下移，移动至最后位置时，挡块撞及微动开关，使其触点动作，输出信号。这段时间为自电磁铁线圈通电时刻起至微动开关触点动作时为止的时间。

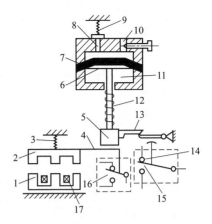

图 6-13　JS7-A 型空气式时间继电器结构图
1—铁芯；2—衔铁；3,9,12—弹簧；4—挡架；
5—胶木块；6—伞形活塞；7—橡皮膜；
8—出气孔；10—进气孔；11—气室；
13—挡块；14—延时断开的常闭触点；
15—延时闭合的常开触点；16—瞬时触点；
17—吸引线圈

通过调节螺钉来调节进气孔气隙的大小就可以调节延时时间。电磁铁线圈失电后，依靠恢复弹簧复原，气室空气经由出气孔迅速排出。

时间继电器的触点有四种可能的工作情况，这四种工作情况和它们在电气传动系统图中的图形符号如表 6-2 所示。时间继电器的文字符号一般用 KT。

表 6-2　时间继电器的图形符号

线圈		触点	
缓慢吸合 （通电延时）		延时闭合的动合触点	
		延时断开的动断触点	
缓慢释放 （失电延时）		延时闭合的动断触点	
		延时断开的动合触点	

空气式时间继电器曾经在机床中应用广泛，因为它与其他时间继电器比较具有以下优点：

① 延时范围大。JS7-A 型延时的调节范围达到 0.4～180s，而且可以平滑调节。

② 通用性高。既可用作交流，也可用作直流（仅需改换线圈），在机床中多用作交流；既可以做成线圈通电后触点延时动作，也可做成线圈失电后触点延时动作（仅需交换电磁铁位置），而两者的工作原理是相同的。

③ 结构简单，价格便宜。

它的缺点是准确度低，延时误差≤20%，因此，在要求高准确延时的生产机械中不宜采用。

常用的几种时间继电器的性能比较列于表 6-3 中。

表 6-3　几种时间继电器的比较

形式	线圈的电流种类	延时范围	延时的准确度	触点延时的种类
空气式	交流	0.4～180s	一般，±(8%～15%)	通电延时 失电延时
电磁式	直流	0.3～16s	一般，±10%	失电延时
电动式	交流	0.5s～几十小时	准确，±1%	同空气式
电子式	直流	0.1s～1h	准确，±3%	同空气式

(5) 热继电器

热继电器是根据本身的温度变化来控制电流流通的继电器，即利用电流的热效应而工作的电器，它主要用来保护电动机的过载。电动机工作时是不允许超过额定温升的，否则会降低电动机的寿命。熔断器和过电流继电器只能保护电动机不超过允许最大电流，不能反映电动机的发热状况，电动机短时过载是允许的，但长期过载时电动机就要发热，因此，必须采用热继电器进行保护。

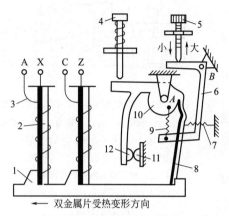

图 6-14　JR14-20/2 型热继电器原理结构示意图
1—绝缘杆（胶纸板）；2—双金属片；3—发热元件；4—手动复位按钮；5—调节旋钮；6—杠杆（绕支点 B 转动）；7—弹簧（加压于 8 上，使 1 与 8 扣住）；8—感温元件（双金属片）；9—弹簧；10—凸轮支件（绕支点 A 转动）；11—静触点；12—动触点

图 6-14 所示为 JR14-20/2 型热继电器的原理结构示意图，为反映温度信号，设有感应部分——发热元件与双金属片；为控制电流通断，设有执行部分——触点。发热元件 3 用镍铬合金丝等材料制成，直接串联在被保护的电动机主电路内，它随电流的大小和时间的长短而发出不同的热量，这些热量加热双金属片 2。双金属片是由两种膨胀系数不同的金属片碾压而成的，右层采用高膨胀系数的材料，左层则采用低膨胀系数的材料，双金属片 2 的一端是固定的，另一端为自由端，过度发热便向左弯曲。一个热继电器内一般有两个或三个加热元件，通过双金属片和杠杆系统作用到同一常闭触点上，感温元件用作温度补偿装置，调节旋钮用于整定动作电流。热继电器的动作原理是当电动机过载时，通过发热元件的电流使双金属片向左膨胀，推动绝缘杆，绝缘杆带动感温元件向左转使感温元件脱开绝缘杆，凸轮支件在弹簧的拉动下绕支点 A 顺时针方向旋转，从而使动触点与静触点断开，电动机得到保护。

热继电器有制成单个的（如常用的 JR14 型系列），亦有和接触器制成一体、安放在磁力启动器的壳体之内的（如 JR15 系列配 QC10 系列）。

目前常用的热继电器有 JR14、JR15、JR16 等系列。

使用热继电器时要注意以下几个问题。

① 为了正确地反映电动机的发热状况，在选择热继电器时应采用适当的发热元件，热元件的额定电流与电动机的额定电流相等时，继电器便准确地反映电动机的发热。同一种热继电器有许多种规格的热元件，如 JR14-20 型热继电器采用的热元件额定电流 I_N 从 0.35～22A 就有 12 种规格。而每一种规格中，电流又有一定的调整范围，如 I_N＝5A，其整定范围为 3.2～5A。

② 注意热继电器所处的周围环境温度，应保证它与电动机有相同的散热条件，特别是有温度补偿装置的热继电器。

③ 由于热继电器有热惯性，大电流出现时它不能立即动作（图 6-15），故热继电器不能

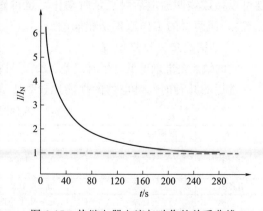

图 6-15　热继电器电流与动作的关系曲线

用作短路保护。

④ 用热继电器保护三相异步电动机时，至少要用有两个热元件的热继电器，从而在不正常的工作状态下，也可对电动机进行过载保护，例如，电动机单相运行时，至少有一个热元件能起作用。当然，最好采用有三个热元件带缺相保护的热继电器。热继电器的文字符号用 KH 或 FR。

6.1.3　保护电器

(1) 熔断器

熔断器是一种广泛应用于电力拖动控制系统中的保护电器，熔断器串于被保护的电路中，当电路发生短路或严重过载时，它的熔体能自动迅速熔断，从而切断电路，使导线和电气设备不致损坏。

熔断器从结构上分，有插入式、螺旋式和密封管式，其结构如图 6-16 所示。熔断器的熔体一般由熔点低、易于熔断、导电性能好的合金材料制成。常用的插入式熔断器有 RC1A 系列，螺旋式熔断器有 RLS 系列和 RL1 系列，无填料密封管式熔断器有 RM10 系列，有填料密封管式熔断器有 RT0 系列，快速熔断器有 RS0 系列和 RS3 系列。RS0 系列可作为半导体整流元件的短路保护，RS3 系列可作为晶闸管整流元件的短路保护。

熔断器的熔断时间与通过熔体的电流有关。它们之间的关系称为熔断器的熔断特性，如图 6-17 所示（电流用额定电流倍数表示）。从熔体的熔断特性可看出，当通过的电流与额定电流之比 $I/I_N \leqslant 1.25$ 时，熔体将长期工作；当 $I/I_N = 2$ 时，约在 $30 \sim 40s$ 后熔断；当 $I/I_N > 10$ 时，认为熔体瞬时熔断。所以当电路发生短路时，短路电流使熔体瞬时熔断。

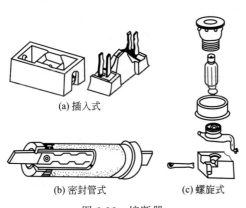

图 6-16　熔断器

(a) 插入式

(b) 密封管式　(c) 螺旋式

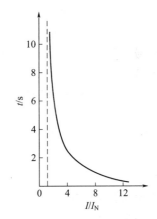

图 6-17　熔断器的熔断特性

熔断器一般是根据线路的工作电压和额定电流来选择的。对一般电路、直流电动机和线绕式异步电动机的保护来说，熔断器是按它们的额定电流选择的。但对于鼠笼式异步电动机，却不能这样选，因为鼠笼式异步电动机直接启动时的启动电流为额定电流的 $5 \sim 7$ 倍，按额定电流选择时，熔体将即刻熔断。因此，为了保证所选的熔断器既能起到短路保护作用，又能使电动机启动，一般鼠笼式异步电动机的熔断器按启动电流的 $1/K$（$K = 1.6 \sim 2.5$）来选择。轻载启动、启动时间短的 K 选大一些，重载启动、启动时间长的 K 选小些。由于电动机的启动时间是短促的，故这样选择的熔断器在启动过程中是来不及熔断的。

熔断器结构简单、价廉，但动作准确性较差，熔体断了后需重新更换，而且若只断了一相还会造成电动机的单相运行，所以它只适用于自动化程度和其动作准确性要求不高的系统。

(2) 自动空气断路器

自动空气断路器（自动开关）的接触系统与接触器的接触系统相似，它既具有熔断器能直接断开主回路的特点，又具有过电流继电器动作准确性高、容易复位、不会造成单相运行等优点，而且它不仅具有作为短路保护的过电流脱扣器，还具有作为长期过载保护的热脱扣器，还有失压保护。但价格较贵，故在自动化程度和工作特性要求高的系统中，它是一种很好的保护电器。自动空气断路器的工作原理图如图 6-18(a) 所示，在电气传动系统中的图形符号如图 6-18(b) 所示，其文字符号一般用 QF。

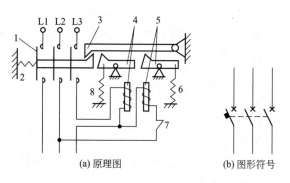

图 6-18　自动空气断路器

1—主触点；2—弹簧 A；3—锁钩；4—过流脱扣器；

5—失压脱扣器；6—弹簧 B；7—辅助触点；8—弹簧 C

自动空气断路器的工作原理如下：将操作手柄扳到合闸位置时主触点闭合，触点的连杆被锁钩锁住，使触点保持闭合状态。当电路失压或电压过低时，在反力弹簧 B 作用下，失压脱扣器的顶杆将锁钩顶开，主触点在释放弹簧 A 的拉力下释放。当电源恢复正常时，必须重新合闸后才能工作，实现了失压保护。过流脱扣器有双金属片式（热脱扣）和电磁式脱扣两种，一般要求瞬动的用电磁式脱扣（如需延时脱扣则用热脱扣或电磁式脱扣加延时装置），如图 6-18 所示，当电路的电流正常时，过流脱扣器衔铁未吸合，脱扣器顶杆被反力弹簧 C 拉下，所以锁钩保持锁住状态。当电路发生短路或严重过载时，过流脱扣器衔铁被吸下，使顶杆向上顶开锁钩，在释放弹簧的拉力下，主触点迅速断开切断电路。电流脱扣器的动作电流值可以用调节电流脱扣器的反力弹簧来进行整定。常用的自动空气断路器有塑料外壳式的 DZ5、DZ10 系列和框架式的 DW10、DW5 系列。

6.1.4　主令电器

除接触器、继电器外，自动控制线路中还有一类所谓的主令电器，主令电器主要用来发出指令信息。实际上，操作人员只要操作这类电器，就能控制线路的工作。机床上最常见的主令电器为按钮开关，简称"按钮"；此外，还有万能转换开关、主令控制器，有些主令电器如常见的行程开关，可由机床的运动部件带动（操纵）。

(1) 按钮

按钮是一种专门发号施令的电器，用以接通或断开控制回路中的电流。图 6-19、图 6-20 所示分别是按钮开关的结构与图形符号。按下按钮帽 1，动合触点 4 闭合而动断触点 3 断开，从而同时控制了两条电路；松开按钮帽，则在弹簧 2 的作用下使触点恢复原位。

按钮开关的文字符号一般用 SB 表示。

按钮一般用来遥远控制接触器、继电器等，从而控制电动机的启动、反转和停止，因此一个按钮盒内常包括两个以上的按钮元件，在线路中各起不同的作用。最常见的是由两个按钮元件组成"启动""停止"的双联按钮以及由三个按钮元件组成"正转""反转""停止"的三联按钮。此外，有时由很多个按钮元件组成一个控制按钮站，它可以控制很多台电动机的运转。为避免误按按钮，按钮帽一般都低于外壳。但为了在发生故障时操作方便，有些"停止"按钮或凸出于外壳，或做成特殊形状（如蘑菇头形），并涂以红色以显目。

常用的按钮有 LA18、LA19、LA20、LAY3 等型号。

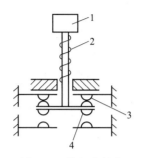

图 6-19　按钮的结构

1—按钮帽；2—弹簧；3—动断触点；4—动合触点

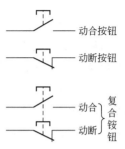

图 6-20　按钮的图形符号

(2) 主令控制器与万能转换开关

主令控制器与万能转换开关广泛应用在控制线路中，以满足需要多联锁的电力拖动系统的要求，实现转换线路的遥远控制。

主令控制器又名主令开关，它的主要部件是一套接触元件，其中的一组如图 6-21 所示，具有一定形状的凸轮 A 和凸轮 B 固定在方形轴上；与静触点相连的接线头上连接被控制器所控制的线圈导线；桥形动触点固定于能绕轴转动的支杆上。当转动凸轮 B 的轴时，使其凸出部分推压小轮并带动杠杆，于是触点断开，按照凸轮的不同形状，可以获得触点闭合、断开的任意次序，从而达到控制多回路的要求。它最多有 12 个接触元件，能控制 12 条电路。

常用的主令控制器有 LK14、LK15 和 LK16 型。

由于主令控制器的触点多，在电气传动系统图中除了用图形符号外，还常用触点合断表来表示触点的合断。图 6-22 所示是一个具有 7 挡（每档有 6 个触点）的主令控制器，表 6-4 为相应的触点合断表。在表 6-4 中，×表示手柄转动在该位置下，触点闭合；空格表示触点断开。当手柄从 0 位置向左转动到位置 I 位后，触点 2、4 闭合；当手柄从 0 位置向右转动到位置 I 位后，触点 2、3 闭合。其他类推。

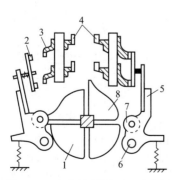

图 6-21　主令控制器原理示意图

1—凸轮 A；2—桥形动触点；3—静触点；4—接线头；

5—支杆；6—轴；7—小轮；8—凸轮 B

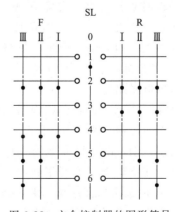

图 6-22　主令控制器的图形符号

在电气传动系统图中主令控制器的文字符号多用 SA 或 K。

万能转换开关是一个多段式能够控制多回路的电器，也可用于小型电动机的启动和调速。在电气传动系统图中万能转换开关的图形符号和触点合断表与主令控制器类似。常用的有 LW5、LW6 型。

另外，机床上有时用到的十字形转换开关（如 LS1 型），这种开关也属主令电器，用在多电动机控制的机床上，用它控制各台电动机的动作。如 C5341J1 立式车床上就用到这种开关。十字形转换开关的安装应使其手柄动作的方向与所要引起的动作一致，以便于控制而减少误动作。

还有凸轮控制器，主要用于电气传动控制系统中变换主回路或励磁回路的接法和电路中的电阻，以控制电动机的启动、换向、制动及调速。常用的凸轮控制器有 KT10 型。

表 6-4　触点合断表

线路号	LK5/613						
	F			0	R		
	Ⅲ	Ⅱ	Ⅰ		Ⅰ	Ⅱ	Ⅲ
1				×			
2	×	×	×		×	×	×
3					×	×	×
4	×	×	×				
5	×	×				×	×
6	×						×

（3）行程开关

为满足生产工艺的要求，生产机械的工作部件要做移动或转动。例如，龙门刨床的工作台应根据工作台的行程位置自动地实现启动、停止、反转和调整的控制，为了实现这种控制，就要有测量位移的元件——行程开关。行程开关有机械式和电子式两种，机械式又有按钮式和滑轮式等。

① 按钮式行程开关：按钮或行程开关与按钮构造相仿，但它不是用手按，而是由运动部件上的挡块移动碰撞，它的触点分合速度与挡块的移动速度有关，若移动速度太慢，触点不能瞬时切换电路，电弧在触点上停留的时间较长，易烧坏触点，因此，它不宜用在移动速度小于 0.4m/min 的运动部件上，但其结构简单、价格便宜。常用的型号有 X2 系列，组合机床中常用的 JW2 系列组合行程开关（含有五对触点）也属此类。

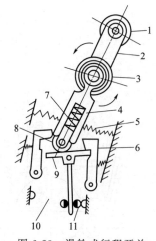

图 6-23　滑轮式行程开关
1—滑轮；2—上转臂；3—盘形弹簧；
4—杠杆；5—恢复弹簧；6—爪钩；
7—弹簧；8—钢球；9—横板；
10—动合触点；11—动断触点

② 滑轮式行程开关：其结构图如图 6-23 所示，它是一种快速动作的行程开关。当行程开关的滑轮受挡块触动时，上转臂向左转动，由盘形弹簧的作用同时带动下转臂（杠杆）转动，在下转臂未推开爪钩时，横板不能转动，因此钢球压缩了下转臂中的弹簧，使此弹簧积储能量，直至下转臂转过中点推开爪钩后，横板受下转臂弹簧的作用迅速转动，使触点断开或闭合电路。因此，触点分合速度不受部件速度的影响，故常用于低速度的机床工作部件上。常

用的型号有 LX19、JLXK1、LXK2 等系列。此类行程开关有自动复位和非自动复位两种。自动复位时依靠图中之恢复弹簧复原，非自动复位的则没有恢复弹簧，但装有两个滑轮，当反向运动时，挡块撞及另一滑轮时将其复原。

③ 微动开关：要求行程控制的准确度较高时，可采用微动开关，它具有体积小、重量轻、工作灵敏等特点，且能瞬时动作。微动开关还用来做其他电器（如空气式时间继电器、压力继电器等）的触点。常用的微动开关有 JW、JWL、JLXW、JXW、JLXS 等系列。

④ 接近开关：行程开关与微动开关工作时均有挡块与触杆的机械碰撞和触点的机械分合，在动作频繁时，易于产生故障，工作可靠性较低。接近开关是无触点行程开关，接近开关有高频振荡型、电容型、感应电桥型、永久磁铁型、霍尔效应型等多种，其中，以高频振荡型最为常用，它是由装在运动部件上的一个金属片移近或离开振荡线圈来实现控制的。

接近开关使用寿命长、操作频率高、动作迅速可靠，故得到了广泛应用。常用的型号有 WLX1、LXU1 等系列。

6.2　电气原理图

继电接触器控制电路一般有安装接线图（简称接线图）和电气原理图（简称原理图）两种形式。

（1）接线图

图 6-24 为用接触器控制异步电动机启、停控制电路接线图。这种表示形式能形象地表示出控制电路中各电器的安装情况及相互之间的连线，但绘制难度较大，不利于理解工作原理与过程，重点服务于接线施工，它是电气施工的依据。

（2）原理图

图 6-25 为接触器控制异步电动机启、停控制电路原理图。这种表示形式是根据工作原理而绘制的电路图。原则是基于各功能回路，将电器元件的触点、线圈及其它部分分开绘制，便于阅读和设计较复杂的控制电路。它是生产机械电气设备设计的基本和重要的技术资料。

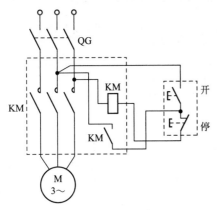

图 6-24　启、停控制电路接线图

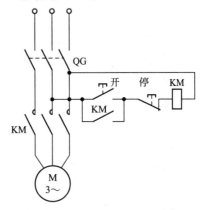

图 6-25　启、停控制电路原理图

6.2.1　电气原理图中的图形符号和文字符号

电气原理图中电气元件的图形符号和文字符号必须符合国家标准规定。国家标准化管理委员会是负责组织国家标准的制定、修订和管理的组织。一般来说，国家标准是在参照国际电工委员会（IEC）和国际标准化组织（ISO）所颁布标准的基础上制定的。在表 6-5、表 6-6 中列出了一些常用的电气图形符号和文字符号。

表 6-5   电气控制线路中常用图形符号

	名称	图形符号	文字符号		名称	图形符号	文字符号
刀开关	单极刀开关		Q	继电器	时间继电器线圈（一般符号）		KT
	三极刀开关		Q		中间继电器线圈		K
	低压断路器		QF		缓慢释放（继电延时型）时间继电器线圈		
	熔断器		FU		缓慢吸合（通电延时型）时间继电器线圈		
按钮	动合触点（启动按钮）	E-\	SB		延时闭合的动合（常开）触点		
	动断触点（停止按钮）	E-フ			延时断开的动合（常开）触点		
	复合触点	E-フ\			延时闭合的动断（常闭）触点		KT
接触器	线圈		KM		延时断开的动断（常闭）触点		
	动合（常开）触点				延时闭合、延时断开的动合（常开）触点		
	动断（常闭）触点				延时闭合、延时断开的动断（常闭）触点		
继电器	动合（常开）触点		符号同相应继电器符号	电动机	三相笼型异步电动机		M
	动断（常闭）触点				三相线绕式异步电动机		

续表

名称		图形符号	文字符号	名称		图形符号	文字符号
继电器	热继电器元件		FR	电动机	串励直流电动机		M
	热继电器的动断触点		FR		并励直流电动机		
	速度继电器动合触点	$n>$	KS		他励直流电动机		
	速度继电器动断触点	$n>$			复励直流电动机		
	欠电压继电器线圈	$II<$	KV	电感器、线圈、绕组			L
	过电流继电器线圈	$I>$	KA	带铁芯的电感器			

表 6-6　电气控制线路中常用文字符号

文字符号	名称	文字符号	名称	文字符号	名称
EL	照明灯	PA	电流表	SQ	限位开关(位置传感器)
HL	指示灯、光指示	PV	电压表	QS	隔离开关、刀开关、组合开关
HA	声响指示器	PJ	电度表	SR	转速传感器
FU	熔断器	QF	断路器	ST	温度传感器
KA	交流继电器、瞬时接触断电器	QM	电动机保护开关	V	二极管、晶体管、晶闸管
KM	接触器	R	电阻器、变阻器	VC	整流器
M	电动机	RP	电位器	XB	连接片
MS	同步电动机	SA	控制开关、选择开关、转换开关、十字开关、钮子开关	XP	插头
MT	力矩电动机	SB	按钮开关	XS	插座
XT	端子板	YC	电磁离合器	YV	电磁阀
YA	电磁铁	YH	电磁吸盘	TC	控制变压器,整流、照明变压器
YB	电磁制动器	YM	电动阀	TA	电流互感器

6.2.2　电气原理图的绘制原则

绘制电气原理图的目的是便于阅读和分析控制线路,应根据结构简单、层次分明、清晰的原则，采用电器元件展开形式绘制。图 6-26 为异步电动机点动控制电路，控制电路一般由主回路和控制回路两大部分组成。主回路是由电动机及与电动机相连接的电器、连线等组成的电路，如图（a）所示；控制回路是由操作按钮、电气元件及连线等组成的电路，如图（b）所示。

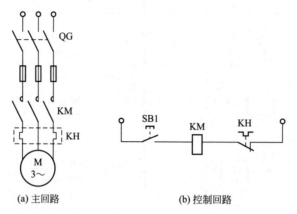

(a) 主回路　　　　　　　　(b) 控制回路

图 6-26　点动控制电路

控制电路原理图绘制的基本方法如下。

① 通常将主回路和控制回路分开绘制。

② 控制回路的电源线可分列左、右或上、下，各控制支路基本上按照电气元件的动作顺序从上到下或从左到右地绘制。

③ 各个电气元件的不同部分（如接触器的线圈和触点等）并不按照它的实际布置情况绘制在电路中，而是采用同一电气元件的各个部分分别绘制在它们完成作用的地方。

④ 在原理图中，各种电气元件的图形符号、文字符号均按规定绘制和标写，同一电气元件的不同部分用同一文字符号表示；如果在一个控制电路中，同一种电气元件（如接触器）同时使用多个，则其文字符号的表示方法为在规定文字符号后（或前）加字母或数字以示区别。

⑤ 因为各个电气元件在不同的工作阶段有不同的动作，触点时闭时开，而在原理图中只能表示一种情况，因此，规定在原理图中所有电气元件的触点均表示正常位置，即各种电气元件在线圈没有通电或没有使用外力时的位置。

⑥ 为了查线方便，在原理图中，两条以上导线的电气连接处要打一圆点。

6.3　基本控制线路

6.3.1　异步电动机的启动控制电路

(1) 直接启动控制电路

异步电动机直接启动控制电路如图 6-27 所示。

① 主回路。由电路可知，当 QG 合上后，只有控制接触器 KM 的触点闭合或断开时，才能控制电动机接通或断开电源而启动运行或停止运行，即要求控制回路能控制 KM 的线圈得或失电。

② 控制回路。当 QG 合上后，A、B 两端有电压。初始状态时，接触器 KM 的线圈失

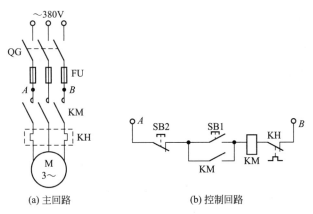

图 6-27　异步电动机直接启动控制电路

电，其动合主触点和动合辅助触点均为断开状态；当按下启动按钮 SB1 时，接触器 KM 的线圈通电，其辅助动合触点自锁（松开按钮 SB1 使其复位后，接触器 KM 的线圈能维持通电状态的一种控制方法），动合主触点合上使电动机接通电源而运转；当按下停止按钮 SB2 后，接触器 KM 的线圈失电，其动合主触点断开使电动机脱离电网而停止运转。

③ 保护。图 6-27 所示的电路中采用熔断器 FU 实现短路保护。当主回路或控制回路短路时，短路电流使熔断器的熔体熔化，主回路和控制回路都脱离电网而停止工作。

图 6-27 所示的电路中采用热继电器 KH 实现过载保护。KH 的发热元件串接在主回路中，用来检测电动机定子绕组的电流，当电动机工作在过载的情况下，过载电流使 KH 的发热元件发热，使串接在控制回路中的动断触点断开，接触器 KM 的线圈失电，动合主触点断开，使电动机停止运转而保护电动机不被烧坏。

图 6-27 所示电路中，当电动机在运转中电源突然中断时，电动机停止运转，接触器 KM 的线圈失电。但当电源突然接通时，由于接触器 KM 的线圈不能通电，电动机不能自动启动运行。只有按下启动按钮 SB1 后才能使电动机启动，即该电路具有零压（欠压）保护。

（2）Y-△降压启动控制电路

异步电动机 Y-△降压启动时，定子绕组成星形连接，启动结束后，定子绕组换成三角形连接，其控制电路如图 6-28 所示。

① 主回路。由图 6-28（a）可知，当 QG 合上后，如果 KM1、KM3 的动合触点同时闭合，则电动机的定子绕组成星形连接；如果 KM1、KM2 的动合触点同时闭合，则电动机的定子绕组成三角形连接；如果 KM2 和 KM3 同时闭合，则电源短路。

因此，主回路对控制回路的要求是：启动时，控制接触器 KM1 和 KM3 的线圈通电；启动结束时，控制接触器 KM1 和 KM2 的线圈通电；在任何时候都不能使 KM2 和 KM3 的线圈同时通电。

② 控制回路。由图 6-28（b）可知，当电路处于初始状态时，接触器 KM1、KM2、KM3 和时间继电器 KT 的线圈均失电，电动机脱离电源而静止不动；当按下启动按钮 SB1 时，KM1 的线圈通电并自锁，同时 KM3、KT 的线圈通电，KM1 和 KM3 的动合触点闭合，电动机成星形连接，开始启动；启动一段时间后，KT 的延时时间到，其延时断开动断触点断开，使 KM3 的线圈失电，KM3 的动合触点断开，同时，延时继电器的延时闭合动合触点使 KM2 的线圈通电，KM2 的动合触点闭合。由于 KM1 的线圈继续通电，故当时间

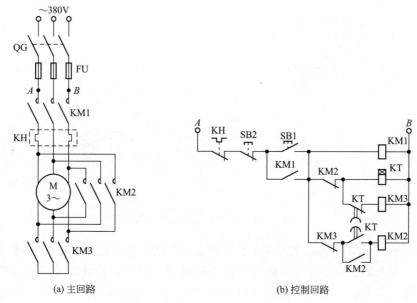

(a) 主回路　　　　　　　　　(b) 控制回路

图 6-28　异步电动机 Y-△降压启动控制电路

继电器的延时时间到后，控制电路自动控制 KM1、KM2 的线圈通电，电动机的定子绕组换成三角形连接而运行。

③ 保护。电流保护、零压（欠压）保护与异步电动机直接启动控制电路相同。

主回路要求任何时候 KM2、KM3 只能有一个通电，所以在控制回路的 KM2、KM3 的线圈支路中互串对方的动断辅助触点，达到保护的目的，这种保护称为互锁（联锁）保护。

④ 电路特点。启动过程按时间来控制，时间长短可由时间继电器的延时时间来确定。在控制领域中，常把用时间来控制某过程的方法称为时间原则控制。

（3）按时间原则控制的定子串接电阻降压启动控制电路

串接电阻启动时对控制电路的要求是：启动时，电动机的定子绕组串接电阻，启动结束后，电动机定子绕组直接接入电源而运行。按时间原则控制的异步电动机定子绕组串接电阻启动电路如图 6-29 所示。

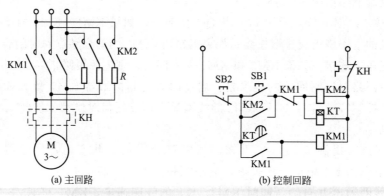

(a) 主回路　　　　　　　　　(b) 控制回路

图 6-29　按时间原则控制的异步电动机定子绕组串接电阻启动电路

① 主回路。由图 6-29(a) 可知，当 KM2 的主触点闭合，KM1 的主触点断开时，电动机定子绕组串接电阻后接入电源；KM1 的主触点闭合，KM2 的主触点处于任何状态时，电

动机直接接入电源。主回路对控制回路的要求是：启动时，控制 KM2 的线圈通电、KM1 的线圈失电，当启动结束时，控制 KM1 的线圈通电。

② 控制回路。由图 6-29(b) 可知，当电路处于初始状态时，接触器 KM1、KM2 和时间继电器 KT 的线圈都失电，电动机脱离电源处于静止状态；当按下启动按钮 SB1 时，接触器 KM2 的线圈通电并自锁，其主触点闭合，电动机定子绕组串接电阻启动，在开始启动时，时间继电器 KT 同时开始延时；当启动一段时间后，延时继电器的延时时间到，其延时动合触点闭合，使接触器 KM1 的线圈通电，其动合主触点闭合，短接电阻，使电动机直接接入电源而运行。

KM1 的线圈通电后，KM2 的状态不影响电路的工作状态，但为了节省能源和增加电器的使用寿命，用 KM1 的动断辅助触点使 KM2 和 KT 线圈失电。

③ 保护。电流保护、零压（欠压）保护与异步电动机直接启动电路相同。

(4) 按电流原则控制的定子串接电阻降压启动控制电路

按电流原则控制的异步电动机定子串接电阻启动控制电路如图 6-30 所示，由图 6-30(a) 可知，主回路与图 6-29 电路的主回路基本相似，不同之处是，在定子串接电阻的回路中同时串接电流继电器，用以检测定子电流的大小。

由图 6-30(b) 可知电路处于初始状态时，接触器 KM1、KM2 的线圈均失电，电动机脱离电源而处于静止状态；当按下启动按钮 SB1 后，接触器 KM2 的线圈通电并自锁，由于启动按钮 SB1 的动断触点使 KM1 的线圈不能通电，故 KM2 的动合主触点闭合，使电动机定子串接电阻启动，启动电流大于电动机的额定电流，电流继电器线圈通电，动断触点断开；随着电动机的转速上升，定子电流将下降，当电流下降到设定值时，电流继电器恢复初态，其动断触点闭合，使接触器 KM1 的线圈通电并自锁，电动机直接接入电源而运行。

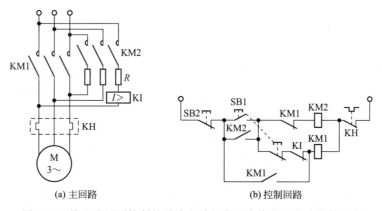

(a) 主回路　　　　　　　　　(b) 控制回路

图 6-30　按电流原则控制的异步电动机定子串接电阻启动控制电路

图 6-30 所示的电路启动过程是由电流大小来控制的。在电气控制系统中，常把这种控制方式称为电流控制。

6.3.2　异步电动机的正反转控制电路

(1) 基本的正反转控制电路

基本的正反转控制电路如图 6-31 所示。

① 主回路。由图 6-31(a) 可知，假设 KM1 的主触点闭合时，电动机正转，则 KM2 的动合主触点闭合时，电动机反转；当 KM1、KM2 同时闭合时，电源短路。

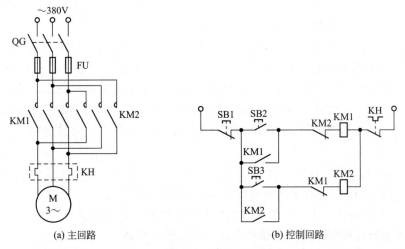

图 6-31 基本的正反转控制电路

因此，主回路对控制回路的要求是：正转时，KM1 的线圈通电；反转时，KM2 的线圈通电；任何时候都保证 KM1、KM2 的线圈不同时通电。

② 控制回路。由图 6-31（b）可知，当电路处于初始状态时，KM1、KM2 的线圈均失电，电动机脱离电源而静止；当先按下按钮 SB2 时，接触器 KM1 的线圈通电，其动合主触点闭合，电动机正向启动运行；或当先按下按钮 SB3 时，接触器 KM2 的线圈通电，其主触点闭合，电动机反向启动运行。

如果电动机已经在正转（或反转），则要使电动机改为反转（或正转），就必须先按停止按钮 SB1，再按反向（或正向）按钮。

（2）实用的正反转控制电路

实用的正反转控制电路如图 6-32 所示，与图 6-31 所示电路不同的地方是正反转的改变更容易。

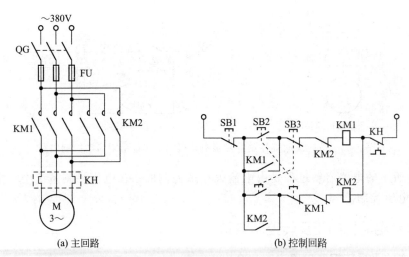

图 6-32 实用的正反转控制电路

（3）典型的龙门刨床控制电路

图 6-33 是典型的龙门刨床的工作示意图。龙门刨床的工作台由异步电动机驱动，A、B

两点之间是工作台的运动行程，而 C、D 两点为工作台的极限位置（工作台不脱离运动导轨而造成机械事故的位置）。ST1、ST2 称为限位开关，ST3、ST4 称为极限保护开关。

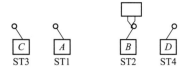

图 6-33　典型的龙门刨床工作台的往复工作示意图

　　龙门刨床的工作过程是：当按下正向启动按钮 SB2 后，电动机正转带动工作台前进；前进到位撞块压下行程开关 ST1，电动机反转带动工作台后退；后退到位撞块压下行程开关 ST2，电动机又正转，工作台前进。以此循环，工作台自动往返运动，直到按下停止按钮 SB1 时，电动机停止，即工作台停止。

　　若先按下反向启动按钮（SB3），工作台则先后退，再前进，以此循环，工作台同样自动往返运动。

　　当某种原因使工作台运动到极限保护位置 C（或 D）时，撞块压下行程开关 ST3（或 ST4），电动机立即断电，使工作台停止前进（或后退），并保证电动机不能正向启动（或反向启动）。龙门刨床自动控制电路如图 6-34 所示。

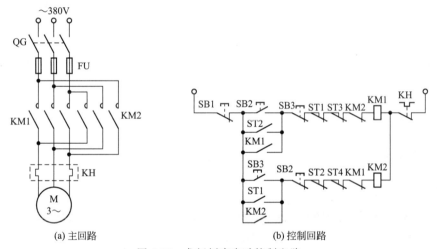

图 6-34　龙门刨床自动控制电路

6.3.3　异步电动机的制动控制电路

(1) 能耗制动控制电路

能耗制动控制电路如图 6-35 所示。

　　① 主电路。由图 6-35(a) 电路可知，当接触器 KM 的动合主触点闭合，接触器 KM1 的动断主触点断开时，电动机直接接入电源而启动运行；当接触器 KM1 的动合主触点闭合，接触器 KM 的动合主触点断开时，电动机的定子绕组接上直流电源进行能耗制动。

　　因此，主回路要求按下启动按钮时，控制电路控制接触器 KM 的线圈通电、接触器 KM1 的线圈失电；而按下停止按钮时，控制电路控制接触器 KM1 的线圈通电、接触器 KM 的线圈失电；同时保证 KM、KM1 的线圈不同时通电。

　　② 控制回路。由图 6-35(b) 可知，电路处于初始状态时，接触器 KM、KM1 和时间继电器 KT 的线圈均失电，电动机脱离电源而静止；当按下启动按钮 SB1 时，接触器 KM 的线圈通电并自锁，其动合主触点闭合使电动机接入电源而启动运行；在运行的过程中，按下

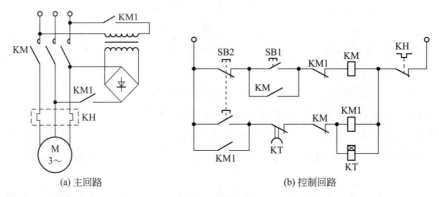

图 6-35　能耗制动控制电路

停止按钮 SB2，其动断触点使 KM 的线圈失电，其动合触点和 KM 的动断触点使接触器 KM1 和时间继电器 KT 的线圈同时通电并由 KM1 的动合触点自锁，KM1 的主触点使电动机的定子接上直流电源进行能耗制动，时间继电器同时开始延时；制动一段时间（电动机的速度已经为零）后，时间继电器的延时时间到，时间继电器 KT 的动断触点使接触器 KM1 和时间继电器 KT 的线圈同时失电，电动机脱离直流电源而静止，电路又重新回到初始状态。

(2) 反接制动控制电路

异步电动机反接制动控制电路如图 6-36 所示。

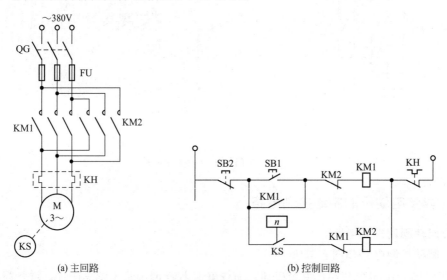

图 6-36　异步电动机反接制动控制电路

① 主回路。异步电动机反接控制电路主回路与正反转控制电路主回路基本相同，只是电动机轴上连接一个速度继电器，用来测量电动机的转速。当速度接近于零时，速度继电器的动合触点断开，动断触点闭合。

② 控制回路。由图 6-36 可知，当电路处于初始状态时，接触器 KM1、KM2 的线圈失电，电动机脱离电网而静止；按下启动按钮 SB1 时，接触器 KM1 的线圈通电并自锁，其动合触点闭合，电动机接入电网直接启动运行；当电动机的速度上升到一定值时，速度继电器 KS 的动合触点闭合，但由于接触器 KM1 的动断辅助触点的作用，接触器 KM2 的线圈不能

通电；当按下停止按钮 SB2 后，由于电动机的转速不能突变，速度继电器 KS 的动合触点继续闭合，此时，接触器 KM2 的线圈通电，其动合主触点使电动机的定子绕组电源反接，电动机反接制动；当电动机的转速迅速下降到接近于零时，速度继电器 KS 的动合触点断开，电动机断开电源自然停车到速度为零而静止，反接制动结束，电路又重新回到初始状态。

6.3.4　其他控制电路

(1) 点动与长动

调整或维修状态下的一种间断性工作方式称为点动工作方式，正常状态下的连续工作方式称为长动工作方式。

用继电器-接触器实现长动和点动的控制电路如图 6-37 所示。在电路中，SB2 为长动控制按钮，SB3 为点动控制按钮。

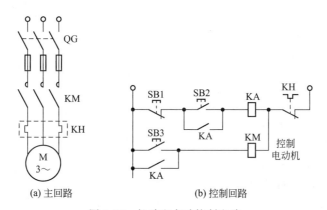

(a) 主回路　　　　　　(b) 控制回路

图 6-37　长动和点动控制电路

当按下按钮 SB2 后，继电器 KA 的线圈通电并自锁，KA 的动合触点使接触器的线圈通电，KM 的主触点控制电动机接入电源而运行；只有当按下停止按钮 SB1 时，电动机脱离电源而停止。这一过程即长动。

当按住点动按钮 SB3 时，接触器 KM 的线圈通电，电动机接入电网运行，松开点动按钮 SB3 时，接触器 KM 的线圈就失电，电动机脱离电网而停止。因此，操作者点一下按钮，电动机动一下。这一过程即点动。

(2) 多点控制

多点控制主要用于大型机械设备，能在不同的位置对运动机构进行控制，如对驱动某一运动机构的电动机在多处进行启动和停止的控制。两地控制一台电动机启动、停止的控制电路如图 6-38 所示。

(3) 顺序启/停控制

两个以上运动部件的启动、停止需按一定顺序进行的控制称为顺序控制，如切削前需先开冷却系统，工作机械运

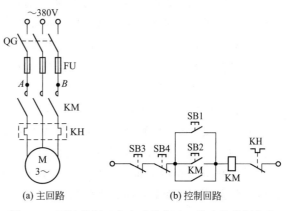

(a) 主回路　　　　(b) 控制回路

图 6-38　两地控制一台电动机启动、停止的控制电路

动前需先开润滑系统等。

[**例6-1**]　有两台电动机M1和M2，要求M1启动后M2才能启动，而M2停止后M1才能停止。实现这一控制要求的控制回路如图6-39所示。

[**例6-2**]　若把例6-1中的要求改为：要求电动机M1启动一段时间后M2才能启动，则实现有时间要求的控制回路如图6-40所示。

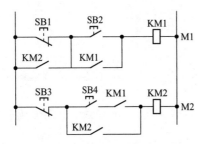

图6-39　顺序启/停控制电路

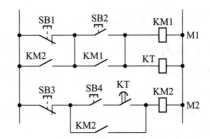

图6-40　有时间要求的顺序启/停控制电路

（4）零励磁保护控制

零励磁保护是防止直流电动机在没有加上励磁电压时，就加上电枢电压而造成机械"飞车"或电动机电枢绕组被烧坏的一种保护，零励磁保护的控制电路如图6-41所示。

当QF合上后，直流电动机的励磁绕组首先通电，且当励磁电流上升到额定值时，电流继电器KI线圈通电，其动合触点合上，才能使接触器KM线圈具备通电条件。当按下启动按钮后，KM的线圈通电，其动合触点使电枢通电，电动机开始运转。

因此，上述电路可以保证励磁电流上升到额定值时电枢再通电，即保证直流电动机不发生零励磁的情况。

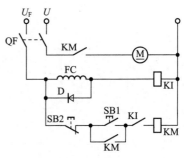

图6-41　零励磁保护的控制电路

6.4　继电接触器控制系统设计

6.4.1　继电接触器控制系统设计的基本原则

控制系统设计的基本任务是根据控制要求，设计出设备制造、维修过程中所必需的图样、设计资料等，以保证控制电路工作的可靠和安全。在满足生产要求的情况下，控制电路应力求简单、经济，提高性价比。设计过程中须注意以下事项。

（1）控制电路力求简单、经济，提高性价比

① 尽量选用标准的、常用的或经过实际考验的电路和环节。继电接触控制系统的电路设计要求通常都比较简单，由启动、制动、正向运行、反向运行、保护电路和简单的时序电路等组成，设计这些电路环节时可以参考各类经典电路。

② 合理安排电气元件及触点的位置。

③ 尽量缩减电器的数量，采用标准件，并尽可能选用相同型号，这样可以降低生产成本，便于厂家采购和降低备品备件的数量、种类。对于采用经验设计法完成的控制电路，必要时可采用逻辑分析法进行化简，减少不必要的触点，以简化电路。

(2) 保证控制电路工作安全、可靠

① 正确连接电器线圈和触点。在交流控制电路中的线圈不能串联使用，原因是交流线圈在工艺上存在的略微差异会导致先吸合的电器阻抗增加，经分压后使未动作的线圈电压无法达到动作值，从而不能同时吸合。两个交流电器若要同时动作，应采用并联方式。

② 控制电路中应避免出现"寄生"电路。"寄生"电路是指在电路动作过程中，不是由于误操作引起的意外接通电路。这类情况通常是由于电路设计不合理造成的，如图 6-42 所示。图 6-42（a）中，当 KM1 回路接通时出现过载，导致热继电器动作，常闭（动断）触点 FR 断开，由于位置安排不合理，电源经线圈 KM1、KM2、信号指示灯 HL2 形成回路，从而无法关断 KM1 实施保护。解决方法是将常闭（动断）触点 FR 安排在上面即可。

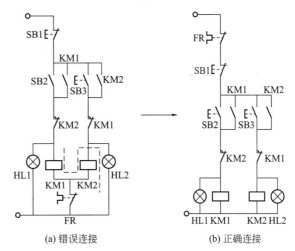

图 6-42　"寄生"电路的处理

③ 尽量避免多个电器依次动作才能接通另一个电器的控制结构，这样可以提高电路工作的可靠性。

④ 选择好控制电气元件的动作类型，尽量用短信号避免"竞争冒险"现象。"竞争冒险"现象指对于控制电路，由于各触点的响应时间的不确定性可能出现错误的输出结果的现象。

⑤ 应具有完善的保护环节，包括必要的电气互锁。

(3) 应尽量方便操作和维修方便

操作方式方法应符合生产规范，尽量做到与同类型生产设备的操作一致，提供多点启动、多点停止或急停。控制方式可根据需要设置手动方式和自动方式，为便于设备调试及维修，自动方式还可进一步细分为单步、单周期、循环等方式。

6.4.2　电气控制线路设计方法举例

某一生产机械有炉门和推料机构两个运动部件，炉门由交流电动机 M1 驱动，推料机构由交流电动机 M2 驱动。工作过程的要求是：按下启动按钮，炉门打开；打开到位，推料机自动推进；推进到位，推料机回退；回退到位，炉门自动关闭。

分析：两个电动机正反转需要 4 个接触器，另需按钮开关、行程开关，工艺流程分析如图 6-43 所示。

接触器 KM1：控制 M1 正转（炉门开）；
接触器 KM4：控制 M1 反转（炉门关）；
接触器 KM2：控制 M2 正转（推料机进）；
接触器 KM3：控制 M2 反转（推料机退）。

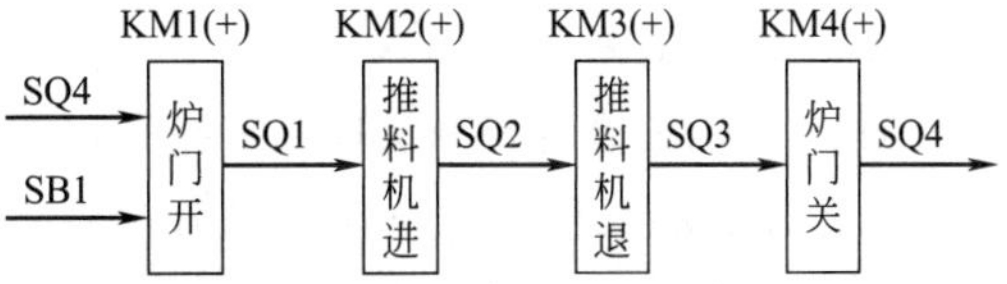

根据接通和关断的工艺要求，设计、绘制控制电路图如图 6-44 所示（短路和过载保护环节略）。

图 6-43　工艺流程分析图

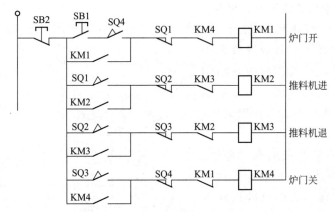

图 6-44　炉门和推料机构控制电路图

习　题

6.1　从接触器的结构特征上如何区分交流接触器与直流接触器？为什么？

6.2　为什么交流电弧比直流电弧容易熄灭？

6.3　若交流电器的线圈误接入同电压的直流电源，或直流电器的线圈误接入同电压的交流电源，会发生什么问题？为什么？

6.4　交流接触器动作太频繁时为什么会过热？

6.5　在交流接触器铁芯上安装短路环为什么会减少振动和噪声？

6.6　两个相同的 110V 交流接触器线圈能否串联接于 220V 的交流电源上运行？为什么？若是直流接触器情况又如何？为什么？

6.7　电磁继电器与接触器的区别主要是什么？

6.8　电动机中的短路保护、过电流保护和长期过载（热）保护有何区别？

6.9　过电流继电器与热继电器有何区别？各有什么用途？

6.10　为什么热继电器不能作短路保护而只能作长期过载保护？而熔断器则相反，为什么？

6.11　自动空气断路器有什么功能和特点？

6.12　时间继电器的四个延时触点符号各代表什么意思？

6.13　机电传动装置的电气控制线路有哪几种？各有何用途？电气控制线路原理图的绘制原则主要有哪些？

6.14　为什么电动机要设有零电压和欠电压保护？

6.15　在装有电气控制的机床上，电动机由于过载而自动停车后，若立即按启动按钮则不能开车，这可能是什么原因？

6.16　要求三台电动机 M1、M2、M3 按一定顺序启动：即 M1 启动后，M2 才能启动；M2 启动后 M3 才能启动；停车时则同时停。试设计此控制线路。

6.17　试设计一台异步电动机的控制线路。要求：

① 能实现启、停的两地控制；

② 能实现点动调整；

③ 能实现单方向的行程保护；

④ 要有短路和长期过载保护。

6.18 为了限制点动调整时电动机的冲击电流，试设计它的电气控制线路。要求正常运行时为直接启动，而点动调整时需串入限流电阻。

6.19 试设计一台电动机的控制线路。要求能正反转并能实现能耗制动。

6.20 冲压机床的冲头，有时用按钮控制，有时用脚踏开关操作，试设计用转换开关选择工作方式的控制线路。

6.21 容量较大的鼠笼式异步电动机反接制动时电流较大，应在反接制动时在定子回路中串入电阻，试按转速原则设计其控制线路。

6.22 平面磨床中的电磁吸盘能否采用交流的？为什么？

6.23 起重机上的电动机为什么不采用熔断器和热继电器作保护？

6.24 试设计一条自动运输线，有两台电动机，M1 拖动运输机，M2 拖动卸料机。要求：

① M1 启动后才允许 M2 启动；

② M2 先停止，经一段时间后 M1 才自动停止，且 M2 可以单独停止；

③ 两台电动机均有短路、长期过载保护。

6.25 图 6-45 为机床自动间歇润滑的控制线路图，其中接触器 KM 为润滑油泵电动机启停用接触器（主电路未画出），控制线路可使润滑有规律地间歇工作。试分析此线路的工作原理，并说明开关 S 和按钮 SB 的作用。

6.26 试设计 M1 和 M2 两台电动机顺序启、停的控制线路。要求：

① M1 启动后，M2 立即自动启动；

② M1 停止后，延时一段时间，M2 才自动停止；

③ M2 能点动调整工作；

④ 两台电动机均有短路、长期过载保护。

6.27 试设计某机床主轴电动机控制线路图。要求：

① 可正反转，且可反接制动；

② 正转可点，可在两处控制启、停；

③ 有短路和长期过载保护；

④ 有安全工作照明及电源信号灯。

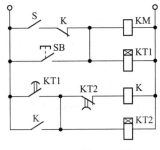

图 6-45 题 6.25 图

6.28 试设计一个工作台前进-退回的控制线路。工作台由电动机 M 拖动，行程开关 ST1、ST2 分别装在工作台的原位和终点。要求：

① 能自动实现前进、后退、停止到原位；

② 工作台前进到达终点后停一下再后退；

③ 工作台在前进中可以人为地立即后退到原位；

④ 有终端保护。

第7章
可编程控制器

可编程控制器 PC（programmable controller）又称可编程逻辑控制器 PLC（programmable logic controller），是微机技术与继电器常规控制技术相结合的产物，是在顺序控制器和微机控制器的基础上发展起来的新型控制器，是一种以微处理器为核心用作数字控制的专用计算机。

7.1 可编程控制器基础

7.1.1 PLC 的产生和发展

7.1.1.1 PLC 的产生

继电接触器控制系统是靠硬件连线逻辑构成的系统，当生产工艺或对象需要改变时，原有的接线和控制柜就要更换，不利于产品的更新换代。

20 世纪 60 年代末期，美国汽车制造业竞争激烈，各生产厂家的汽车型号不断更新，这必然要求加工生产线随之改变，整个控制系统需重新配置。为了适应生产工艺不断更新的需要，寻求一种比继电器更可靠、功能更齐全、响应速度更快的新型工业控制器势在必行。

1968 年，美国通用汽车公司（GM）公开招标，并从用户角度提出了新一代控制器应具备的十大条件，引起了开发热潮。这十大条件是：

① 编程简单，可在现场修改程序。

② 维护方便，最好是插件式。

③ 可靠性高于继电器控制柜。

④ 体积小于继电器控制柜。

⑤ 可将数据直接送入管理计算机。

⑥ 在成本上可与继电器控制柜竞争。

⑦ 输入可以是交流 115V。

⑧ 在扩展时，原有系统只需做很小变更。

⑨ 输出为交流 115V、2A 以上，能直接驱动电磁阀。

⑩ 用户程序存储器容量至少能扩展到 4KB。

这些要求实际上是将继电接触器简单易懂、使用方便和价格低的优点，与计算机功能完善、通用性和灵活性好的优点结合起来，将继电接触器控制的硬连线逻辑变为计算机操控的软件逻辑编程的设想，采取程序修改的方式改变控制功能。这是从接线逻辑向存储逻辑进步的重要标志，是由接线程序控制向存储程序控制的转变。

1969 年，美国数字设备公司（DEC）研制出了第一台 PLC PDP-14，并在 GM 公司汽车生产线上试用成功，取得了满意的效果，PLC 由此诞生。PLC 是生产力发展的必然产物。

1971 年，日本开始生产 PLC；1973 年，欧洲开始生产 PLC；我国从 1974 年开始研制，1977 年开始应用于工业中。到现在，世界各地的一些著名电器厂家几乎都在生产 PLC，PLC 已作为一个独立的工业设备进行生产，并成为当代电气控制装置的主导。

7.1.1.2　PLC 的发展

(1) PLC 的现状

PLC 自问世以来，发展极其迅速。进入 20 世纪 80 年代，PLC 都采用了微处理器（CPU）、只读存储器（ROM）、随机存储器（RAM）或单片机作为其核心，处理速度大大提高，增加了多种特殊功能，体积进一步减小。20 世纪 90 年代末，PLC 几乎完全计算机化，速度更快、功能更强，各种智能模块不断被开发出来，在各类工业控制过程中的作用不断扩展。目前，PLC 已具备以下优势。

① 功能更强。PLC 不仅具有逻辑运算、计数、定时等基本功能，还具有数值运算、模拟调节、监控、记录、显示、与计算机接口、通信等功能。

大、中型甚至小型 PLC 都配有 A-D、D-A 转换及算术运算功能，有的还具有 PID 功能。这些功能使 PLC 在模拟量闭环控制、运动控制和速度控制等方面具有了硬件基础；许多 PLC 具有输出和接收高速脉冲的功能，配合相应的传感器及伺服设备，PLC 可实现数字量的智能控制；PLC 配合可编程终端设备，可实时显示采集到的现场数据及分析结果，为系统分析、研究工作提供依据，利用 PLC 的自检信号实现系统监控；PLC 具有较强的通信功能，可以与计算机或其他智能装置进行通信及联网，从而方便地实现集散控制，实现整个企业的自动化控制和管理。

② 性能更高。PLC 采用高性能微处理器，提高了处理速度，加快了响应时间；扩大存储容量，有的公司已使用了磁泡存储器或硬盘；采用多处理器技术以提高性能，甚至进行冗余备份以提高可靠性。

为进一步简化在专用控制领域的系统设计及编程，专用智能输入/输出模块越来越多，如专用智能 PID 控制器、智能模拟量 I/O 模块、智能位置控制模块、语言处理模块、专用数控模块、智能通信模块和计算模块等。这些模块的特点是本身具有 CPU，能独立工作，它们与 PLC 主机并行操作，无论在速度、精度、适应性和可靠性各方面都对 PLC 进行了很好的补充。它们与 PLC 紧密结合，完成 PLC 本身无法完成的许多功能。这些模块的编程、接线都与 PLC 一致，使用非常方便。

③ 编程语言的多样化。编程语言有主要适用于逻辑控制领域的梯形图语言；有面向顺序控制的步进顺控语句；有面向过程控制系统的功能块语言，能够表示过程中动态变量与信号的相互连接；还有与计算机兼容的高级语言，如 BASIC、C 语言。

(2) PLC 的发展方向

近年来，PLC 的发展更为迅速，更新换代的周期缩短为三年左右。展望未来，PLC 在规模和功能上将向两大方向发展：一是大型 PLC 向高速、大容量和高性能方向发展。如有的机型扫描速度高达 0.1ms/KB（$0.1\mu\text{s}/$步），可处理几万个开关量 I/O 信号和多个模拟量 I/O 信号，用户程序存储器达十几兆字节；二是发展简易、经济、超小型 PLC，以适应单机控制和小型设备自动化的需要。

另外，不断增强 PLC 工业过程控制的功能，研制采用工业标准总线，使同一工业控制系统中能连接不同的控制设备；增强 PLC 的联网通信功能，便于分散控制与集中控制的实现；大力开发智能 I/O 模块，增强 PLC 的功能等，都是其发展方向。

7.1.2　PLC 的基本组成

PLC 的型号、规格繁多，图 7-1 展示出了它的基本结构框图。它主要由中央处理单元 CPU、存储器、输入、输出等部分组成。图中，各部分之间均采用总线连接。

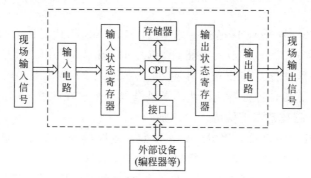

图 7-1　PLC 的基本结构框图

(1) 中央处理单元 CPU

CPU 是 PLC 的核心，其主要作用是：

① 接收从编程器输入的用户程序，并存入程序存储器中。

② 用扫描方式采集现场输入状态和数据，并存入相应的状态寄存器中。

③ 执行用户程序，产生相应的控制信号，实现程序规定的各种操作。

④ 通过故障自诊断程序，诊断 PLC 的各种运行错误。

(2) 存储器

PLC 的存储器用来存放程序和数据。程序分系统程序和用户程序。

① 系统程序存储器。

该存储器存放系统程序（系统软件）。系统程序是 PLC 研制者所编的程序，它是决定 PLC 性能的关键。系统程序包括监控程序、解释程序、故障自诊断程序、标准子程序库及其他各种管理程序。系统程序由制造厂家提供，一般都固化在 ROM 或 EPROM 中，用户不能直接存取。

② 用户程序存储器。

该存储器存放用户程序。用户程序是用户为解决实际问题并根据 PLC 的指令系统而编制的程序，它通过编程器输入，经 CPU 存放入用户程序存储器。为便于程序的调试、修改、扩充、完善，该存储器使用 RAM，但具有掉电保护功能。

③ 变量（数据）存储器。

变量存储器存放 PLC 的内部逻辑变量，如内部继电器、I/O 寄存器、定时器/计数器中的当前值等，由于 CPU 需要随时读取和更新这些存储器的内容，所以变量存储器采用 RAM。

现今用户程序存储器和变量存储器常采用低功耗的 CMOS-RAM 及锂电池供电的掉电保持技术，以提高运行可靠性。通常 PLC 产品资料中所指的内存储器容量，是对用户程序存储器而言，且以字（16 位/字）为单位来表示存储器的容量。

(3) 输入输出接口

输入输出（I/O）接口是 CPU 与工业现场装置之间的连接部件，是 PLC 的重要组成部分。与微机的 I/O 接口工作于弱电的情况不同，PLC 的 I/O 接口是按强电要求设计的，即其输入接口可以接收强电信号，其输出接口可以直接和强电设备相连接。

对于小型 PLC，厂家通常将 I/O 部分就装在 PLC 的本体部分，而对于中、大型 PLC，各厂家通常都将 I/O 部分做成可供选取、扩充的模块组件，用户可根据自己的需要选取不同功能、不同点数（1 点相当于微机 I/O 接口的 1 位）的 I/O 组件来组成自己的控制系统。

为便于检查，每个 I/O 点都接有指示灯，某点接通时，相应的指示灯发光指示，用户可以方便地检查各点的通断状态。

① 输入电路。输入电路是 PLC 与外部信号连接的输入通道。现场输入信号（如按钮、行程开关及传感器输出的开关信号或模拟量）经过输入电路转换成中央控制单元能接收和处理的数字信号。

② 输出电路。输出电路是 PLC 向外部执行部件输出相应控制信号的通道。通过输出电路，PLC 可对现场执行单元（如接触器、电磁阀、继电器、指示灯、步进电动机、伺服电动机等）进行控制。

输入/输出电路根据其功能的不同，可分为数字输入、数字输出、模拟量输入、模拟量输出、位置控制、通信等类型。

(4) 电源部件

电源部件能将交流电转换为中央控制单元、输入/输出电路所需要的直流电；能消除电源电压波动、温度变化对输出电压的影响，对过电压具有一定的保护能力，以防止电压变化时损坏中央控制单元。另外，电源部件内还装有备用电池（锂电池），以保证在断电时存放在 RAM 中的信息不致丢失。因此，用户程序在调试过程中，可采用 RAM 储存，便于修改程序。

(5) 编程器

编程器是 PLC 的重要外围设备，它能对程序进行编制、调试、监视、修改、编辑，最后将程序固化在 EPROM 中。它可分成简易型和智能型两种。

简易型编程器只能在线编程，通过一个专用接口与 PLC 连接。程序以软件模块形式输入，可先在编程器 RAM 区存放，然后送入控制器的存储器中。利用编程器可进行程序调试，可随时插入、删除或更改程序，调试通过后转入 EPROM 中储存。

智能型编程器既可在线编程，又可离线编程，还可远离 PLC 插到现场控制站的相应接口编程，可以实现梯形图编程、彩色图形显示、通信联网、打印输出控制和事务管理等。编程器的键盘采用梯形图语言键或指令语言键，用户可通过屏幕对话进行编程，也可用通用计算机作编程器，通过 RS-232 接口与 PLC 连接进行编程。在计算机上进行梯形图编辑、调试和监控，可实现人机对话、通信和打印等。

7.1.3　PLC 的分类

PLC 的品种、型号、规格、功能各不相同，常用的区分方法是按 I/O 点数或 PLC 结构形式的不同进行分类。通常，按 I/O 点数可划分成大、中、小型 3 类；根据 PLC 的结构形式不同，主要分为整体式、模块式和叠装式。

(1) 按 I/O 点数分类

按 PLC 的 I/O 点数多少可将 PIC 分为 3 类，即小型机、中型机和大型机。

① 小型机。小型 PLC，一般以处理开关逻辑控制为主，其 I/O 点数一般在 256 点以下，单 CPU，8 位或 16 位处理器，用户存储器容量在 16KW（千字）以下。现在小型 PLC 具有较强的通信能力和一定量的模拟量处理能力，其特点为价格低、体积小。

② 中型机。中型 PLC 的 I/O 点数在 256～2048 点之间，双 CPU，16 位或 32 位处理器，用户存储器容量为 16～50KW（千字）。中型机具有更强的开关量、模拟量控制能力和通信联网功能，适用于复杂的逻辑控制系统以及过程控制场合。

③ 大型机。大型 PLC 的 I/O 点数在 2048 点以上，多 CPU，16 位或 32 位处理器，用户存储器容量在 50KW 以上。大型 PLC 具有计算、控制和调节功能，还具有强大的网络结构和通信联网功能，有些大型 PLC 还有冗余能力。它的监控系统能够表示控制过程的动态流程，记录各种曲线和 PID 调节参数等。大型 PLC 在配备多种扩展板时，可以与其他控制器互连，组成一个集中分散的生产过程和产品质量监控系统。大型机适用于设备自动化控制、过程自动化控制和过程监控系统。

(2) 按结构形式分类

根据 PLC 结构形式不同，主要分为整体式、模块式和叠装式。

① 整体式。整体式结构 PLC 将电源、CPU、存储器和输入/输出部件等集中在一起，装在一个箱体内，通常称为主机或基本单元。主机上设有扩展端口，通过扩展电缆与扩展单元（模块）相连。整体式 PLC 具有结构紧凑、体积小、重量轻、价格较低等特点，适用于比较简单的控制场合。一般微型和小型 PLC 采用此种结构。

② 模块式。模块式 PLC 也称积木式 PLC，即把 PLC 的各组成部分以模块的形式分开，如电源模块、CPU 模块、输入模块、输出模块和各种功能模块等，把这些模块插在基板上，组装在一个机架内。各模块功能是独立的，外形尺寸是统一的。因此，模块式结构具有配置灵活、装配方便、便于扩展等优点。一般中型和大型 PLC 采用这种结构。

③ 叠装式。叠装式 PLC 的结构吸收了整体式 PLC 和模块式 PLC 的优点，它的基本单元、扩展单元和扩展模块等高等宽，但是长度不同，它们采用扁平电缆连接并紧密拼装后组成一个整齐的长方体，在不用基板的情况下拆装也非常方便、灵活，例如西门子公司 S7-200 PLC 就是采用了叠装式结构的小型 PLC，S7-300 PLC 则是采用了叠装式结构的中型 PLC。

7.1.4　PLC 的编程语言

编程的任务就是把控制功能变换成程序，而程序的表达方式随控制装置的不同而各异。PLC 的程序表达方式非常灵活，主要有梯形图和语句表两种基本形式。

(1) 梯形图

梯形图看上去与传统的继电器电路图非常相似，比较直观形象，对那些熟悉继电器电路的设计者来说，易于被接受。图 7-2 是一个简单程序的梯形图。

采用梯形图编制程序时，触点符号"┤├"和

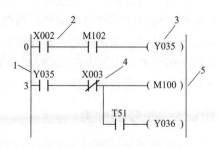

图 7-2　简单程序的梯形图

1—左母线；2—动合触点；3—线圈；

4—动断触点；5—右母线

"┤├"表示 CPU 对位元件的读操作或逻辑运算操作，线圈符号"┤ ├"表示 CPU 对位元件的写操作。每个元件必须有相应的标志符和地址码，如图 7-2 中的 X002、M102、X003 和 Y035 等。图 7-2 所表示的逻辑关系为

$$Y035 = X002 \cdot M102$$

$$M100 = Y035 \cdot \overline{X003}$$

$$Y036 = Y035 \cdot \overline{X003} \cdot T51$$

另外，为了在编程器的显示屏上直接读出梯形图的程序段，构成梯形图的程序都是一行接一行横着向下排列的。在三菱 PLC 程序中，每一程序行以触点符号为起点，而最右边以线圈符号为终点。

(2) 语句表

语句表用一组助记符来表示程序的各种功能。这一组助记符应包括 PLC 处理的所有功能。每一条指令都包含操作码和操作数两个部分，操作数一般由标志符和地址码组成。下面是一个简单程序的语句表（对应图 7-2 梯形图第一行）。

```
LD      X002
AND     M102
OUT     Y035
```

在语句表中，LD、AND……为操作码，X002、M102……为操作数，X、M……为操作数中的标志符，002、102……为操作数中的地址码。

采用这种类似计算机语言的编程方式可使编程设备简单，结构紧凑。

上述两种程序的表达方式各有所长，对于简单控制系统，大多采用梯形图编制程序。

7.1.5 PLC 的工作过程

PLC 的输入电路是用来采集被控设备的检测信号或操作命令的，输出电路则是用来驱动被控设备的执行机构，而执行机构与检测信号、操作命令之间的控制逻辑则靠微处理器执行用户程序来实现。

PLC 一般采用对用户程序循环扫描的工作方式，扫描工作方式分以下五个阶段（图 7-3）。

① 自诊断。首先执行自诊断程序，对输入/输出电路、存储器和 CPU 进行自诊断。

② 与编程器通信。如有通信请求，在自诊断后就进行通信处理。

③ 读入现场信号。当 PLC 开始执行用户程序时，微处理器首先顺序读入所有输入端的信号状态，并逐一存入相对应的输入状态寄存器中。在程序执行期间，即使输入状态变化，输入状态寄存器的内容也不会改变。这些变化只能在下一个工作周期读入现场信号阶段才被读入。

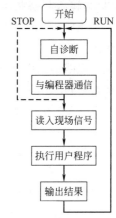

图 7-3 PLC 扫描过程

④ 执行用户程序。组成程序的每条指令都有顺序号，在 PLC 中称为步号。指令按步号依次存入存储器单元。程序执行期间，微处理器将指令顺序调出并执行。执行时，对输入和输出状态进行"处理"，即按程序进行逻辑、算术运算，再将结果存入输出状态寄存器中。

⑤ 输出结果。在所有的指令执行完毕后，输出状态寄存器中的状态通过输出电路转换

成被控设备所能接收的电压或电流信号，以驱动被控设备。

PLC 均有 STOP 和 RUN 两种工作状态，工作状态不同，经过的阶段不同，如图 7-3 所示。

一个循环结束后紧接着下一个循环开始，周而复始，直到停止运行为止。PLC 经过五个阶段的工作过程所需时间称为扫描周期。可见，全部输入、输出状态的改变需一个扫描周期，也就是输入、输出状态的保持为一个扫描周期。扫描周期主要取决于 PLC 的速度和程序的长短，一般在几毫秒至几十毫秒之间。

7.2　PLC 的编程等效元件

PLC 内部有许多具有不同功能的器件，实际上这些器件是由电子电路和存储器组成的。例如，输入继电器 X 是由输入电路和映像输入接点的存储器组成的，输出继电器 Y 是由输出电路和映像输出接点的存储器组成的，定时器 T、计数器 C、辅助继电器 M、状态器 S、数据寄存器 D、变址寄存器 V/Z 等都是由存储器和相应电路组成的。为了把它们与通常的硬器件区分开，通常把上面的器件统称为软器件或编程元件。下面以三菱 FX2N 系列 PLC 为例，介绍 PLC 中常用的编程元件。

(1) 输入继电器 X

输入继电器由输入电路和输入寄存器组成，输入电路进行开关信号到数字量的转换，输入寄存器为映像输入信号的存储器。

如图 7-4 所示是一种直流开关量的输入继电器电路，输入电路为光电耦合器。图中 0～7 为 8 个输入接线端子，COM 为输入公共端，24V 直流电源为 PLC 内部专供输入接口用电源，K0～K7 为现场检测开关信号。内部电路中，发光二极管 LED 为输入状态指示灯；R 为限流电阻，它为 LED 和光电耦合器提供合适的工作电流。

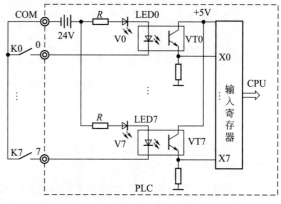

图 7-4　直流开关量的输入继电器电路

输入电路的工作原理如下（以 0 输入点为例）：当开关 K0 合上时，24V 电源经 R、LED0、V0、K0 形成回路，LED0 发光，指示该路接通，同时光电耦合器中的发光元件 V0 发光，感光元件 VT0 受光照饱和导通，输入寄存器 X0 的状态为"1"。当开关 K0 断开时，电路不通，LED0 不亮，光电耦合器不通，输入寄存器 X0 的状态为"0"。因此，CPU 从输入寄存器读到的"1"和"0"正好对应开关的"通""断"两种状态。

在输入电路中，光电耦合器有以下三个主要作用。

① 实现现场与 CPU 的隔离，提高系统的抗干扰能力。

② 将现场各种电平信号转换成 CPU 能处理的标准电平信号。

③ 避免电路出现故障时，外部强电损坏主机。

输入继电器的状态必须由外部信号来控制，但可由程序无限次地读取，即 CPU 对输入继电器只能进行读操作，而不能进行写操作。

（2）输出继电器 Y

输出继电器由输出电路和输出寄存器组成。为适应不同的负载，输出电路一般有晶体管、晶闸管和继电器输出三种方式。

晶体管输出方式以晶体管电路作为输出电路，用于直流负载；晶闸管输出方式以晶闸管作为输出电路，用于交流负载；继电器输出方式以继电器作为输出电路，用于直流负载和交流负载。

如图 7-5 所示是一个继电器输出电路。输出电路为继电器，Y0 为输出接线端子，COM1 为公共输出端。

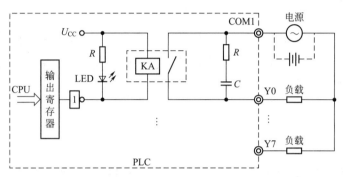

图 7-5　继电器输出电路

当 CPU 输出"1"时，继电器的线圈 KA 通电，其常开触点闭合，Y0 和 COM1 接通，负载通电。当 CPU 输出"0"时，继电器 KA 的线圈失电，其常开触点断开，Y0 和 COM1 断开，负载失电。因此 CPU 输出"1"和"0"正好对应负载的"通电"和"失电"。

图 7-6 所示是一个晶体管输出电路。

当 CPU 输出"1"时，发光二极管导通，感光三极管导通，负载电压经负载使

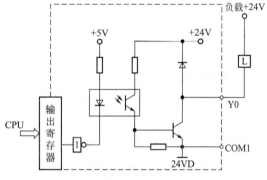

图 7-6　晶体管输出电路

三极管饱和导通，即 Y0 和 COM1 接通，负载通电。当 CPU 输出"0"时，发光二极管不发光，感光三极管截止，Y0 和 COM1 断开，负载失电。因此 CPU 输出"1"和"0"正好对应负载的"通电"和"失电"。

输出继电器的状态由程序控制，也可由程序无限次读取。即 CPU 可对输出继电器进行读/写操作。

（3）定时器 T

定时器（又称时间继电器）由设定值寄存器、当前值寄存器及状态寄存器组成，其工作原理如图 7-7 所示。

定时器的设定值由用户程序设定，存放在设定值寄存器中。

当输入条件 X0 的状态为"1"时，计

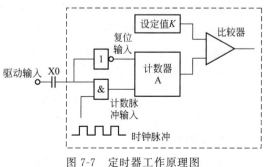

图 7-7　定时器工作原理图

数器 A（当前值寄存器）累加时钟脉冲个数，当计数器 A 的计数值等于设定值后，比较器输出（状态寄存器）为"1"，即定时器的状态为"1"。当输入条件 X0 的状态为"0"时，计数器（当前值寄存器）计数脉冲输入的状态为"0"，计数器不计数，定时器的状态始终为"0"。

定时器的定时时间为设定值乘以时钟脉冲周期。

CPU 对定时器的当前值寄存器和状态寄存器可进行读取，即可进行读操作。在 PLC 中，定时器不同，其输入时钟脉冲的周期不同，一般有 1ms、10m、100ms 等几种时钟脉冲。因此，根据时钟脉冲周期的不同，定时器可分为 1ms、10ms、100ms 定时器等。

（4）计数器 C

计数器由设定值寄存器、当前值寄存器（计数器）以及状态寄存器组成，分加计数器和加减计数器两种。图 7-8 所示是计数器的工作原理。

计数器的设定值由用户设定，存放在设定值寄存器中。

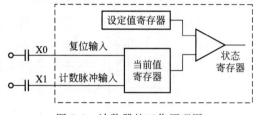

图 7-8　计数器的工作原理图

当复位输入条件 X0 的状态为"1"时，计数器不计数，计数器的状态为"0"；当复位输入条件 X0 的状态为"0"时，计数器对 X1 的脉冲个数进行计数，计数值（当前值）等于设定值时，计数器的状态变为"1"，直到复位输入条件 X0 由"0"变为"1"时清零。

CPU 对计数器的当前值寄存器和状态寄存器可进行读取，即可进行读操作。有兴趣了解更多计数器其他功能的读者请阅读相关产品说明书。

（5）辅助继电器 M

辅助继电器是存储器中的一个部分，此部分按位编址，由程序指令控制，专供内部编程使用。

PLC 一般有通用辅助继电器、断电保持辅助继电器和特殊辅助继电器三种。程序可对通用辅助继电器、断电保持辅助继电器进行读/写操作。对通用辅助继电器而言，断电后再通电，其状态全部自动清零，而断电保持辅助继电器在断电后再通电时，仍能保持断电前的状态。

特殊辅助继电器各自具有特定的功能，根据用户程序对它们操作的情况，可分为以下两大类。

① 系统软件写操作，用户程序读操作类。如在三菱 FX2N 系列 PLC 中，M8000 为运行监控特殊辅助继电器，PLC 运行用户程序时，系统软件将其置为"1"并保持，用户程序可读取；M8002 为初始脉冲特殊辅助继电器，PLC 运行用户程序的第一个扫描周期内，系统软件将其写为"1"，用户程序可读取。

② 用户程序写操作，系统软件读操作类。如在三菱 FX2N 系列 PLC 中，当用户程序将 M8033 写为"1"时，PLC 由运行变为停止时，系统软件将保持停止前的输出状态不变；当用户程序将 M8034 写为"1"时，系统软件立即让所有的输出状态变为"0"。

（6）数据寄存器 D

PLC 中设有许多数据寄存器，数据寄存器是存储器中的一个部分，此部分按字编址，由程序指令进行读/写操作，供模拟量控制、位置控制、数据 I/O 等存储参数及工作数据使用。

数据寄存器的位数一般为 16 位，可以用两个数据寄存器构成 32 位数据寄存器。数据寄存器有以下几种。

① 通用数据寄存器。用户程序可对通用数据寄存器进行读/写操作，已写入的数据不会发生变化，但当 PLC 的状态由运行变为停止时，全部数据均自动清零。

② 掉电保护数据寄存器。掉电保护数据寄存器与通用寄存器不同的是，不论电源接通与否和 PLC 运行与否，其内容均保持不变，除非程序改变它。

③ 特殊数据寄存器。特殊数据寄存器供系统软件和用户软件交换信息使用。

④ 文件寄存器。文件寄存器是一类专用数据寄存器，用于存储大量重要数据，例如采集数据、统计计算数据、控制参数等。三菱 FX2N 的文件寄存器区域从 D1000 开始，以 500 个为一个子文件区域，最多可设置 14 个子文件。

(7) 指针 P/I

① 分支指针。分支指针用于跳转、调用指令中指定跳转和调用目标。三菱 FX2N 的分支指针为 P0～P127，共 128 个指针。

② 中断指针。中断子程序使用中断指针。

有关分支指针和中断指针的详细介绍见相关功能指令。

(8) 状态元件 S

状态元件 S 是步进顺控程序的重要元件，与顺控指令 STL 组合使用。

7.3　基本指令

不同型号的 PLC，其编程语言不尽相同，但指令的基本功能大致相同。只要熟悉一种类型 PLC 的编程语言，掌握其他类型 PLC 的编程也就不难了。下面用梯形图和指令表两种程序表达方式对日本三菱 FX2N 系列 PLC 指令的功能等进行说明。

(1) 输入、输出指令

LD（取指令）：对应梯形图中与左母线连接的或电路块开始的触点符号"┤├"。

LDI（取反指令）：对应梯形图中与左母线连接的或电路块开始的触点符号"┤╱├"。

OUT（输出指令）：对应梯形图中与右母线连接的线圈符号，用于计数器、定时器时，后面必须紧跟常数 K 值。

LD、LDI 指令可以对所有位元件进行读操作，OUT 指令可以对除输入继电器以外的其他所有位元件进行写操作。

图 7-9 所示为 LD、LDI、OUT 指令应用的举例。

对应图 7-9 所示程序的语句表如下：

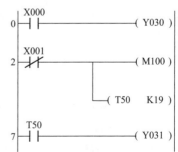

图 7-9　LD、LDI、OUT 指令的应用举例

LD	X000	；读 X000
OUT	Y030	；Y030＝X000
LDI	X001	；读 X001 并取反
OUT	M100	；M100＝X001

OUT T50 K19	；驱动 T50 并设定计时值
LD T50	；读 T50
OUT Y031	；Y031＝T50

（2）逻辑指令

① 逻辑"与"指令。

AND（与指令）：对应梯形图中触点符号"⊣⊢"的串联连接。

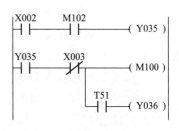

ANI（与非指令）：对应梯形图中触点符号"⊣〳⊢"的串联连接。

图 7-10 AND、ANI 指令的应用举例

这两条指令只能用于一个触点与前面接点电路的串联，可以对所有位元件进行操作。图 7-10 所示为 AND、ANI 两条指令的应用举例。

对应图 7-10 所示程序的语句表如下：

LD	X002	；读 X002
AND	M102	；X002・M102
OUT	Y035	；Y035＝X002・M102
LD	Y035	；读 Y035
ANI	X003	；Y035・$\overline{X003}$
OUT	M100	；M100＝Y035・$\overline{X003}$
AND	T51	；Y035・$\overline{X003}$・T51
OUT	Y036	；Y036＝Y035・$\overline{X003}$・T51

② 逻辑"或"指令。

OR（或指令）：对应梯形图中触点符号"⊣⊢"的并联连接。

ORI（或非指令）：对应梯形图中触点符号"⊣〳⊢"的并联连接。

这两条指令只能用于一个触点与前面接点电路的并联，可以对所有位元件进行操作。图 7-11 所示为 OR、ORI 两条指令的应用举例。

对应图 7-11 所示程序的语句表如下：

LD	X014	；读 X014
OR	X016	；X014＋X016
ORI	M102	；X014＋X016＋$\overline{M102}$
OUT	Y035	；Y035＝X014＋X016＋$\overline{M102}$
LD	X005	；读 X005
AND	X015	；X005・X015
OR	M102	；X005・X015＋M102
ANI	X017	；（X005・X015＋M102）$\overline{X017}$
ORI	M100	；（X005・X015＋M102）$\overline{X017}$＋$\overline{M100}$
OUT	M103	；M103＝（X005・X015＋M102）$\overline{X017}$＋$\overline{M100}$

③ 支路并联指令。

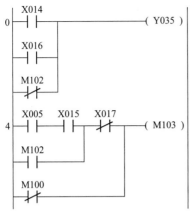

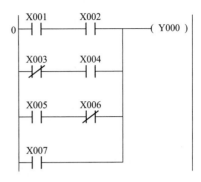

图 7-11　OR、ORI 指令的应用举例

图 7-12　ORB 指令的应用举例

两个触点串联连接后组成的电路称为支路。

ORB：支路并联指令，用于两条以上支路并联连接的情况。

图 7-12 所示为 ORB 指令的应用举例。

对应图 7-12 所示程序的语句表如下：

```
LD      X001  ⎫
              ⎬  支路 1
AND     X002  ⎭
LDI     X003  ⎫
              ⎬  支路 2
AND     X004  ⎭
ORB           ；支路 1 与支路 2 并联
LD      X005  ⎫
              ⎬  支路 3
ANI     X006  ⎭
ORB           ；支路 3 与前面电路并联
OR    X007
OUT   Y000
```

④ 电路块串联指令。

两条以上支路并联连接后组成的电路称为电路块。

ANB：电路块串联指令，用于两个电路块串联连接的情况。

图 7-13 所示为 ANB 指令的应用举例。

图 7-13　ANB 指令的应用举例

对应图 7-13 所示程序的语句表如下：

LD	X001	支路 1	
AND	X002		电路块 1
LD	X003	支路 2	
ANI	X004		
ORB		；支路 1 和支路 2 并联连接	
LD	X005	支路 3	
AND	X006		电路块 2
LDI	X007	支路 4	
AND	X010		
ORB		；支路 3 和支路 4 并联连接	
ANB		；电路块 1 和电路块 2 串联连接	
OR	X011		
OUT	Y035		

（3）置位、复位指令

SET（置位指令）：用于使位元件置"1"并保持。

RST（复位指令）：用于使位元件清零并保持。

图 7-14 所示为 SET、RST 指令的应用举例。

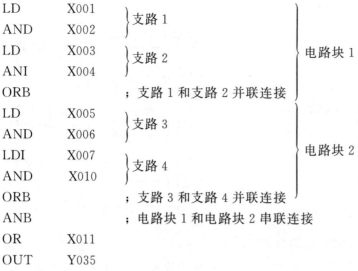

(a) 程序梯形图　　　　　(b) 前两行指令输入/输出关系

图 7-14　SET、RST 指令的应用举例

对应图 7-14 所示程序的语句表如下：

LD	X000	
SET	Y000	；置位 X000
LD	X001	
RST	Y000	；复位 Y000
LD	X002	
SET	M0	；置位 M0
LD	X003	
RST	M0	；复位 M0

```
LD      Y000
SET     S0                      ；置位 S0
LD      M0
RST     S0                      ；复位 S0
```

图 7-15 所示为 RST 指令对计数器编程中的应用举例。

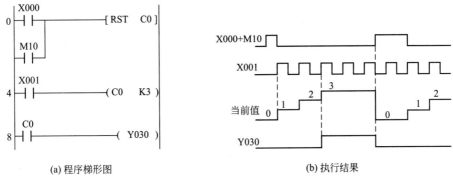

(a) 程序梯形图   (b) 执行结果

图 7-15   RST 指令对计数器进行复位的应用举例

(4) 主令控制指令

MC：主令控制起始指令，用于公共串联触点的连接。

MCR：主令控制结束指令，用于 MC 指令的复位。

图 7-16 所示为 MC、MCR 指令的应用举例。

对应图 7-16 所示程序的语句表如下：

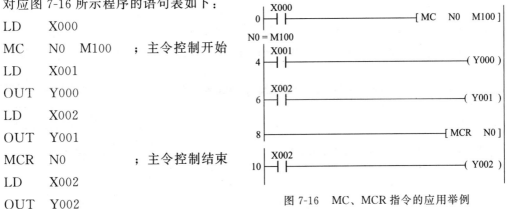

```
LD      X000
MC      N0   M100    ；主令控制开始
LD      X001
OUT     Y000
LD      X002
OUT     Y001
MCR     N0           ；主令控制结束
LD      X002
OUT     Y002
```

图 7-16   MC、MCR 指令的应用举例

程序所表示的逻辑关系为：

当 X000＝1 时，Y000＝X001，Y001＝X002；当 X000＝0 时，Y000＝Y001＝0。Y002＝X002 与 X000 的状态无关。

使用 MC 和 MCR 时，应注意如下几个问题：

① MC、MCR 必须成对使用；

② MC、MCR 可以嵌入使用，但最多只能 7 层；

③ 特殊辅助继电器不能用作 MC 的操作元件。

(5) 栈指令

MPS（进栈指令）：将数据存入栈内，栈内数据下移。

MRD（读栈指令）：读取栈顶的数据，栈内数据不动。

MPP（出栈指令）：将栈顶的数据读出，栈内的数据上移。

图 7-17 所示是栈指令的应用举例。

对应图 7-17 所示程序的语句表如下：

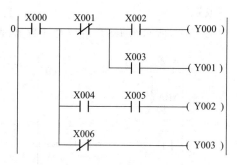

图 7-17　栈指令的应用举例

LD	X000
MPS	
ANI	X001
MPS	
AND	X002
OUT	Y000
MPP	
AND	X003
OUT	Y001
MRD	
AND	X004
AND	X005
OUT	Y002
MPP	
ANI	X006
OUT	Y003

（6）脉冲指令

脉冲指令如表 7-1 所示。这组指令与 LD、AND、OR 指令相对应，指令中的 P 对应上升沿脉冲，F 对应下降沿脉冲。指令中的操作元件只在有上升沿或下降沿的一个扫描周期内为"1"。

表 7-1　脉冲指令

符号、名称	功能	图形符号
LDP 取上升沿脉冲	上升沿脉冲逻辑运算	X000 X002 (Y000)
LDF 取下降沿脉冲	下降沿脉冲逻辑运算	X000 X001 (Y000)
ANDP 与上升沿脉冲	上升沿脉冲串联连接	X000 X001 (Y000)
ANDF 与下降沿脉冲	下降沿脉冲串联连接	X000 X001 (Y000)
ORP 或上升沿脉冲	上升沿脉冲并联连接	X000 (Y000) X001

续表

符号、名称	功能	图形符号
ORF 或下降沿脉冲	下降沿脉冲并联连接	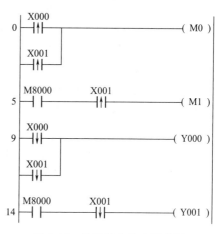

图 7-18 所示是脉冲指令的应用举例。

对应图 7-18 所示程序的语句表如下：

LDP	X000
ORP	X001
OUT	M0
LD	M8000
ANDP	X001
OUT	M1
LDF	X000
ORF	X001
OUT	Y000
LD	M8000
ANDF	X001
OUT	Y001

图 7-18 脉冲指令的应用举例

(7) 程序结束指令 END

在程序结束时，使用指令 END。

7.4 梯形图设计

7.4.1 梯形图程序设计规则与方法

PLC 的特点之一是编程方便，易学易懂，其本质是用计算机仿真技术模拟电器元件和控制电路的功能及控制过程。PLC 的梯形图设计类似于继电逻辑设计，但又有着它本身的规则和技巧，在梯形图设计和程序编制中应注意以下几点。

① 梯形图按自上而下、从左到右的顺序排列。每一个线圈为一个逻辑行，称为一个阶梯。每一个逻辑行首先起始于左母线，然后是触点的各种连接，最后是线圈与右母线相连，整个图形呈阶梯形。

② 梯形图是 PLC 形象化的编程方式，其左右两侧母线并不接任何电源，因而，图中各支路也没有真实的电流流过。但为了方便，常用"有电流"或"得电"等来形象地描述用户程序解算中满足输出线圈的动作条件。

③ 梯形图中的继电器不是继电器控制线路中的实际继电器，它实质上是变量存储器中的位触发器，因此，称为"软继电器"；相应某位触发器为"1"态，表示该继电器线圈通电，其动合触点闭合、动断触点打开。

　　梯形图中继电器的线圈是广义的，除了输出继电器、内部继电器线圈外，还包括定时器、计数器、移位寄存器等的线圈。

　　④ 梯形图中，信息流从左到右，继电器线圈应与右边的母线直接相连，线圈的右边不能有触头，而左边必须有触头。

　　⑤ 梯形图中继电器线圈在一个程序中不能重复使用，而继电器的触头，编程中可以重复使用，且使用次数不受限制。

　　⑥ 因 PLC 在解算用户逻辑时，就是按照梯形图从上到下、从左到右的先后顺序逐行进行处理的，即按扫描方式顺序执行程序，不存在几条并列支路的同时动作，这在设计梯形图时，可以减少许多有约束关系的联锁电路，从而使电路设计大大简化。所以，由梯形图编写指令程序时，应遵循从上到下、从左到右的顺序，梯形图中的每个符号对应于一条指令，一条指令为一个步序，在时间继电器、计数器的 OUT 指令后，必须紧跟常数 K，设置定时常数和计数常数 K 也是一个步序。

　　为了简化程序、减少指令、有效地减少用户程序空间，一般来说，对于复杂的串并联电路，有如下基本的编程技巧。

　　① 对于并联电路，串联触点多的支路最好排在该功能梯形图的上面，如图 7-19 所示。图 (a)、(b) 所表示的逻辑关系完全相同。

　　对应图 7-19(a) 所示程序的语句表如下：

LD　　　　X000

ANI　　　　X002

OR　　　　X001

OUT　　　　Y030

　　对应图 7-19(b) 所示程序的语句表如下：

LD　　　　X001

LD　　　　X000

ANI　　　　X002

ORB

OUT　　　　Y030

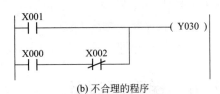

图 7-19　串联触点多的支路排在该功能梯形图的上面

　　② 对于串联电路，并联触点多的电路块最好排在梯形图的左边，如图 7-20 所示。图 (a)、(b) 所表示的逻辑关系完全相同。

　　对应图 7-20(a) 所示程序的语句表如下：

LD　　X000

OR　　X001

ANI　　X002

OUT　Y030

　　对应图 7-20(b) 所示程序的语句表如下：

LDI　　X002

LD　　X000

OR　　X001

ANB

OUT　Y030

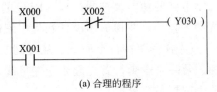

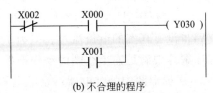

图 7-20　并联触点多的电路块排在该功能梯形图的左边

③ 梯形图中，竖线上不能有触点。图 7-21(a) 是一个错误的梯形图，触点 X003 串接在竖线上，图 7-21(b) 是对应逻辑关系正确的梯形图。

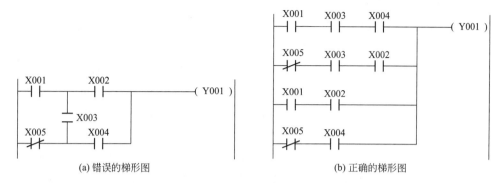

(a) 错误的梯形图　　　　　　　　　　　(b) 正确的梯形图

图 7-21　竖线上不能有触点

④ 在三菱 PLC 中，线圈和右母线之间不能连接触点。图 7-22(a) 是一个错误的梯形图，图 7-22(b) 是对应逻辑关系正确的梯形图。

⑤ 不能使用 OUT 指令对同一个元件进行两次以上的操作。图 7-23(a) 是一个错误的梯形图，图 7-23(b) 是对应逻辑关系正确的梯形图。

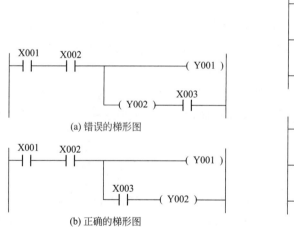

图 7-22　线圈和右母线之间不能连接触点

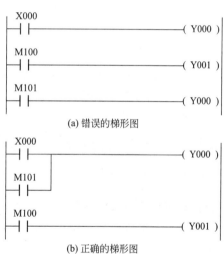

图 7-23　不能使用 OUT 指令对同一个元件
进行两次以上的操作

7.4.2　继电接触器控制电路与梯形图程序设计比较

PLC 梯形图控制程序与继电接触器控制电路虽然有相似之处，但却不是绝对的一一对应关系。由于 PLC 的结构、工作原理与继电接触器控制电路的不同，因而梯形图控制程序与继电接触器控制电路两者之间存在着一些差异。

① PLC 采用梯形图编程是模拟继电接触器控制系统的表示方法，因而梯形图中各元器件也沿用了继电接触器控制系统中的叫法，称之为"（软）继电器"。但是梯形图中的"软继电器"并非真实的物理继电器，每个"软继电器"各自均为 PLC 存储器中的一个"位寄存

器"，有两种相反状态，相应位的状态为"1"时表示该继电器线圈"得电"，状态为"0"时则表示该继电器线圈"失电"，因此称其为"软继电器"。用"继电器"表示 PLC 中的元器件就可以按继电接触器控制系统的形式来设计梯形图程序。

② 梯形图程序中流过的"电流"也并非真实的物理电流，而是"能流"，它只能按"从左到右""从上到下"的规则流动。"能流"不允许倒流。"能流"到达则对应线圈的电接通。其实"能流"只是用户程序运算中满足输出执行条件时的形象表示方式而已。"能流"流向的规则是为了顺应 PLC 扫描是"从左到右""从上到下"的顺序进行而规定的。但是继电接触器控制系统中电流则是真实的物理电流，是可以用电流表测量出来的，其流动方向也是可以根据外加电源的实际情况自由流动的。

③ 梯形图程序中的常开、常闭触点不是实际的物理触点。它们只是反映与现场物理开关状态相对应的输入、输出映像寄存器或数据寄存器中的相应位的状态，在 PLC 中认为常开触点是对位寄存器状态进行"读取"操作，而常闭触点则是对位寄存器进行"取反"操作。

④ 梯形图程序中的线圈不是实际物理线圈，无法用它来直接驱动现场元件的执行机构。输出线圈中的状态会直接传输到输出映像寄存器的相应位中去，然后用该输出映像寄存器位中的状态"1"（高电平）或"0"（低电平）去控制输出电路中相应电路，并经功率放大之后去控制 PLC 的输出器件（继电器、晶体管或晶闸管），进而使其触点通断来控制外部现场元件的执行机构。

⑤ 在编制梯形图程序时，PLC 内部继电器的触点原则上可以无限次调用，因为存储单元中的位状态可重复读取；而继电接触器控制电路中的继电器触点数是由继电器的结构形式决定，因而也会随着结构形式的确定而固定下来，其数量是有限的。要特别强调的是，在 PLC 中一般情况下在同一梯形图程序中线圈通常只能调用一次，因此应尽量避免重复使用同一地址编号的线圈（重复线圈会导致输出结果的不确定性）。

7.4.3　PLC 应用举例

(1) 三相异步电动机启动、停止控制

三相异步电动机启动、停止控制是电动机最基本的控制，在各种复杂的控制中都不可缺少。图 7-24 给出了主电路、PLC 外部接线及控制程序梯形图。图中，SB1 为启动按钮，SB2 为停止按钮，KH 为热继电器。

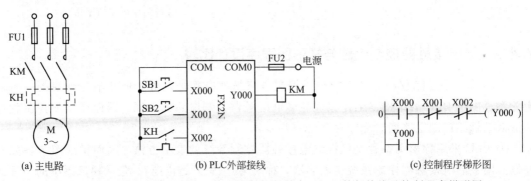

图 7-24　三相异步电动机启动、停止控制的主电路，PLC 外部接线及控制程序梯形图

(2) 三相异步电动机正、反转控制

三相异步电动机正、反转控制的主电路，PLC 外部接线及控制程序梯形图如图 7-25 所示。图中，SB1 为正向启动按钮，SB2 为反向启动按钮，SB3 为停止按钮，KM1 为正向控制接触器，KM2 为反向控制接触器。

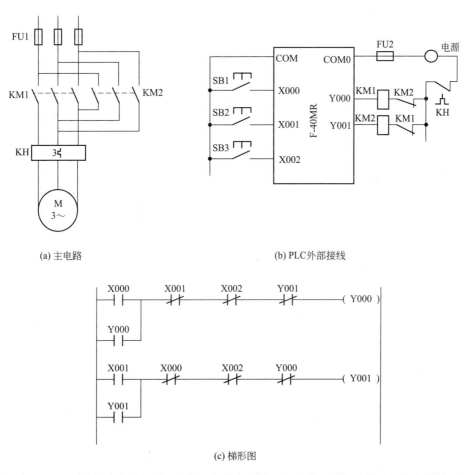

(a) 主电路　　　　　　　　　　　　　　　　(b) PLC外部接线

(c) 梯形图

图 7-25　三相异步电动机正、反转控制的主电路，PLC 外部接线及控制程序梯形图

三相异步电动机的正、反转是通过正、反向控制接触器改变定子绕组的相序来实现的，其中一个很重要的问题就是必须保证任何时候、任何条件下，正、反向控制接触器都不能同时接通。为此，在梯形图中采用两个输出继电器 Y000、Y001 的触点互锁，这样能够保证输出继电器 Y000 和 Y001 不同时接通。

(3) 三相异步电动机 Y-△启动控制

Y-△降压启动是异步电动机常用的启动控制线路之一。其主电路、PLC 外部接线和控制程序梯形图如图 7-26 所示。图中，SB1 为启动按钮，SB2 为停止按钮，KM 为电源接触器，KM1 为 Y 形连接接触器，KM2 为三角形连接接触器。其启动过程如下。

按下启动按钮 SB1，动合触点 X000 为"1"，输出继电器 Y000 为"1"并保持，Y000 为"1"使 Y001 也为"1"，接触器 KM、KM1 同时通电，电动机成星形连接，开始启动，同时定时器 T0 开始计时。

当定时器 T0 延时时间（启动时间）到后，T0 动断触点使 Y001 为"0"（同时使 T0 复

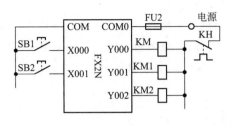

(b) PLC外部接线

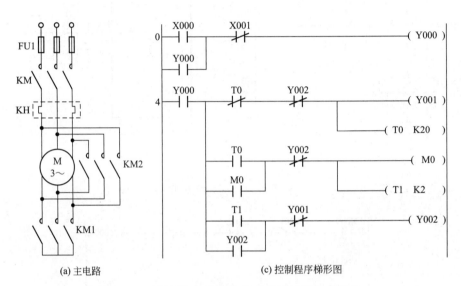

(a) 主电路　　　　　　(c) 控制程序梯形图

图 7-26　三相异步电动动机 Y-△启动控制的主回路、
PLC 外部接线及控制程序梯形图

位），切断星形连接接触器 KM1，电动机失电（此时电动机已启动到某一转速并由于惯性继续转动），T0 动合触点使 M0 为"1"并保持，定时器 T1 开始计时。

经延时后，T1 动合触点使输出继电器 Y002 为"1"，使三角形连接接触器 KM2 闭合，电动机成三角形连接继续启动到额定转速后进入正常运行，Y002 动断触点使定时器 T1 复位。

定时器 T0 和 T1 只在启动过程中提供 Y-△变换所需的延时时间，正常工作后不起作用。按下停止按钮 SB2，动断触点 X001 为"0"，使输出继电器 Y000 断开，切断电源接触器 KM，电动机失电停止。

（4）交通灯的 PLC 控制设计

城市道路十字路口交通灯的工作过程是大家非常熟悉的，以往多采用电子逻辑电路来实现对信号灯的控制，若采用 PLC 来控制则非常简单。十字路口交通信号灯的设置如图 7-27 所示。

① 确定控制任务。

十字路口的交通灯共有 12 个，同一方向的两组红、黄、绿灯的变化规律相同。所以，十字路口的交通灯的控制就是一双向红、黄、绿灯的控制。

对双向红、黄、绿灯控制的时序图如图 7-28 所示，它是程序设计的主要依据。

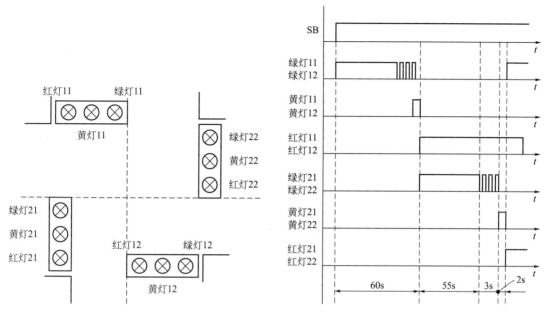

图 7-27　十字路口交通信号灯的设置图　　　　图 7-28　对双向红、黄、绿灯控制的时序图

② 输入、输出地址分配。

输入信号是启动信号，而输出信号可以是 12 个或 6 个信号，这里采用 6 个输出信号的方案，也就是同一方向同一个颜色、相同功率的两个灯并联由一个输出信号控制。输入、输出地址的分配如表 7-2 所示。

表 7-2　现场信号与 PLC 地址分配表

现场信号		PLC 地址	说明
输入	启动 SB	X000	
输出	红灯 11	Y000	南北方向
	红灯 12		
	绿灯 11	Y001	
	绿灯 12		
	黄灯 11	Y002	
	黄灯 12		
	红灯 21	Y010	东西方向
	红灯 22		
	绿灯 21	Y011	
	绿灯 22		
	黄灯 21	Y012	
	黄灯 22		

③ PLC 实际连线图。

根据表 7-2 画出 PLC 与现场信号的实际连线图（图 7-29）。

④ 程序梯形图。

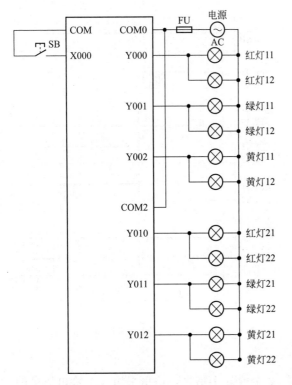

图 7-29　PLC与现场信号的实际连线图

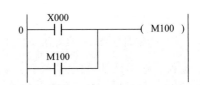

图 7-30　开始信号的处理程序梯形图

由图 7-28 可知，两个方向的红、黄、绿灯控制的时序相同。在一组红灯亮 60s 的期间，另一组绿灯亮 55s 后闪烁 3 次共 3s，接着黄灯亮 2s。黄灯熄灭后，一个 60s 结束，接着另一个 60s 开始。

通过上述分析可知，这是一个按时间原则的顺序控制，主要设计一组灯的控制程序即可，而另一组灯的控制程序可套用此程序。

整个程序可以分为开始信号的处理、定时时间控制程序和信号灯的控制程序等三个部分。

a. 开始按钮 SB 的读取与保持。

当按下 SB 按钮后，交通灯开始工作，并一直保持，因此其控制程序梯形图如图 7-30 所示。可知，当按下按钮 SB 后，M100 始终为 "1"，这是交通灯工作的条件。

b. 定时时间控制程序。

两组红灯交替亮 60s，两组绿灯 3s 闪烁 3 次，因此可用两组定时器分别产生 60s 和 0.5s 两个周期脉冲信号来实现上述控制要求。程序梯形图和周期脉冲信号如图 7-31 所示。

由图 7-31 可知，当 M100 为 "1" 时，T0 和 T1 以及 T10 和 T11 两组定时器工作分别使 T0 和 T10 输出 60s 和 0.5s 的周期信号。因此，可以用 T0 为 "1" 时控制一个方向的红灯亮，而 T0 为 "0" 时控制另一个方向的红灯亮，60s 周期信号保证两个方向的红灯交替亮与灭。T10 则控制绿灯的闪烁。

⑤ 信号灯控制程序。

利用上述两个周期信号，交通灯的控制程序梯形图见图 7-32。

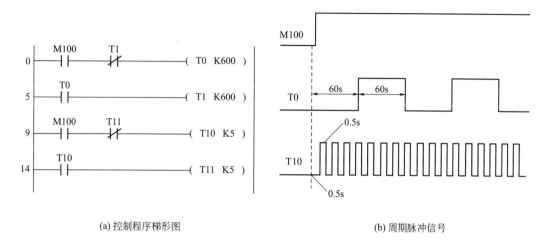

(a) 控制程序梯形图 　　　　　　　　　　(b) 周期脉冲信号

图 7-31　控制程序梯形图和周期脉冲信号

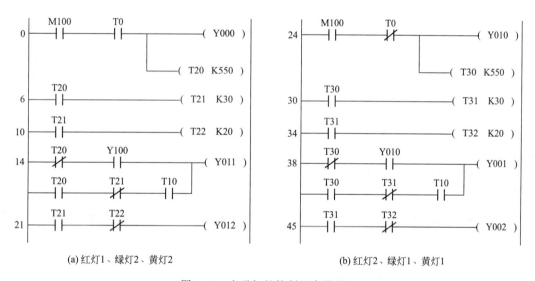

(a) 红灯1、绿灯2、黄灯2 　　　　　　　(b) 红灯2、绿灯1、黄灯1

图 7-32　交通灯的控制程序梯形图

7.5　状态转移图与步进指令

(1) 状态转移图

状态转移图（SFC，sequential function chart）是描述控制系统的控制过程、功能和特性的一种图形，是基于状态（工序）的流程以机械控制的流程来表示的，状态转移图如图 7-33 所示。

FX2N 系列 PLC 共有状态器 S0～S999。

S0～S9 为初始状态；

S10～S499 为普通型；

S10～S19 在功能指令（FNC60）IST 的使用中被用作回零状态器；

S500～S899 为断电保持型；

S900～S999 为信号报警型。

在状态转移图中，用矩形框来表示"步"或"状态"，方框中用状态器 S 及其编号表示。

与控制过程的初始情况相对应的状态称为初始状态，每个状态的转移图应有一个初始状态，初始状态用双线框来表示。与步相关的动作或命令用与步相连的梯形图符号来表示。当某步激活时，相应动作或命令被执行。一个活动步可以有一个或几个动作或命令被执行。

步与步（状态与状态）之间用有向线段来连接，如果进行方向是从上到下或从左到右，则线段

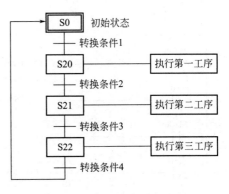

图 7-33　状态转移图表示法

上的箭头可以不画，状态转移图中，会发生步的活动状态的进展，该进展按有向连续规定的线路进行，这种进展是由转换条件的实现来完成的。

转换的符号是一条短划线，它与步间的有向连接线段相垂直。在短划线旁可用文字语言、布尔表达式或图形符号标注转换条件。

（2）步进指令

步进指令是专门用于步进控制的指令。所谓步进控制是指在多工步的控制中，按照一定的顺序分步动作，也就是上一步动作结束后，下一步动作才开始。F 系列 PLC 中有两条步进指令：STL（步进触点）和 RET（步进返回指令）。

STL 是在顺控程序上面进行工序步进型控制的指令；RET 表示状态流程结束、返回主程序（母线）的指令。

（3）简单流程的状态转移图

① 工艺流程图与动作顺序表。

有一搬运工件的机械手，其功能是将工件从左工作台搬到右工作台，图 7-34 为工艺流程图。

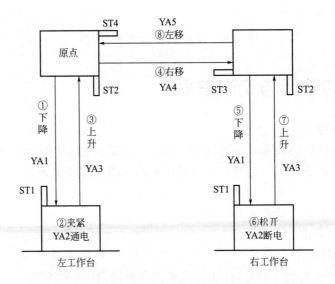

图 7-34　搬运机械手工艺流程图

机械手工作前应位于原点，不同的位置分别装有行程开关。ST1 为下限位开关，ST2 为上限位开关，ST3 为右限位开关，ST4 为左限位开关。

搬运机械手的上、下、左、右移动以及工件的夹紧，均由电磁阀驱动气缸来实现。电磁阀 YA1 通电，机械手下降；电磁阀 YA2 通电，夹紧工件；电磁阀 YA3 通电，机械手上升；电磁阀 YA4 通电，机械手右移；电磁阀 YA5 通电，机械手左移。

机械手的工作过程如下。

一个循环开始时，机械手必须在原位位置。

按下启动按钮 SB1，下降电磁阀 YA1 通电，机械手由原点下降，碰到下限位开关 ST1 后，停止下降；夹紧电磁阀 YA2 通电，将工件夹紧，为保证工件可靠夹紧，机械手在该位置等待 3s；上升电磁阀 YA3 通电，机械手开始上升，碰到上限位开关 ST2 后，停止上升；右移电磁阀 YA4 通电，机械手右移动，碰到右限位开关 ST3 后，停止右移；下降电磁阀 YA1 通电，机械手下降，碰到下限位开关 ST1 后，停止下降；夹紧电磁阀 YA2 失电，将工件松开，放在右工作台上，为确保可靠松开，机械手在该位置停留 2s；上升电磁阀 YA3 通电，机械手上升，碰到上限位开关后，停止上升；左移电磁阀 YA5 通电，机械手左移，回到原点，压在左限位开关 ST4 和上限位开关 ST2 上，各电磁阀均失电，机械手停在原位。再按下启动按钮时，又重复上述过程。表 7-3 为机械手的动作顺序表，表中，SB1 为启动按钮，HL 为原点指示灯。

表 7-3 机械手动作顺序表

步序	输入条件	输出状态					
		YA1 通电下降	YA2 通电夹紧	YA3 通电上升	YA4 通电右移	YA5 通电左移	HL 灯
原点	ST2・ST4	−	−	−	−	−	+
下降	SB1	+	−	−	−	−	−
夹紧	ST1	−	+	−	−	−	−
上升	KT1	−	+	+	−	−	−
右移	ST2	−	+	−	+	−	−
下降	ST3	+	+	−	−	−	−
松开	ST1	−	−	−	−	−	−
上升	KT2	−	−	+	−	−	−
左移	ST2	−	−	−	−	+	−

注："+"表示通电状态；"−"表示不通电状态。

② 现场信号与 PLC 输入、输出接点的连接。

表 7-4 为现场信号与 PLC 输入、输出连线表，它表示了机械手各位置检测信号和执行元件与 PLC 输入、输出接点的连接。

表 7-4 现场信号与 PLC 输入、输出连线表

现场器件		内部继电器地址	说明
输入	SB1	X000	启动按钮
	ST1	X001	下限位开关
	ST2	X002	上限位开关
	ST3	X003	右限位开关
	ST4	X004	左限位开关

续表

现场器件	内部继电器地址	说明
输出　YA1	Y001	下降电磁阀
YA2	Y002	夹紧电磁阀
YA3	Y003	上升电磁阀
YA4	Y004	右移电磁阀
YA5	Y005	左移电磁阀
HL	Y000	原位指示灯

③ PLC 与现场器件的实际连线图。

根据表 7-4 画出 PLC 与现场器件的实际连线图（安装图），如图 7-35 所示。

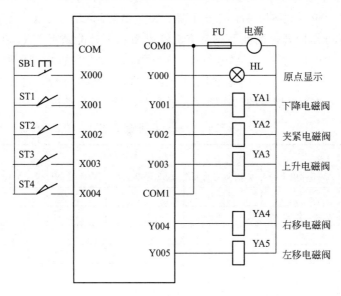

图 7-35　PLC 与现场器件的实际连线图

④ 状态转移图。

根据图 7-35 所示硬件电路连线图，满足机械手控制任务的状态转移图程序如图 7-36 所示。但在这个程序中，两次出现了 Y001 和 Y003，这是不允许的。因此要用辅助继电器代替，正确的程序状态转移图为图 7-37。

在图 7-37 中，由于 M100 和 M101 有一个为"1"时，就要使 Y001 为"1"，M102 和 M103 有一个为"1"时，就要使 Y003 为"1"，因此，必须在图 7-37 程序的基础上，再加一段如图 7-38 所示的程序。

在图 7-37 的状态转移图中，S1 为初始状态（在三菱 FX2N PLC 中 S0～S9 可作为初始状态元件），S20～S27 分别表示机械手完成搬运任务的 8 个顺序动作的状态元件。在状态转移图中，一定以初始状态元件开始，最后一个动作结束后必须返回到初始状态元件，表示不同动作的状态元件按动作的先后顺序依次从上至下排列，状态元件号可以是不连续的。

(4) 选择性分支流程的状态转移图

图 7-39 所示为使用传输机将大球、小球分类后分别传送的系统。

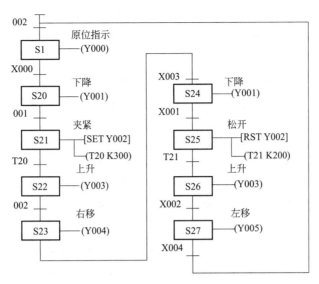

图 7-36　有双线圈输出的错误状态转移图程序

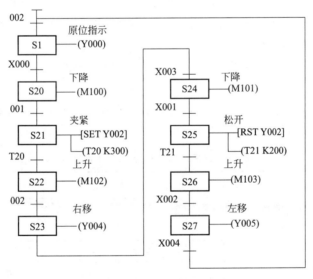

图 7-37　正确的程序状态转移图

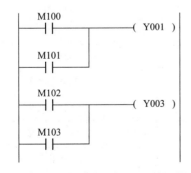

图 7-38　由 M100、M101 控制 Y001 以及 M102、M103 控制 Y003 的程序

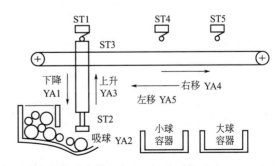

图 7-39　将大球、小球分类后分别传送的系统

机械手工作前应位于原点。不同的位置分别装有行程开关。ST1 为左限位开关，ST2 为下限位开关，ST3 为上限位开关，ST4 为小球容器位置开关，ST5 为大球容器位置开关。

机械手的上、下、左、右移动以及抓球，均由电磁阀驱动气缸来实现。YA1 通电，机械手下降；YA2 通电，夹紧工件；YA3 通电，机械手上升；YA4 通电，机械手右移；YA5 通电，机械手左移。

机械手的工作过程如下。

一个循环开始时，机械手必须在原位位置。

按下启动按钮 SB1，机械手先由原点下降，延时时间到后，停止下降，气缸移动到极限位置；若碰到的是下限位开关 ST2，则要抓的是小球，否则要抓的是大球。根据抓的是大球还是小球，左移运动就要选择，因此属选择性分支流程。

当要抓的是小球时，夹紧电磁阀 YA2 动作抓球，为保证工件可靠夹紧，机械手在该位置等待 1s；延时时间到后，机械手开始上升，碰到上限位开关 ST3 后，停止上升，改向右移动；移到碰到小球容器位置开关 ST4 时，停止右移，改为下降，碰到下限位开关 ST2 后，机械手将球放下，放在小容器内；为确保可靠放下，机械手在该位置停留 1s，然后上升，碰到上限位开关后改为左移，回到原点，压在左限位开关 ST1 和上限位开关 ST3 上，各电磁阀均失电，机械手停在原位。

当要抓的是大球时，运动过程与小球基本相同，但右移必须碰到大球容器位置开关 ST5 后再下移。

表 7-5 为外部信号与 PLC 的连线表，它表示了输入、输出信号与 PLC 的连接。根据表 7-5 可得分支流程状态转移图（图 7-40）。

表 7-5   分拣外部信号与 PLC 的连线表

外部信号		PLC 接线	说明
输入	ST1	X001	左限位开关
	ST2	X002	下限位开关
	ST3	X003	上限位开关
	ST4	X004	小球容器位置开关
	ST5	X005	大球容器位置开关
	SB1	X006	启动按钮
	SQ1	X007	大小球检测
输出	YA1	Y000	下移动电磁阀
	YA2	Y001	抓球电磁阀
	YA3	Y002	上移电磁阀
	YA4	Y003	右移电磁阀
	YA5	Y004	左移电磁阀

(5) 状态转移图的编程方法

很多 PLC 需要将状态转移图转换成梯形图或指令语句表，在状态转移图中，每个状态

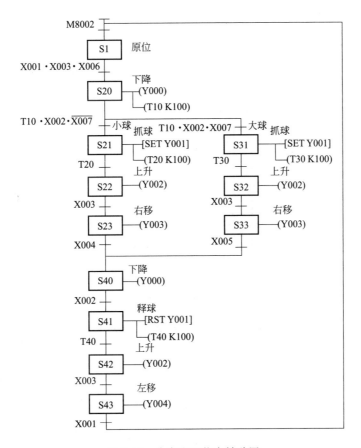

图 7-40　分支流程状态转移图

具有驱动负载、指定转移条件以及指定转移目标三个功能，如图 7-41 所示。

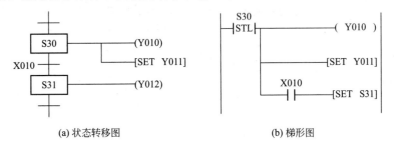

(a) 状态转移图　　　　　　(b) 梯形图

图 7-41　状态转移图的功能

对于图 7-41(a) 中的状态 S30，对应梯形图 [图 7-41(b)] 的语句表如下：

STL　　S30
OUT　　Y010
SET　　Y011
LD　　X010
SET　　S31

编程中对 Y010、Y011 进行编程的部分称为负载驱动，指定的转移条件为 X010，读取

X010 的状态并置位 S31 的程序称为转移处理。由程序可以看出，对于一个状态的编程顺序是先进行输出处理，接着进行转移处理。

① 简单流程状态转移图的编程。

简单流程状态转移图如图 7-42 所示，对应的语句如表 7-6 所示。

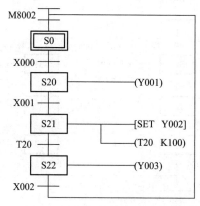

图 7-42　简单流程状态转移图

表 7-6　对应图 7-42 的编程语句表

LD M8002 SET S0	初始状态
STL S0 LD X000 SET S20	状态 S0
STL S20 OUT Y001 LD X001 SET S21	状态 S20
STL S21 SET Y002 OUT T20 K100 LD T20 SET S22	状态 S21
STL S22 OUT Y003 LD X002 OUT S0	状态 S22 （返回初始状态时必须使用 OUT 指令）
RET	结束时必须使用 RET 指令

程序执行时，初始状态 S0 在 PLC 由 "STOP" 状态转换到 "RUN" 时或一个循环结束时被驱动置 "1"，除初始状态以外的其他一般状态元件必须在其他状态元件后由 SET 指令驱动置 "1"，不能脱离状态而用其他方式驱动置 "1"。

② 选择性分支流程状态转移图的编程。

选择性分支流程状态转移图如图 7-43 所示，对应的语句如表 7-7 所示。

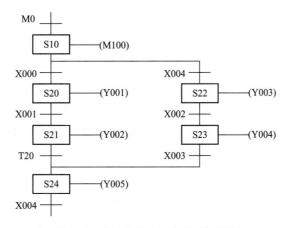

图 7-43　选择性分支流程状态转移图

表 7-7　对应图 7-43 的编程语句表

LD　　M0 SET　　S10 STL　　S10 OUT　　M100 LD　　X000 SET　　S20 LD　　X004 SET　　S22	分支前及分支处理	STL　　S22 OUT　　Y003 LD　　X002 SET　　S23 STL　　S23 OUT　　Y004	第 2 分支
STL　　S20 OUT　　Y001 LD　　X001 SET　　S21 STL　　S21 OUT　　Y002	第 1 分支	STL　　S21 LD　　T20 SET　　S24 STL　　S23 LD　　X003 SET　　S24	合并处理
		STL　　S24 OUT　　Y005	合并后

③ 并行性分支流程状态转移图的编程。

并行性分支流程状态转移图如图 7-44 所示，对应的编程语句如表 7-8 所示。

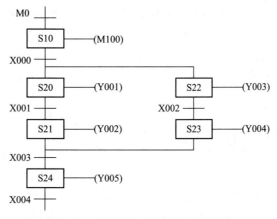

图 7-44　并行性分支流程状态转移图

表 7-8　对应图 7-44 的编程语句表

LD M0 SET S10 STL S10 OUT M100 LD X000 SET S20 SET S22	分支前及分支处理	STL S22 OUT Y003 LD X002 SET S23 STL S23 OUT Y004	第 2 分支
STL S20 OUT Y001 LD X001 SET S21 STL S21 OUT Y002	第 1 分支	STL S21 STL S23 LD X003 SET S24	合并处理
		STL S24 OUT Y005	合并后

7.6 功能指令

功能指令即针对特定功能，对应编写计算机程序形成 PLC 编程时可直接调用的指令。

7.6.1 功能指令的表达形式

每一条功能指令都有一个功能号：FNC00～FNC250。

每一条功能指令都有一个助记符（图 7-45）。

MEAN FNC45　操作元件：

				[S]				
K,H	KnX	KnY	KnM	KnS	T	C	D	V,Z
		[D]						

图 7-45　功能指令的表示方法

[S]——源操作数，如果源操作数不止一个，可用 [S1]、[S2] 表示；

[D]——目标操作，如果目标操作数不止一个，可用 [D1]、[D2] 表示；

$n(m)$——其他操作数，常常用来表示数制（十进制、十六进制）或作为源和目标的补充说明，如图 7-46 所示。

MEAN——求平均值；

D0——源数据的首地址；

D4——目标地址；

3——三个源数据。

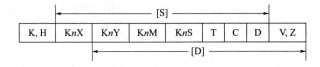

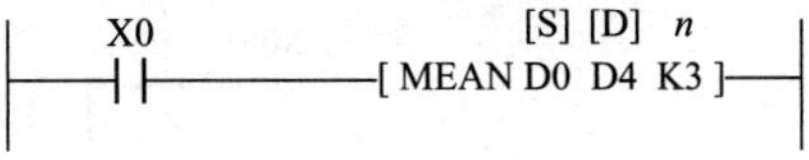

图 7-46　功能指令的应用举例

当 X0=1 时　$\dfrac{(D0)+(D1)+(D2)}{3} \rightarrow D4$

7.6.2 数据长度

功能指令可处理字数据和双字数据；如果 PLC 的字长 16 位，即可处理 16 位数据和 32

位数据；处理 16 位数据和 32 位数据的指令是由指令前有无字母 D 来区分的，如图 7-47 所示。

当 X0=1 时，将 D0 中的 16 位数据传送到 D10 中；

当 X1=1 时，将 D1、D0 组成的 32 位数据传送到 D11、D10 组成的 32 位数据寄存器中。

X0
MOV D0 D10
X1
DMOV D0 D10

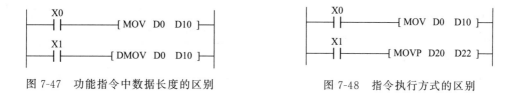

图 7-47 功能指令中数据长度的区别

X0
MOV D0 D10
X1
MOVP D20 D22

图 7-48 指令执行方式的区别

7.6.3 指令执行方式

功能指令有脉冲执行和连续执行两种方式；脉冲执行和连续执行是由指令后有无字母 P 来区分的，如图 7-48 所示。

当 X0=1 时，每个扫描周期都执行将 D0 中的数据传送到 D10 中；

当 X1=1 时，第一个扫描周期都执行将 D20 中的数据传送到 D22 中。

7.6.4 功能指令简介

(1) 条件跳转指令

条件跳转指令如下，其实例见图 7-49。

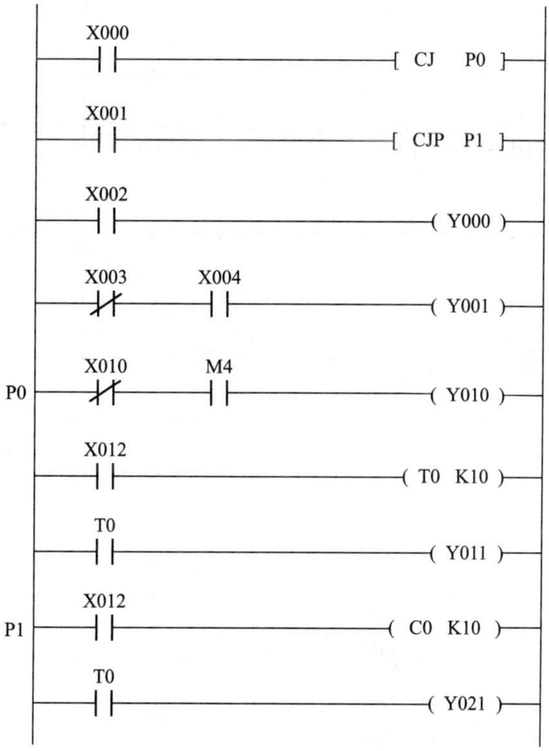

X000
CJ P0
X001
CJP P1
X002
Y000
X003
X004
Y001
X010
M4
P0
Y010
X012
T0 K10
T0
Y011
X012
P1
C0 K10
T0
Y021

图 7-49 条件跳转指令应用实例

CJ　　　　　FNC00

CJP

操作元件：指针 P0～P63。

(2) 调用指令

CALL　　　　FNC01　　调用子程序；

CALLP

SRET　　　　FNC02　　子程序返回。

操作元件：指针 P0～P62。

当 X000＝1 时，调用地址为 P0 的子程序，执行结束后返回到主程序；

当 X001＝1 时的第一个扫描周期，调用地址为 P1 的子程序，执行结束后返回到主程序（图 7-50）。

(3) 中断指令

中断指令如下，其应用实例见图 7-51。

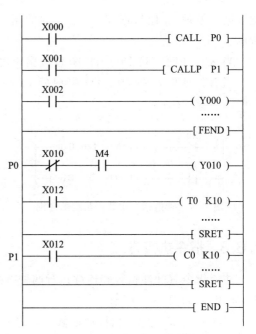

图 7-50　调用指令应用实例

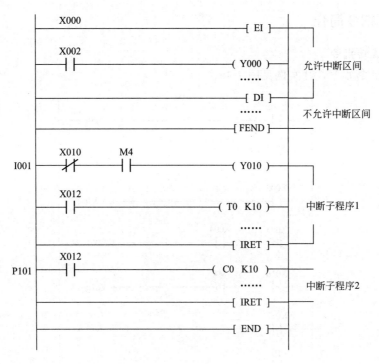

图 7-51　中断指令应用实例

IRET　　　　FNC03　　中断返回；

EI　　　　　FNC04　　允许中断；

DI　　　　　FNC05　　禁止中断。

中断种类：高速计数器中断（6）；定时中断（3）；输入中断（6）。

(4) 主程序结束指令

FEND   FNC06

所有子程序都应放在主程序结束指令的后面。

(5) 循环指令

图 7-52 为循环指令表示，图 7-53 给出循环指令的应用实例。

图 7-52　循环指令表示

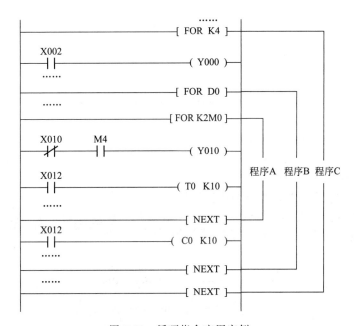

图 7-53　循环指令应用实例

操作元件给出循环次数：

如果 D0＝4，M0＝M1＝M3＝1，M2＝M4＝M5＝M6＝M7＝0（00001011）；

则：

程序 C 执行 4 次（常数 K＝4）；

程序 B 执行 4×4 次（D0＝4）；

程序 A 执行 4×4×11 次（K2M0 对应的循环次数为 11）。

(6) 比较指令

将两个源元件指定的数据（16 位或 32 位）进行比较，比较的结果不同，分别改变目标元件所指定的位元件的状态（图 7-54）。

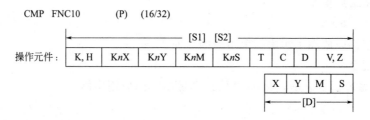

图 7-54　比较指令表示

由图 7-55 可知，执行的条件：当 X0＝1 时，比较指令被执行；

执行的结果：

C20 的当前值＞100 时，M10＝1；

C20 的当前值＝100 时，M11＝1；

C20 的当前值＜100 时，M12＝1。

图 7-55　比较指令应用实例

(7) 传送指令

将源元件指定的数据传送到目标元件中去（图 7-56）。

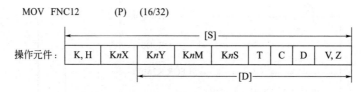

图 7-56　传送指令表示

由图 7-57 可知，第一条指令：

执行的条件：当 X1＝1 时的每个扫描周期；

执行的结果：（D10）＝100。当（D10）＝100 后，如果没有其他指令改变 D10 的值，则 D10 的值保持不变。

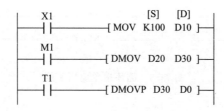

图 7-57　传送指令应用实例

第二条指令：

执行的条件：当 M1＝1 时的每个扫描周期；

执行的结果：（D31，D30）＝（D21，D20）。

第三条指令：

执行的条件：当 T1 的状态由 0 变 1 时；

执行的结果：（D31，D30）＝（D1，D0）。

(8) 移位传送指令

将源元件指定的数据转换成 BCD 码，然后进行指定的传送（图 7-58）。

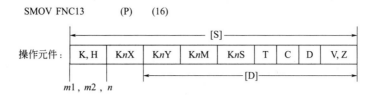

图 7-58　移位传送指令表示

$m1$：指定源 BCD 码的起始位数（高位）；

$m2$：指定要传送 BCD 码的总位数；

n：指定目标元件的起始位数（高位）。

由图 7-59 可知，执行的条件：当 X1＝1 时的每个扫描周期；

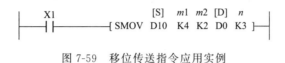

图 7-59　移位传送指令应用实例

执行的结果：见图 7-60。

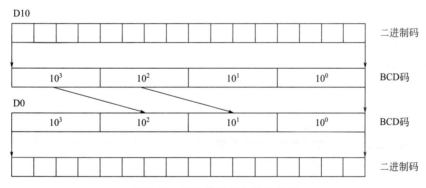

图 7-60　移位传送指令数据传送

(9) 二进制加法

将源元件指定的两个数据进行二进制加后，送到目标元件所指定元件中去（图 7-61）。

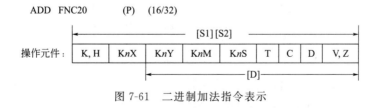

图 7-61　二进制加法指令表示

由图 7-62 可知，执行的条件：当 X010＝1 时的每个扫描周期；

执行的结果：（D11，D10）＋（D13，D12）→（D21，D20）；

执行指令前：（D11，D10）＝158；

$(D13，D12) = -100;$

执行指令后：$(D21，D20) = 58$。

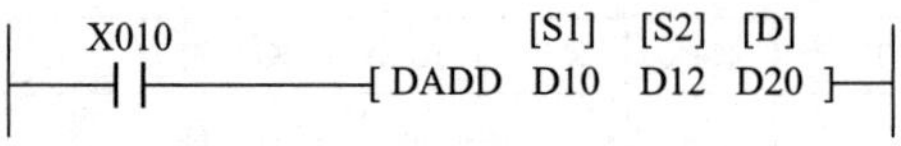

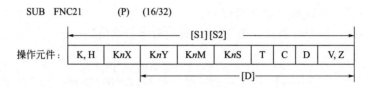

图 7-62　二进制加法指令应用实例

(10) 二进制减法

将源元件 1 指定的数据减去源元件 2 指定的数据，结果送到目标元件所指定元件中去（图 7-63）。

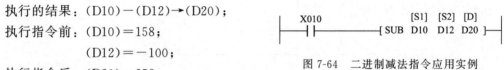

图 7-63　二进制减法指令表示

由图 7-64 可知，执行的条件：当 X010＝1 时的每个扫描周期；

执行的结果：$(D10) - (D12) \rightarrow (D20)$；

执行指令前：$(D10) = 158$；

$(D12) = -100$；

执行指令后：$(D20) = 258$。

图 7-64　二进制减法指令应用实例

(11) 加 1 和减 1 指令

目标元件指定的数据加 1 或减 1 后再送到目标元件中去（图 7-65）。

图 7-65　加 1 和减 1 指令表示

由图 7-66 可知，执行的条件：当 X010 由 0 变 1 时执行一次。

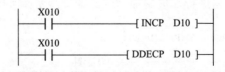

图 7-66　加 1 和减 1 指令应用实例

第一条指令：$(D10) + 1 \rightarrow D10$；

第二条指令：$(D11，D10) + 1 \rightarrow (D11，D10)$。

(12) 逻辑指令

逻辑指令表示见图 7-67，其应用见图 7-68，其数据传送见图 7-69。

第一条指令：

图 7-67 逻辑指令表示

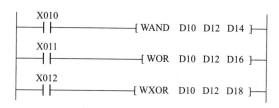

图 7-68 逻辑指令应用实例

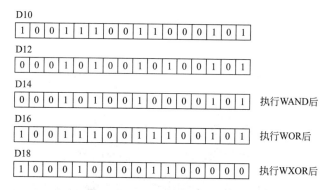

图 7-69 逻辑指令数据传送

执行条件：X010＝1 的每个扫描周期；

执行结果：D10 与 D12 的数据按位与，结果 →D14。

第二条指令：

执行条件：X011＝1 的每个扫描周期；

执行结果：D10 与 D12 的数据按位或，结果 →D16。

第三条指令：

执行条件：X012＝1 的每个扫描周期；

执行结果：D10 与 D12 的数据按位异或，结果 →D18。

习 题

7.1 PLC 由哪几个主要部分组成？各部分的作用是什么？

7.2 输入、输出接口电路中的光电耦合器件的作用是什么？

7.3 何谓扫描周期？试简述 PLC 的工作过程。

7.4 PLC 有哪些主要特点？

7.5　用 SET 和 KST 控制电动机接通与断开

①I.O 分配，画 PLC 接线图；

②画梯形图；

③写出指令语句表。

7.6　设计 PLC 控制汽车拐弯灯的梯形图。具体要求是：汽车驾驶台上有一开关，有三个位置分别控制左闪灯亮、右闪灯亮和关灯。

当开关板到 S1 位置时，左闪灯亮（要求亮、灭时间各为 1s）；当开关扳到 S2 时，右闪灯亮（要求亮、灭时间各为 1s）；当开关扳到 S0 位置时，关断左、右闪灯。

7.7　试用 PLC 设计按行程原则实现机械手的夹紧-正转-放松-反转-回原位的控制。

7.8　如图 7-70 所示为由三段组成的金属板传送带，电动机1、2、3分别用于驱动三段传送带，传感器（采用接近开关）1、2、3用来检测金属板的位置。

当金属板正在传送带上传送时，其位置由一个接近开关检测，接近开关安放在两段传送带相邻接的地方，一旦金属板进入接近开关的检测范围，可编程序控制器便发出一个控制输出，使下一个传送带的电动机投入工作，定时器开始计时，在达到整定时间时，上一个传送带电动机便停止运行，即只有载有金属板的传送带在运转，而未载有金属板的传送带则停止运行。这样就可节省能源。

试用 PLC 实现上述要求的自动控制。

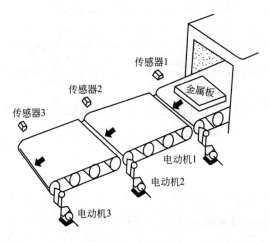

图 7-70　题 7.8 图

7.9　试设计一条用 PLC 控制的自动装卸线。自动装卸线机构如图 7-71 所示。电动机 M1 驱动装料机加料，电动机 M2 驱动料车升降，电动机 M3 驱动卸料机卸料。

装卸线操作过程是：

①料车在原位，显示原位状态，按启动按钮，自动线开始工作；

②加料定时 5s，加料结束；

③料车上升；

④上升到位，自动停止移动；

⑤料车自动卸料；

⑥卸料 10s，料车复位并下降；

⑦下降到原位，料车自动停止移动。

要求：能实现单周装卸及连续循环操作。

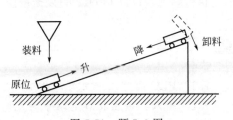

图 7-71　题 7.9 图

第8章
电力电子器件

半导体器件目前正向两个方面迅速发展,一是往集成电路方面发展,形成微(弱)电子学,二是往电力半导体器件方面发展,形成电力(强)电子学。电力电子学的任务是利用电力半导体器件和线路来实现电功率的变换和控制。

8.1 电力半导体器件

8.1.1 晶闸管

晶闸管(silicon controlled rectifier,SCR)是在半导体二极管、三极管之后发现的一种新型的大功率半导体器件,它是一种可控制的硅整流元件,亦称可控硅整流器。晶闸管的出现起到了弱电控制与强电输出之间的桥梁作用,发展异常迅速,这是因为它有下述一系列的优点。

① 用很小的功率(电流约几十至一百毫安,电压约 $2 \sim 4V$)可以控制较大的功率(电流自几十至几千安,电压自几百至几千伏),功率放大倍数可以达到几十万倍。

② 控制灵敏、反应快,晶闸管的导通和截止时间都在微秒级,损耗小、效率高,晶闸管本身的压降很小(仅 1V 左右),总效率可达 97.5%。

③ 体积小、重量轻。

此外,由于它没有机械触点,所以无机械磨损,改善了工作条件,而且维护方便,工作中一旦出现故障,只需将备用插件换上即可。

晶闸管虽有上述许多优点,但也存在如下缺点。

① 过载能力弱,在过电流、过电压情况下很容易损坏,要保证其可靠工作,在控制电路中要采取保护措施,在选用时,其电压、电流应适当留有余量。

② 抗干扰能力差,易受冲击电压的影响,当外界干扰较强时,容易产生误动作。

③ 导致电网电压波形畸变,高次谐波分量增加,干扰周围的电气设备。

④ 控制电路比较复杂,对设计人员的技术水平要求高。

在实践中,应该充分发挥晶闸管有利的一面,同时采取必要措施消除其不利的一面。采用晶闸管作为整流放大元件组成的晶闸管控制系统,已获得广泛的应用。

(1) 晶闸管的结构与工作原理

图 8-1 所示为晶闸管的外形、结构和电气图形符号。从外形上来看,晶闸管主要有螺栓形和平板形两种封装结构,均引出阳极 A、阴极 K 和门极(控制端)G 三个连接端。对于

螺栓形封装，通常螺栓是其阳极，做成螺栓状是为了能与散热器紧密连接且安装方便；另一侧较粗的端子为阴极，细的为门极。平板形封装的晶闸管可由两个散热器将其夹在中间，两个平面分别是阳极和阴极，引出的细长端子为门极。

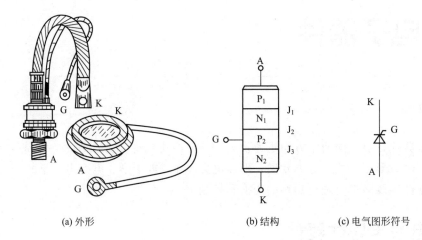

(a) 外形   (b) 结构   (c) 电气图形符号

图 8-1　晶闸管的外形、结构和电气图形符号

晶闸管内部是 PNPN 四层半导体结构，分别命名为 P_1、N_1、P_2、N_2 四个区。P_1 区引出阳极 A，N_2 区引出阴极 K，P_2 区引出门极 G。四个区形成 J_1、J_2、J_3 三个 PN 结。如果正向电压（阳极高于阴极）加到器件上，则 J_2 处于反向偏置状态，器件 A、K 两端之间处于阻断状态，只能流过很小的漏电流；如果反向电压加到器件上，则 J_1 和 J_3 反偏，该器件也处于阻断状态，仅有极小的反向漏电流通过。

晶闸管导通的工作原理可以用双晶体管模型来解释，如图 8-2 所示。如在器件上取倾斜的截面，则晶闸管可以看作由 $P_1N_1P_2$ 和 $N_1P_2N_2$ 构成的两个晶体管 V1、V2 组合而成。如果外电路向门极注入电流 I_G，也就是注入驱动电流，则 I_G 流入晶体管 V2 的基极，即产生集电极电流 I_{c2}，它构成晶体管 V1 的基极电流，放大成集电极电流 I_{c1}，又进一步增大 V2 的基极电流，如此形成强烈的正反馈，最后 V1 和 V2 进入完全饱和状态，即晶闸管导通。此时如果撤掉外电路注入门极的电流 I_G，则晶闸管由于内部已形成了强烈的正反馈

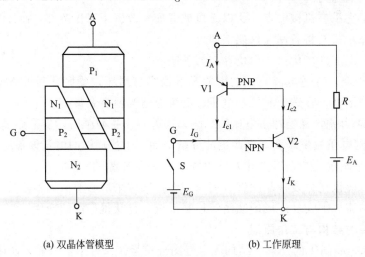

(a) 双晶体管模型   (b) 工作原理

图 8-2　晶闸管的双晶体管模型及其工作原理

会仍然维持导通状态。而若要使晶闸管关断，则必须去掉阳极所加的正向电压，或者给阳极施加反压，或者设法使流过晶闸管的电流降低到接近于零的某一数值以下。所以，对晶闸管的驱动过程更多的是称为触发，产生注入门极的触发电流 I_G 的电路称为门极触发电路。也正是由于通过其门极只能控制其开通，不能控制其关断，晶闸管才被称为半控型器件。

在晶闸管的阳极与阴极之间加反向电压时，有两个 PN 结处于反向偏置，在阳极与阴极之间加正向电压时，中间的那个 PN 结处于反向偏置，所以，晶闸管都不会导通（称为阻断）。那么，晶闸管是怎样工作的呢？下面，通过实验来观察晶闸管的工作情况。

如图 8-3（a）所示，主电路加上交流电压，控制极电路接入 E_g，在 t_1 瞬间合上开关 S，在 t_4 瞬间拉开开关 S，则电阻 R_L 上的电压 u_d 的波形如图 8-3（b）所示。

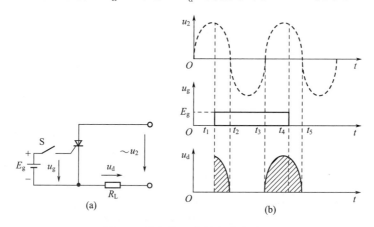

图 8-3　晶闸管工作情况的实验图

可见，当 $t=t_1$ 时刻，晶闸管阳极对阴极的电压为正，由于开关 S 合上，使得控制极对阴极的电压为正，所以，晶闸管导通，晶闸管压降很小，电源电压 u_2 加于电阻 R_L 上；当 $t=t_2$ 时刻，由于 $u_2=0$，所以，流过晶闸管电流小于维持电流，晶闸管关断，之后，晶闸管承受反向电压不会导通；当 $t=t_3$ 时，u_2 从零变正，晶闸管的阳极对阴极又开始承受正向电压，这时，控制极对阴极有正电压 $u_g=E_g$，所以，晶闸管又导通，电源电压 u_2 再次加于 R_L 上；当 $t=t_1$ 时，$u_g=0$，但由于这时晶闸管处于导通状态，则维持导通；当 $t=t_5$ 时，由于 $u_2=0$，晶闸管又关断，晶闸管处于阻断状态。这种现象称为晶闸管的可控单向导电性。

根据晶闸管的内部结构，可以把它等效地看成是两只晶体管的组合，其中，一只为 PNP 型晶体管 VT1；另一只为 NPN 型晶体管 VT2，中间的 PN 结为两管共用，如图 8-4 所示。

当晶闸管的阳极与阴极之间加上正向电压时，这时 VT1 和 VT2 都承受正向电压，如果在控制极上加一个对阴极为正的电压，就有控制电流 I_g 流过，它就是 VT2 的基极电流 I_{b2}，经过 VT2 的放大，在 VT2 的集电极就产生电流 $I_{c2}=\beta_2 I_{b2}=\beta_2 I_g$（$\beta_2$ 为 VT2 的电流放大系数），而这个 I_{c2} 又恰恰是 VT1 的基极电流 I_{b1}，这个电流再经过放大的作用，便得到 VT1 的集电极电流 $I_{c1}=\beta_1 I_{b1}=\beta_1 \beta_2 I_g$（$\beta_1$ 为 VT1 的电流放大系数），由于 VT1 的集电极和 VT2 的基极是接在一起的，所以这个电流又流入 VT2 的基极，再次放大。如此循环下去，形成了强烈的正反馈，即 $I_g=I_{b2} \rightarrow I_{c2}=\beta_2 I_{b2}=I_{b1} \rightarrow I_{c1}=\beta_1 \beta_2 I_g$，直至元件全部导通为

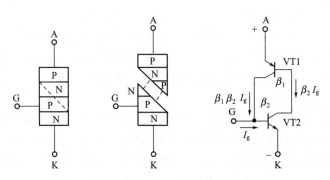

图 8-4　晶闸管的工作原理

止，这个导通过程是在极短的时间内完成的，一般不超过几微秒，称为"触发导通过程"。在晶闸管导通后，VT2 的基极始终有比控制电流 I_g 大得多的电流流过，因此，当晶闸管一经导通，控制极即使去掉控制电压，晶闸管仍可保持导通。

当晶闸管阳极与阴极间加反向电压时，VT1 和 VT2 便都处于反向电压作用下，它们都没有放大作用，这时即使加入控制电压，导通过程也不可能产生。如果起始时，控制电压没加入或极性接反，由于不可能产生起始的 I_g，这时即使阳极加上正向电压，晶闸管也不能导通。

综上所述可得以下结论：

① 起始时若控制极不加电压，则不论阳极加正向电压还是反向电压，晶闸管均不导通，这说明晶闸管具有正、反向阻断能力。

② 晶闸管的阳极和控制极同时加正向电压时晶闸管才能导通，这是晶闸管导通必须同时具备的两个条件。

③ 在晶闸管导通之后，其控制极就失去控制作用，欲使晶闸管恢复阻断状态，则必须把阳极正向电压降低到一定值（或断开、或反向）。

晶闸管的 PN 结可通过几十～几千安的电流，因此，它是一种大功率的半导体器件，由于晶闸管导通时，相当于两只三极管饱和导通，因此阳极与阴极间的管压降为 1V 左右，而电源电压几乎全部落在负载电阻 R_L 上。

（2）晶闸管的伏安特性

晶闸管的阳极电压与阳极电流的关系，称为晶闸管的伏安特性，如图 8-5 所示。晶闸管的阳极与阴极间加上正向电压时，在晶闸管控制极开路（$I_G = 0$）情况下，开始元件中有很小的电流（称为正向漏电流）流过，晶闸管阳极与阴极间表现出很大的电阻，处于截止状态（称为正向阻断状态），简称断态。当阳极电压上升到某一数值时，晶闸管突然由阻断状态转化为导通状态，简称通态。阳极这时的电压称为断态不重复峰值电压（U_{DSM}），或称正向转折电压（U_{BO}）。导通后，元件中流过较大的电流，其值主要由限流电阻（使用时由负载）决定。在减小阳极电源电压或增加负载电阻时，阳极电流随之减小，当阳极电流小于维持电流 I_H 时，晶闸管便从导通状态转化为阻断状态。

由图 8-5 可看出，当晶闸管控制极流过正向电流 I_G 时，晶闸管的正向转折电压降低，I_G 越大，转折电压越小，当 I_G 足够大时，晶闸管正向转折电压很小，一加上正向阳极电压，晶闸管就导通。实际规定，当晶闸管元件阳极与阴极之间加上 6V 直流电压时，能使元件导通的控制极最小电流（电压）称为触发电流（电压）。

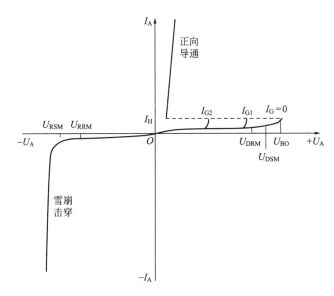

图 8-5　晶闸管的伏安特性曲线

在晶闸管阳极与阴极间加上反向电压时，开始晶闸管处于反向阻断状态，只有很小的反向漏电流流过。当反向电压增大到某一数值时，反向漏电流急剧增大，这时，所对应的电压称为反向不重复峰值电压（U_{RSM}），或称反向转折（击穿）电压（U_{BR}）。可见，晶闸管的反向伏安特性与二极管反向特性类似。

（3）晶闸管的主要参数

为了正确选用晶闸管元件，必须了解它的主要参数。一般在产品目录上给出了参数的平均值或极限值，产品合格证上标有元件的实测数据。

① 断态重复峰值电压 U_{DRM}。在控制极断路和晶闸管正向阻断的条件下，可以重复加在晶闸管两端的正向峰值电压，其数值规定比正向转折电压小 100V。

② 反向重复峰值电压 U_{RRM}。在控制极断路时，可以重复加在晶闸管元件上的反向峰值电压，此电压数值规定比反向击穿电压小 100V。

通常把 U_{DRM} 与 U_{RRM} 中较小的一个数值标作器件型号上的额定电压。由于瞬时过电压也会使晶闸管遭到破坏，因而选用时，额定电压应为正常工作峰值电压的 2～3 倍作为安全系数。

③ 额定通态平均电流（额定正向平均电流）I_T。在环境温度不大于 40℃ 和标准散热及全导通的条件下，晶闸管元件可以连续通过的工频正弦半波电流（在一个周期内）的平均值，称为额定通态平均电流 I_T，简称为额定电流。通常所说多少安的晶闸管，就是指这个电流。需要指出的是，晶闸管的发热主要是由通过它的电流有效值决定的，对于正弦半波电流，其有效值 I_e 和平均值 I_T 的关系可用下式计算。

因正弦半波电流的平均值　　$I_T = \dfrac{1}{2\pi}\int I_m \sin\omega t \, \mathrm{d}(\omega t) = \dfrac{I_m}{\pi}$

而其有效值　　　　　　　$I_e = \sqrt{\dfrac{1}{2\pi}\int I_m^2 \sin^2\omega t \, \mathrm{d}(\omega t)} = \dfrac{I_m}{\pi}$

可见，晶闸管允许正向通过的电流有效值 I_e 和它的额定通态平均电流 I_T 之间的数量关系为

$$I_e = 1.57 I_T \tag{8-1}$$

例如，对于一个额定电流 I_T 为 100A 的晶闸管，其允许通过的电流有效值为 157A。为确保安全可靠地工作，一般按下式来选晶闸管，即

$$I_T = (1.5 \sim 2)\frac{I_e^t}{1.57}$$

式中　I_e^t——实际通过晶闸管的电流有效值。

④ 维持电流 I_H。在规定的环境温度和控制极短路时，维持元件继续导通的最小电流称维持电流 I_H。一般为几十至一百多毫安，其数值与元件的温度成反比，在 120℃ 时的维持电流约为 25℃ 时的一半。当晶闸管的正向电流小于这个电流时，晶闸管将自动关断。

(4) 晶闸管的型号及其含义

国产晶闸管的型号一般表示为

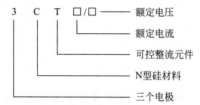

例如，3CT50/500 表示额定通态平均电流为 50A，断态重复峰值电压为 500V 的晶闸管元件。

有些部门还颁布了晶闸管其他的命名方法（如 KP 系列晶闸管），选用时应注意。

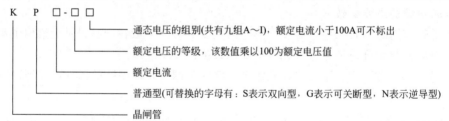

(5) 如何判断晶闸管的好坏

制造厂通常已提供了许多有关晶闸管特性的各种资料数据或图表，供使用者参考，但是，有时候仍有自行测试的必要。下面仅介绍一种利用万用表的欧姆挡来识别管脚和判别管子好坏的办法。其测试方法可按表 8-1 所示进行。

表 8-1　用万用表测试晶闸管各管脚之间的电阻

测试点	表内电池特性	表测量范围	测试结果
A-K	顺向或逆向均可	$R \times 1000$	高电阻(通常电表指针不动)
A-G	顺向或逆向均可	$R \times 1000$	高电阻(通常电表指针不动)
K-G	顺向电压:"+"接 G，"-"接 K	$R \times 1$	$10 \sim 100\Omega$
	逆向电压:"-"接 G，"+"接 K	$R \times 1$	$50 \sim 500\Omega$

一只良好的晶闸管，其阳极 A 与阴极 K 之间应为高阻值，所以，当万用表测试 A-K 间的电阻时，亦不论电表如何接都应为高阻值。而 G-K 间的逆向电阻比顺向电阻越大，表示晶闸管性能越良好。

(6) 双向晶闸管 （TRIAC）

双向晶闸管也是一种三端子 PNPN 元件，可直接工作于交流电源，其控制极对于电源的两个半周均有触发控制作用，即双方向均可由控制极触发导通，它相当于两只普通的晶闸管反并联，故称为双向晶闸管或交流晶闸管。在交流调压和交流开关电路中使用可减少元件，简化触发电路，有利于降低成本和增加装置的可靠性。

图 8-6 所示为双向晶闸管的外形图和电路符号。图中引线分别为阳极 1 （MT1）、控制极 （G）、阳极 2 （MT2）。通常是以 MT1 作为电压测量的基准点。

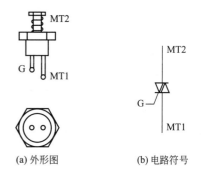

(a) 外形图   (b) 电路符号

图 8-6 双向晶闸管

当控制极无信号输入时，它与晶闸管相同，MT2 与 MT1 端子间不导电，倘若 MT2 所施加的电压高于 MT1，而控制极加正极性或负极性信号，即可使晶闸管导通，电流自 MT2 流向 MT1；若 MT1 所施加的电压高于 MT2，而控制极加正极性或负极性信号，亦可使晶闸管导通，电流自 MT1 流向 MT2。

图 8-7 所示为典型的双向晶闸管控制电路、电源电压 u_2 与负载电压 u_d 的波形，图中的 θ 为导通角，α 为触发角，总的导通角为 θ_1 和 θ_2 之和；从图中看出，它可以调节交流电压的大小，主要应用于家用电器控制，例如，灯光控制，电扇、暖气设备、烤箱的温度控制及工业上容量小的机电传动系统控制等。

(7) 可关断晶闸管 （GTO）

可关断晶闸管也是一种 PNPN 半导体控制元件，其基本结构及电路符号如图 8-8 所示。GTO 的结构特性与晶闸管极为相似。它的主要特点是，元件关断的方法非常简便。它与晶闸管 （SCR） 比较有下列优点。

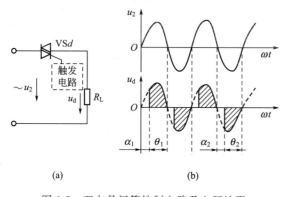

图 8-7 双向晶闸管控制电路及电压波形

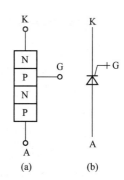

图 8-8 GTO 的结构与符号

① 晶闸管控制极只能控制元件的导通。只要在 GTO 的控制极加不同极性的脉冲触发信号就可以控制其导通与断开，但 GTO 所需的控制电流远较晶闸管大，例如，额定电流相同的 GTO 与晶闸管相比较，如果晶闸管需要 $30\mu A$ 的控制触发电流，则 GTO 约需要 $20mA$ 才能动作。

② GTO 的动态特性较晶闸管好，一般来说，两者导通时间相差不多，但断开时间 GTO 只需 $1\mu s$ 左右，而晶闸管需要 $5\sim30\mu s$。因此，GTO 是一种很有发展前途的晶闸管，

它主要应用于直流调压和直流开关电路中，因其不需要关断电路，故电路简单，工作频率也可提高。

8.1.2 晶体管

(1) 电力晶体管（GTR）

现在，晶体管已可在高电压和强电流下使用，这种晶体管称为功率晶体管。通常用于开关状态，当功率晶体管饱和导通时，其正向压降为 $0.3\sim0.8V$，而晶闸管一般为 $1V$ 左右。因此，功率晶体管中的功率损耗比同样功率等级的晶闸管低得多。同时，当晶体管基极电流消失或反向时，晶体管立即截止，因而实际上不存在关断问题，也不需要昂贵而复杂的换相电路。因此，功率晶体管正在成为晶闸管的有力竞争者。

但是，目前现有的功率晶体管的电压和电流额定值还没有晶闸管那么高，单只功率晶体管器件安全使用的最大定额为 $1400V$ 和 $400A$。而且功率晶体管不具备承受浪涌电流的能力，允许的电流变化率低。同时，要保持功率晶体管处于导通状态，需要连续通过基极电流。在强电流器件中，基极-集电极电流增益只有十倍至几十倍，因此，为了保持器件处于导通状态，需要数安培的基极驱动电流，故基极电路中的功率损耗相当大。目前，已生产出功率晶体管集成组合器件，一种是单片达林顿（Darling-ton）晶体管，如图 8-9 所示；另一种是由几个达林顿晶体管构成的功率晶体管模块，功率晶体管组合器件使其基极驱动电流大大减小，它已在直流脉宽调速和交流矢量控制的 PWM 调速中得到广泛应用。为了更进一步减小基极驱动电流和提高开关速度，在 20 世纪 70 年代末又出现了电压驱动的快速型功率晶体管，它们适合于高频功率变换器，特别是绝缘栅双极型大功率晶体管（IGBT），它的应用更广，是很有发展前途的电力半导体器件。

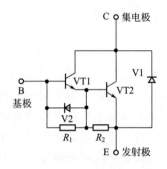

图 8-9　单片达林顿晶体管

(2) 电力场效应晶体管

就像小功率的用于信息处理的场效应晶体管（field effect tansistor，FET）分为结型和绝缘栅型一样，电力场效应晶体管也有这两种类型。

绝缘栅型场效应管（insulated gate field effect transister，IGFET）也称金属氧化物半导体场效应管（metal oxide semiconductor FET，MOSFET），通常说的 MOS 管就是指绝缘栅型场效应管，包括电力绝缘栅型场效应管（power MOSFET）。

电力 MOSFET 是用栅极电压来控制漏极电流的，因此它的第一个显著特点是驱动电路简单、需要的驱动功率小，第二个显著特点是开关速度快、工作效率高。另外，MOSFET 的热稳定性优于 GTR。但是电力 MOSFET 电流容量小、耐压低，多用于功率不超过 10kW 的电力电子装置。

8.1.3 电力半导体器件的发展现况

电力半导体器件是现代电力电子装置的心脏。电力半导体器件在整个发展过程中，器件的额定功率等级、开关频率不断提高，通态压降和可控性均得到很大的改善。传统的二极管和相控晶闸管曾是电力电子装置中的主角。晶闸管工作时导致的电流波形畸变给供电系统造成严重的谐波污染，随着新的功率半导体器件的出现，晶闸管器件将逐步被淘汰。后来推出的功率 MOSFET，由于采用简单的电压门极驱动，开关频率很高，极大地改善了输入、输出波形质量，因而被广泛应用于开关电源以及一些直流传动系统中，但由于它导通电阻大、通态损耗严重而不能应用到大功率场合。

然而工业应用的要求却在不断提高，促使器件有新的发展。在晶闸管的基础上，派生出了门极可关断晶闸管（gate turn-off thyristor，GTO），它属于电流全控型器件，具有极高的功率等级，通态压降特别低，在许多兆瓦级的功率变换器中被大量采用，在大功率电能流动控制领域起了很重要的作用，但由于具有电导调制效应，所以它的开关频率较低，一般不超过 1kHz，而且所需驱动功率大、驱动电路复杂，需要设置复杂的吸收电路。为了克服 GTO 的这些缺点，迫切需要新的器件代替它。

在吸收了 GTO 和 MOSFET 两者的优点后，研制出了绝缘栅双极型晶体管（insulated gate bipolar transistor，IGBT），IGBT 一出现，便迅速在各种功率等级的变流器中得到应用，现在 IGBT 已形成了一个新的器件发展平台。减小通态压降、提高工作频率，二者最佳折中是 IGBT 向高频大功率化挺进的基本追求，其中沟槽形结构的实现是第四代 IGBT 的基本特征，IGBT 的电流密度是相同电压的功率 MOS 管的 2.5 倍，这种 IGBT 芯片比 MOS 管小，成本低，成为开关电源中广泛使用的 MOS 管强有力的竞争者。但是第四代 IGBT 的饱和压降比 GTO 大，不适合在高压大功率场合使用。为了解决这一问题，又推出了所谓的高压 IGBT(HV-IGBT)。

技术进步的脚步是永不停止的，经过 GTO 和 IGBT 等器件制造技术的积累，又有一批专门为大功率变流器应用的功率器件问世。如 Alln-Bradley(A-B) 公司在其 Powerflex7000 系列中压变频器中应用的对称栅极换流晶体管（symmetrical gate commutated thyristor，SGCT），它保留了 GTO 低通态压降的优点，在 GTO 的基础上，集成了门极驱动电路，使得控制变得简单，采用双面压接冷却技术，开关频率比 GTO 要高，它的一个显著优点在于它是双向电压封锁型器件，特别适合电流源逆变器使用。A-B 公司用 SGCT 器件成功开发了 3000kW 的商业产品。另外，在 GTO 的基础上还发展出了集成门极换向晶体管（integrated gate commutated thyristor，IGCT）。IGCT 将 IGBT 与 GTO 的优点结合起来，与 GTO 相比较，容量相当，但开关速度比 GTO 快 10 倍，且通态压降更低，驱动功率小，可省去 GTO 庞大的吸收电路，以承受更高的 du/dt（电压变化率）和 di/dt（电流变化率）。另外还有东芝半导体公司推出的注入增强型栅极晶体管（injection enhanced gate transistor，IEGT），目前其电压/电流等级为 4.5kV/kA，其通态压降近似 GTO，具有低饱和压降，在驱动控制方面则类似 IGBT，具有快速开通关断和易于驱动的性能。在高压大功率应用领域，GTO 有被不断推出的新型大功率器件逐步取代的趋势。目前高压大功率器件的发展呈现出了多种形式，每种器件都具有各自的应用优势，如何选择合适的器件作为主回路功率开关器件，需要考虑多种因素。

在高压大功率半导体器件朝着高电压电流等级、低饱和压降、高开关频率、易于驱动控制等方面迅速发展的同时，高集成度模块化也是一个发展方向。近年来，具有驱动、保护、检测功能，含有功率器件的智能功率模块（intelligent power module，IPM）也在许多功率变换器中使用。进入 20 世纪 90 年代，大功率 IPM 已成为电力电子科技领域的一个研究重点。IPM 可以减小分布参数的影响，由于结构很紧凑，可以减小变换器的体积，功率密度较高。IPM 可用于 10～100W 功率变换系统，功率器件主要是 IGBT。目前甚至出现将功率变换器、逆变器的标准电路与马达控制电路、电源、电路开关等集成为一个模块。如果将这样的模块直接与电机连在一起，就称为智能电机（smart motor）。

由于美国海军研究所提出了集成电力电子模块（power electronic building block，PEBB）计划，促进了分布电源系统（distributed power system，DPS）的发展，因此采用集成电力电子模块设计舰艇用的 DPS 很快问世。采用标准电力电子模块封装（packaging），将很多元器件组装在一起，从而使电路设计大为简化。

更进一步，如果将电力电子器件与逻辑、控制、保护、传感、检测、自诊断等信息电子电路集成在同一芯片上，则形成了功率集成电路（power intergrated circuit，PIC）。由 PIC 派生的器件较多，有高压集成电路（high voltage IC，HVIC）、智能功率集成电路（smart power IC，SPIC）等。功率集成电路实现了电能流与控制流的集成，成为机电一体化的理想接口，具有广泛的应用前景。

8.2　可控整流电路

由晶闸管组成的可控整流电路，同二极管整流电路相类似，依所用交流电源的相数和电路的结构，可分为单相半波、单相桥式、三相零式和三相桥式等。

8.2.1　单相半波可控整流电路

单相半波可控整流电路实际应用较少，但电路简单、调整容易，且对理解可控整流原理比较方便，所以，还是从它开始进行分析。

(1) 带电阻性负载的可控整流电路

图 8-10 绘出了单相半波可控整流电路在电阻性负载时的电压、电流波形图。图中，α 为控制角，θ 为导通角。控制角 α 是晶闸管元件承受正向电压起始点到触发脉冲的作用点之间的电角度。导通角 θ 是晶闸管在一周期时间内导通的电角度。对单相半波可控整流而言，α 的移相范围是 $0 \sim \pi$，而对应的 θ 的变化范围为 $\pi \sim 0$，由图 8-10 可见

$$\alpha + \theta = \pi$$

当不加触发脉冲信号时晶闸管不导通，电源电压全部加于晶闸管上面、负载上电压为零（忽略满电流）。这时，晶闸管承受的最大正向与反向电压为 $\sqrt{2}\,U_2$。当 $\omega t = \alpha\,(0 < \alpha < \pi)$ 时，晶闸管上电压为正，当控制极加上触发脉冲信号时，晶闸管触发导通，电源电压将全部加于负载（忽略晶闸管的管压降）。当 $\omega t = \pi$ 时，电源电压从正变为零，晶闸管内流过的电流小于维持电流而关断，之后，晶闸管就承受电源的反向电压，直至下个周期触发脉冲再次加到控制极上时，晶闸管重新导通。改变 α 的大小就可以改变负载上电压波形，也就改变了负载电压的大小。

输出电压平均值的大小可由下式求得

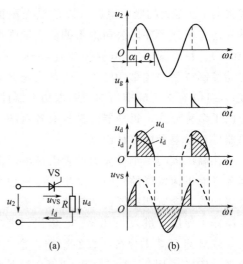

图 8-10　单相半波晶闸管可控整流电路

$$U_d = \frac{1}{2\pi}\int_\alpha^\pi \sqrt{2}U_2 \sin\omega t\,d(\omega t) = 0.45U_2\frac{1+\cos\alpha}{2} \tag{8-2}$$

负载电流平均值的大小由欧姆定律决定，其值为

$$I_d = \frac{U_d}{R} = 0.45\frac{U_2}{R}\times\frac{1+\cos\alpha}{2} \tag{8-3}$$

(2) 带电感性负载的可控整流电路

负载的感抗 ωL 和电阻 R 的大小相比不可忽略时称为电感性负载，这类负载有各种电机的励磁线圈、整流输出接电抗器的负载等。整流电路带电感性负载时的工作情况与电阻性负载有很大不同，为了便于分析，把电感与电阻分开，如图 8-11 所示。

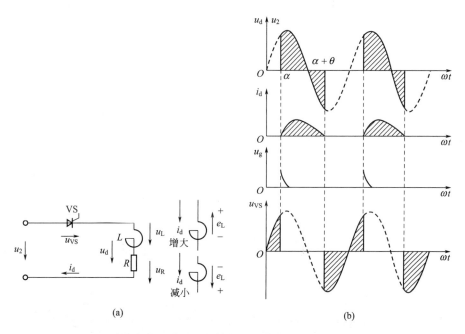

图 8-11　电感性负载无续流二极管的晶闸管整流电路及电压、电流波形

由于电感具有阻碍电流变化的作用，当电流上升时，电感两端的自感电势 e_L 阻碍电流的上升，所以，晶闸管触发导通时，电流要从零逐渐上升，随着电流的上升，自感电势逐渐减小，这时在电感中便储存了磁场能量。当电源电压下降以及过零变负时，电感中电流在变小的过程中又由于自感效应，产生方向与上述相反的自感电势 e_L，来阻碍电流减小，只要 e_L 大于电源的负电压，负载上电流将继续流通，晶闸管继续导通，这时，电感中储存的能量放出来，一部分消耗在电阻上，一部分回送到电源去，因此，负载上电压瞬时值出现负值。到某一时刻，当流过晶闸管的电流小于维持电流时，晶闸管关断，并且立即承受反向电压。所以，晶闸管在 $\omega t = \alpha$ 时触发导通后，在 $\alpha + \theta$ 时关断。

由此可见，在单相半波可控整流电路中，当负载为电感性时，晶闸管的导通角 θ 将大于 $\pi - \alpha$，也就是说，在电源电压为负时仍然可能继续导通。负载电感愈大，导通角 θ 愈大，每个周期中负载上的负电压所占的比例就愈大，输出电压和输出电流的平均值也就愈小。所以，单相半波可控整流电路用于大电感性负载时，如果不采取措施，负载上就得不到所需要的电压和电流。

为了提高大电感负载时的单相半波可控整流电路整流输出平均电压，可以采取措施使电

源的负电压不加于负载上，这可在负载两端并联一只二极管 V，如图 8-12 所示。当晶闸管导通时，若电源电压为正，二极管 V 不通，负载上电压波形与不加二极管 V 时相同；当电源电压变负时，V 导通，负载上由电感维持的电流流经二极管，此二极管称为续流二极管。二极管导通时，晶闸管承受反压自行关断，没有电流流回电源去，负载两端电压仅为二极管管压降，接近于零，此时，由电感放出的能量消耗在电阻上。有了续流二极管，输出电压 u_d 与 α 的关系也与式(8-2) 一样。但负载电流的波形与电阻性负载时有很大不同，如图 8-12 所示，负载电流 i_d 在晶闸管导通期间由电源提供，而当晶闸管关断时，则由电感通过续流二极管来提供。当 $\omega L \geqslant R$ 时，电流的脉动将是很小的，所以，这时电流波形可以近似地看成是一条平行于横轴的直线。假若负载电流的平均值为 I_d，则流过晶闸管与续流二极管的电流平均值分别为

$$\{I_{dVS}\}_A = \frac{\{\theta\}_{rad}}{2\pi} \{I_d\}_A \tag{8-4}$$

$$\{I_{dV}\}_A = \frac{2\pi - \{\theta\}_{rad}}{2\pi} \{I_d\}_A \tag{8-5}$$

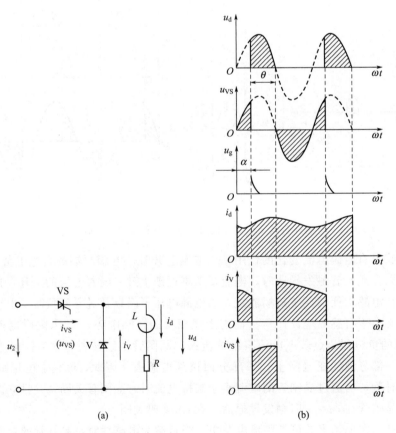

(a)   (b)

图 8-12 电感性负载有续流二极管的晶闸管整流电路及电压、电流波形

8.2.2 单相桥式可控整流电路

(1) 单相半控桥式整流电路

在单相桥式整流电路中，把其中两只二极管换成晶闸管就组成了半控桥式整流电路，如图 8-13 所示。这种电路在中小容量场合应用很广，它的工作原理如下：当电源 1 端为正的

某时刻，触发晶闸管 VS1，电流途经如图中实线箭头所示，这时 V1 及 VS2 均承受反向电压而截止；同样在电源 2 端为正的下半周期，触发晶闸管 VS2，电流途经如图中虚线箭头所示，这时 V2 及 VS1 处于反压截止状态。下面分三种不同负载情况来讨论。

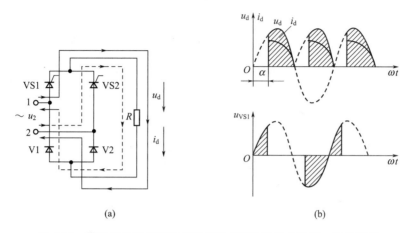

图 8-13　带电阻性负载的单相半控桥式整流电路及电压、电流波形

① 电阻性负载。

带电阻性负载时，整流输出的电流、电压波形及晶闸管上电压波形如图 8-13（b）所示，电流波形与电压波形相似。晶闸管在 $\omega t = \alpha$ 时触发导通，当电源电压过零变负时，电流降到零，晶闸管关断。输出电压平均值 U_{d} 与控制角 α 的关系为

$$U_{d} = \frac{1}{\pi} \int_{0}^{\pi} \sqrt{2} U_{2} \sin\omega t \, d(\omega t) \qquad (8\text{-}6)$$

电流平均值 I_{d} 为

$$I_{d} = \frac{U_{d}}{R} = 0.9 \frac{U_{2}}{R} \times \frac{1 + \cos\alpha}{2} \qquad (8\text{-}7)$$

在桥式整流电路中，元件承受的最大正反向电压是电源电压的最大值，即 $\sqrt{2} U_{2}$。

② 电感性负载。

如图 8-14 所示的半控桥式整流电路在电感性负载时也采用加接续流二极管的措施。有了续流二极管，当电源电压降到零时，负载电流流经续流二极管，晶闸管因电流为零而关断，不会出现失控现象。

若晶闸管的导通角为 θ，则每周期续流二极管导通时间都为 $2\pi - 2\{\theta\}_{\mathrm{rad}}$，因此，流过每只晶闸管的平均电流为 $\dfrac{\{\theta\}_{\mathrm{rad}}}{2\pi} I_{d}$，流过续流二极管的平均电流为 $\dfrac{\pi - \{\theta\}_{\mathrm{rad}}}{\pi} I_{d}$。

图 8-15 所示的半控桥在带电感性负载时，可以不加续流二极管，这是因为在电源电压过零时，电感中的电流通过 V1 和 V2 形成续流，确保 VS1 或 VS2 可靠关断，这样也就不会出现失控现象。由于省了续流二极管，整流装置的体积就减小了。因两只晶闸管阴极没有公共点，故用一套触发电路触发时，必须采用具有两个线圈的脉冲变压器供电。本线路中流过 VS1、VS2 的电流与图 8-14 所示的相同，但流过 V1、V2 的电流增大了，其值为

$$\{I_{\mathrm{dV}}\}_{\mathrm{A}} = \frac{2\pi - \{\theta\}_{\mathrm{rad}}}{2\pi} \{I_{d}\}_{\mathrm{A}}$$

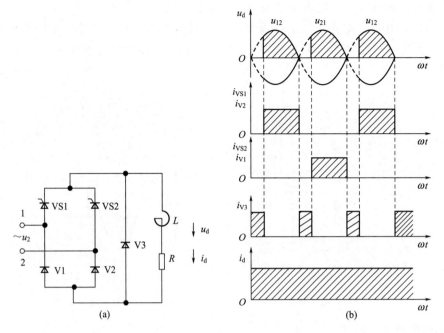

图 8-14　带电感性负载的单相半控桥式整流电路及电压、电流波形

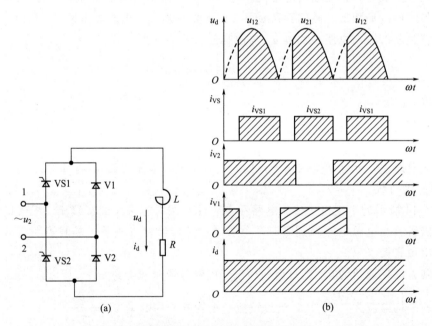

图 8-15　晶闸管串联的半控桥式整流电路及电压、电流波形

为了节省晶闸管元件，还可采用图 8-16 所示的接线，它由四只整流二极管组成单相桥式电路，将交流电整流成脉动的直流电，然后用一只晶闸管进行控制，改变晶闸管的控制角 α，即可改变其输出电压。晶闸管由触发脉冲使其导通，在电源电压接近于零的短暂时间内，因流过晶闸管的电流小于维持电流而关断。本电路带电阻性负载时，其输出电压平均值的计算公式与半控桥一样，但带电感性负载时，为了避免晶闸管失控，必须在负载两端并接续流二极管，否则，电感性电流会在电源电压为零时维持晶闸管导通，而使晶闸管无法关

断，造成失控。

本电路的优点是晶闸管用得少，因此，控制线路简单，加在晶闸管上的电压是整流过的脉动电压，当负载为电阻性或电感性时，晶闸管不承受反向电压。但本电路需要用五只整流二极管，使装置尺寸加大；输出电流 I_d 要同时经过三个整流元件，故压降、损耗较大；另外，本电路必须选用维持电流较大的晶闸管，否则容易失控，这些都是本电路的不足之处。

③ 反电势负载。

当整流电路输出接有反电势负载时，

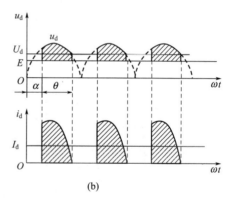

图 8-16　只用一只晶闸管的单相桥式整流电路

只有当电源电压的瞬时值大于反电势，同时又有触发脉冲时，晶闸管才能导通，整流电路才有电流输出，在晶闸管关断的时间内，负载上保留原有的反电势。桥式整流电路接反电势负载时，输出电压、电流波形如图 8-17 所示，负载两端的电压中均值比电阻性负载时高。例如，直接由电网 220V 电压经桥式整流输出，带电阻性负载时，可以获得最大为 $0.9 \times 220\text{V} = 198(\text{V})$ 的平均电压，但接反电势负载时的电压平均值可以增大到 250V 以上。

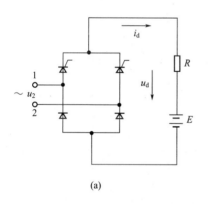

图 8-17　带反电势负载的单相半控桥式整流电路及电压、电流波形

当整流输出直接加于反电势负载时，输出平均电流为 $I_d = \dfrac{U_d - E}{R}$，其中 $U_d - E$ 即图 8-17 中斜线阴影部分的面积。因为导通角小，导电时间短，回路电阻小，所以，电流的幅值与平均值之比值相当大，又由于晶闸管元件工作条件差，晶闸管必须降低电流定额使用。另外，对于直流电动机来说整流子换向电流大，易产生火花，对于电源则因电流有效值大，要求的容量也大，因此，对于大容量电动机或蓄电池负载，常常串联电抗器，用以平滑电流的脉动，如图 8-18 所示。

(2) 单相全控桥式整流电路

单相全控桥式整流电路如图 8-19(a) 所示。把半控桥中的两只二极管用两只晶闸管代替即构成全控桥。带电阻性负载时，电路的 1 端情况与半控桥没有什么区别，晶闸管的控制角移相范围也是 0～π，输出平均电压、电流的计算公式也与半控桥相同，所不同的仅是全控桥每半周期要求触发两只晶闸管。带电感性负载且没有续流二极管的情况下，输出电压的瞬

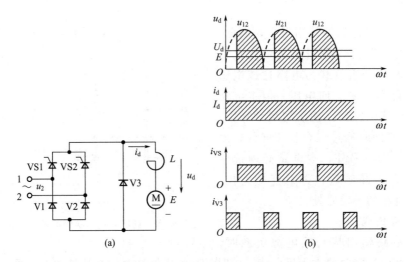

图 8-18   带反电势负载有电感滤波时的电路及电压、电流波形

时值会出现负值，其波形如图 8-19（b）所示，这时输出电压平均值为

$$U_{\mathrm{d}} = \frac{2}{2\pi}\int_{0}^{\pi+\alpha}\sqrt{2}U_{2}\sin\omega t\,\mathrm{d}(\omega t) = \frac{2\sqrt{2}U_{2}}{\pi}\cos\alpha = 0.9U_{2}\cos\alpha\left(0 \leqslant \alpha \leqslant \frac{\pi}{2}\right) \qquad (8\text{-}8)$$

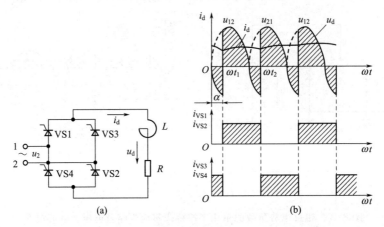

图 8-19   单相全控桥式整流电路及电压、电流波形

在全控桥中元件承受的最大正、反向电压是 $\sqrt{2}U_{2}$。

这个电路的工作过程如下：当 u_{12} 为正的某一时刻 t_{1}，给晶闸管 VS1 和 VS2 触发脉冲，VS1、VS2 导通，电源电压加于负载；当 $u_{12}=0$ 时，由于电感上反电势的作用维持电流通过 VS1 和 VS2 及电源，晶闸管继续导通，直至 u_{12} 为负值，即 u_{21} 为正；在下半周的同一控制角所对应的时刻 t_{2}，当 VS3 和 VS4 有触发脉冲时，VS3 和 VS4 导通，VS3 和 VS4 因承受反向电压而关断，同样 VS3 和 VS4 要导通到触发 VS1 和 VS2 时才关断。当 α 在 $0\sim\pi/2$ 内变化时，U_{d} 从 $0.9U_{2}$ 下降到接近于零，电流 i_{d} 连续，当 $\alpha>\pi/2$ 时，输出电压平均值接近于零，电流断续且很小。为了提高整流电压，也可在负载两端并接续流二极管。

在一般电阻性负载的情况下，由于本线路不比半控桥整流优越，但比半控桥线路复杂，所以，一般采用半控桥线路。它主要用于电动机需要正反转的逆变电路中。

[**例 8-1**]   欲装一台白炽灯泡调光电路，需要可调的直流电源，调节范围：电压

$U_0 = 0 \sim 180V$，电流 $I_0 = 0 \sim 10A$。现采用单相半控桥式整流电路（图 8-13），试求最大交流电压和电流的有效值，并选择整流元件。

解：设在晶闸管导通角 θ 为 π（控制角 $\alpha = 0$）时，$U_0 = 180V$，$I_0 = 10A$，则交流电压有效值

$$U = \frac{U_0}{0.9} = \frac{180V}{0.9} = 200(V)$$

实际上还要考虑电网电压波动、管压降以及导通角常常到不了 180V，交流电压要比上述计算而得到的值适当加大 10% 左右，即大约为 220V。因此，在本例中可以不用整流变压器，直接接到 220V 的交流电源上。

交流电流有效值

$$I = \frac{U}{R_1} = \frac{220V}{180V/10A} = 12.2(A)$$

晶闸管所承受的最高正向电压 U_{FM}、最高反向电压 U_{RM} 和二极管所承受的最高反向电压相等，即

$$U_{FM} = U_{RM} = \sqrt{2}U = 1.41 \times 220V = 310(V)$$

流过晶闸管和二极管的平均电流

$$I_{VS} = I_V = \frac{1}{2}I_0 = \frac{10A}{2} = 5(A)$$

为了保证晶闸管在出现瞬时过电压时不致损坏，通常根据下式选取晶闸管的 U_{DRM} 和 U_{RRM}。

$$U_{DRM} > 2U_{FM} = 2 \times 310V \approx 620(V)$$
$$U_{RRM} > 2U_{RM} = 2 \times 310V \approx 620(V)$$

根据上面计算，晶闸管可选用 3CT10/600，考虑留有余量，故采用 10A 定额。二极管可选用 2CZ10/300，因为，二极管的最高反向工作电压一般是取反向击穿电压的一半，已有较大余量，所以选 300V 已足够。

8.2.3 三相可控整流电路

(1) 三相半波可控整流电路

三相半波可控整流电路图如图 8-20 所示。整流变压器副边接成星形，有个公共零点 "0"，所以也叫三相零式电路。图中，u_A、u_B、u_C 分别表示三相对 0 点的相电压（u_{2P}），电源的三个相电压分别通过 VS1、VS2、VS3 晶闸管向负载电阻 R 供给直流电流，改变触发脉冲的相位即可以获得大小可调的直流电压，现分电阻性负载和电感性负载分别加以讨论。

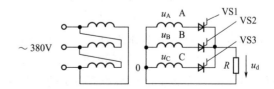

图 8-20 三相半波可控整流电路

1）电阻性负载

三相电源电压的波形如图 8-21 所示。可以看出，对于 VS1、VS2、VS3，只有在 1、2、3 点之后对应于该元件承受正向电压期间来触发脉冲，该晶闸管才能触发导通，1、2、3 点是相邻相电压波形的交点，也是不控整流的自然换相点。对三相可控整流而言，控制角 α 就是从自然换相点算起的。当晶闸管没有触发信号时，晶闸管承受的最大正向电压为 $\sqrt{2}U_{2P}$，可能承受的最大反向电压为 $\sqrt{2}\times\sqrt{3}U_{2P}=\sqrt{6}U_{2P}$，现按不同控制角 α，分下列三种情况进行讨论。

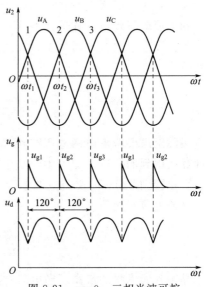

① 当 $\alpha=0$ 时。

这时触发脉冲在自然换相点加入，其波形如图 8-21 所示，在 $t_1\sim t_2$ 时间内，A 相电压比 B、C 相都高，如果在 t_1 时刻触发晶闸管 VS1，则负载上得到 A 相电压，电流经 VS1 和负载回到中性点 0。在

图 8-21　$\alpha=0$，三相半波可控整流电路输出电压波形

t_2 时刻触发 VS2 管，VS1 管因承受反向电压而关断，负载上得到 B 相电压，依次类推。负载上得到的脉动电压 u_d 波形与三相半波不控整流一样，在一个周期内每只晶闸管的导通角为 $2\pi/3$，要求触发脉冲间隔也为 $2\pi/3$。从这里可以看出，当三只晶闸管共阴极连接时，哪一相电压最高，则来触发脉冲时，与那一相相连接的晶闸管就导通，这只管子导通后将使其他管子承受反压而处于阻断状态。电阻性负载时，电流波形与电压波形相似。

这时，负载上电压平均值与三相半波不控整流一样，可由下式决定

$$U_d=\frac{1}{2\pi/3}\int_{\pi/6}^{5\pi/6}\sqrt{2}U_{2P}\sin\omega t\,\mathrm{d}(\omega t)=0.17U_{2P} \tag{8-9}$$

② 当 $0<\alpha\leqslant\pi/6$ 时。

图 8-22 所示为当 $\alpha=\pi/6$ 时的输出电压波形图，u_A 使 VS1 上电压为正，若在 t_1 时刻对 VS1 控制极加触发脉冲，VS1 就立即导通，而且在 A 为正时维持导通。到 t_1' 时，如果是不控整流电路，则由于第二相导通，迫使第一相关断；而可控整流电路要求触发脉冲间隔 120°，由于此时 VS2 控制极未加触发脉冲，VS2 不能导通，故 VS1 不能关断，直到 t_2 时刻，对 VS2 控制极加了触发脉冲，VS2 在正向阳极电压作用下导通，迫使 VS1 承受反向电压而关断。同理，到 t_3 时刻由于 VS3 导通而迫使 VS2 关断，依次类推。在一个周期内三相轮流导通，负载上得到脉动直流电压 u_d，其波形是连续的。电流波形与电压波形相似，这时，每只晶闸管导通角为 120°，负载上电压平均值与 α 的关系为

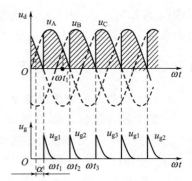

图 8-22　$\alpha=\pi/6$，三相半波可控整流电路输出电压波形

$$U_d=\frac{1}{2\pi/3}\int_{(\pi/6)+\alpha}^{(5\pi/6)+\alpha}\sqrt{2}U_{2P}\sin\omega t\,\mathrm{d}(\omega t)=0.17U_{2P}\cos\alpha \tag{8-10}$$

③ 当 $\pi/6<\alpha\leqslant 5\pi/6$ 时。

图 8-23 所示为当 $\alpha = \pi/2$ 时的输出电压波形图，u_A 使 VS1 上电压为正，若 t_1 时刻向 VS1 控制极加触发脉冲，则 VS1 立即导通，当 A 相相电压过零时，VS1 自动关断。同理，在 t_2 时刻对 VS2 控制极加触发脉冲，在 u_B 正向阳极电压作用下导通，当 B 相相电压过零时 VS2 自动关断。依此类推，三相轮流导通，负载上电压波形是断续的。这时，输出电压的平均值为

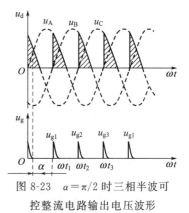

$$U_d = \frac{1}{2\pi/3} \int_{(\pi/6)+\alpha}^{\pi} \sqrt{2} U_{2P} \sin\omega t \, \mathrm{d}(\omega t)$$
$$= 1.17 U_{2P} \frac{1 + \cos(\pi/6 + \alpha)}{\sqrt{3}} \qquad (8\text{-}11)$$

图 8-23　$\alpha = \pi/2$ 时三相半波可控整流电路输出电压波形

当 $\alpha = 5\pi/6$ 时，$U_d = 0$。所以，三相半波可控整流电路其 α 的移相范围为 $0 \sim 5\pi/6$。

总之，带电阻性负载情况下，当 α 在 $0 \sim 5\pi/6$ 内移相时，输出平均电压由最大值 $1.17U_{2p}$ 下降到零，输出电流的平均值为 $I_d = U_d/R$，流过每只晶闸管元件的电流平均值为 $I_d/3$。

2）电感性负载

电阻性负载时，当 $\alpha \leqslant \pi/6$ 时整流输出电压波形是连续的，而当 $\alpha > \pi/6$ 时，整流输出电压波形是不连续的，当电源电压下降到零时，电流也同时下降到零，所以，导通的晶闸管关断。在带电感性负载的情况下，如图 8-24(a) 所示在 VS1 管导通时，电源电压 u_A 加到负载上，当 $t = t_1$ 时，$A = 0$，由于自感电势的作用，电流的变化将落后于电压的变化，所以 $t = t_1$ 时负载电流并不为零，VS1 要维持导通，如若电感 ωL 足够大，则 VS1 要一直导通至 t_2 时刻，当 VS2 控制极来触发脉冲使 VS2 导通，电源电压 u_B 加于负载时，VS1 才因承受反向电压而关断，这时，由于电感大，电流脉动小，可以近似地把电流波形看成是一条水平线，如图 8-24(b) 所示。这时每只晶闸管导通角为 $2\pi/3$，输出电压的平均值为

$$U_d = \frac{1}{2\pi/3} \int_{\pi/6+\alpha}^{5\pi/6+\alpha} \sqrt{2} U_{2P} \sin\omega t \, \mathrm{d}(\omega t) = 1.17 U_{2P} \cos\alpha \qquad (8\text{-}12)$$

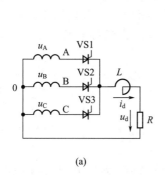

(a)

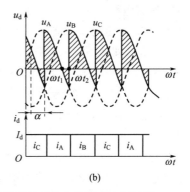

(b)

图 8-24　带电感性负载时三相半波可控整流电路输出电压波形

由式(8-12) 可知，当 $\alpha = \pi/2$ 时，$U_d = 0$，这时，整流电压的波形如图 8-25 所示，电压 U_d 波形正、负面积相等，即 $U_d = 0$。故三相半波整流电路带电感性负载时，要求触发脉冲的移相范围是 $0 \sim \pi/2$。

三相半波可控整流电路带电感性负载时，晶闸管可能承受的最大正向电压为 $\sqrt{6} U_{2P}$，这

是与电阻性负载时承受 $\sqrt{2}U_{2P}$ 不同之处。

三相半波可控整流电路带电感性负载时，也可加接续流二极管，其电路如图 8-26 所示，图中，电压、电流波形是对应于 $\alpha=\pi/3$ 时的波形。从图可看出，有了续流二极管，整流输出电压波形、电压平均值 U_d 与控制角 α 的关系和纯电阻负载时一样，负载电流波形则与电感性负载时一样，当电感很大（$\omega L \gg R$）时电流波形将接近于一条平行于横轴的直线。三相半波可控整流电

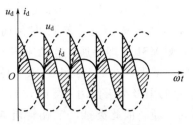

图 8-25 $\alpha=\pi/2$ 时三相半波可控整流电路输出电压波形

路只用三只晶闸管元件，接线简单，在要求输出电压为 220V 时，可以不用变压器而直接接于 380V 的三相交流电源，这时相电压为 220V，当控制角 $\alpha=0$ 时，可得到最大输出直流平均电压为 $U_{dmax}=1.17\times220V=257(V)$，稍加控制即可满足 220V 直流负载的要求。但是，三相半波可控整流电路中晶闸管元件承受的反向电压高，而且，在电流连续时，每个周期内变压器副边绕组和晶闸管都只有三分之一的时间导通，因此，变压器利用率低，另外，流过变压器的是单方向脉动电流，其直流分量引起很大的零线电流，并在铁芯中产生直流磁势，易于造成变压器铁芯饱和，引起附加损耗和发热。

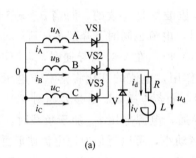
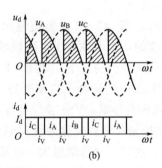

图 8-26 电感性负载带续流二极管的三相半波可控整流电路输出电压波形

(2) 三相桥式全控整流电路

三相半波可控整流电路中，三只晶闸管的阴极是接在一起的，这种整流电路叫共阴极组的整流电路，而图 8-27 所示的电路把三只晶闸管的阳极接在一起，叫作共阳极组整流电路，把这两组可控整流电路串联起来，如图 8-28 所示。这时，负载上的输出电压等于共阴极组和共阳极组的输出电压之和，若将变压器的两组次级绕组共用一个绕组，如图 8-29 所示，就是三相桥式全控整流电路。其中，VS1、VS3、VS5 晶闸管组成共阴极组，VS2、VS4、VS6 晶闸管组成共阳极组。三相桥式全控整流电路一般与电动机连接时总是串联一定的电感，以减小电流的脉动和保证电流连续，这时负载的性质可以看作是电感性的。在电感性负载的情况下，如果对共

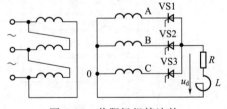

图 8-27 共阳极组接法的三相半波可控整流电路

阴极组及共阳极组晶闸管同时进行控制，控制角为 α，那么，由于三相全控桥式整流电路就是两组三相半波可控整流电路的串联，因此，整流电压 U_d 应比式(8-12) 大一倍，即 $U_d=2.34U_{2P}\cos\alpha(0\leqslant\alpha\leqslant\pi/3)$。

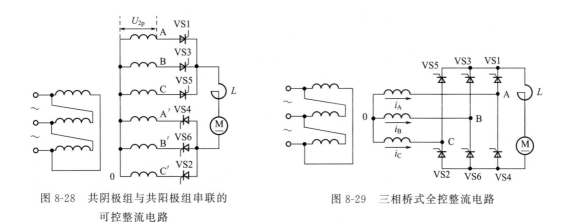

图 8-28　共阴极组与共阳极组串联的
可控整流电路

图 8-29　三相桥式全控整流电路

图 8-30 所示是图 8-29 所示电路的电压、电流波形以及触发脉冲顺序图。图中，对应于 $\alpha=0$ 的工作状况，即触发脉冲在自然换相点发出。对共阴极组的晶闸管而言，某一相电压较其他两相为正，同时又有触发脉冲，该相的晶闸管就触发导通。

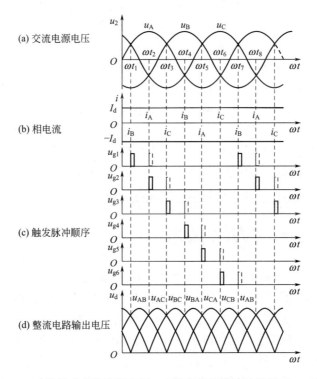

图 8-30　三相桥式全控整流电压、电流和触发脉冲波形图（$\alpha=0$ 时）

对共阳极组的晶闸管而言，某一相电压较其他两相为负，同时又有触发脉冲，该相的晶闸管就触发导通。因此，在 t_1 时刻，A 相电压较正，B 相电压为负，如果给 VS1、VS6 触发脉冲，则 VS1、VS6 导通，所以，在 $t_1 \sim t_2$ 时间内 VS1、VS6 导通，电流从 A 相经 VS1、负载和 VS6 回到 B 相，A 相电流为正，B 相电流为负（电流为负表示电流的真实方向与图上所标正方向相反）。在 t_2 时刻，A 相电压还是较正，但 C 相电压开始比 B 相电压更负了，如果在 t_2 时刻给 VS1、VS2 触发脉冲，则 VS1 将维持导通，且 VS2 导通，VS2 导通使 VS6 因承受反向电压而关断，电流从 A 相经 VS1、负载和 VS2 回到 C 相，所以 $t_2 \sim t_3$ 时间内，VS1、VS2 导通，A 相电流为正，C 相电流为负。在 t_3 时刻，C 相电压仍较负，B 相电压开始比 A 相电压为正，如在 t_3 时刻给 VS2、VS3 触发脉冲，则 VS2 维持导通，且 VS3 导通，VS3 导通使 VS1 因承受反向电压而关断，所以，在 $t_3 \sim t_4$ 时间内，VS2、VS3 导通，电流从 B 相经 VS3、负载、VS2 回到 C 相，B 相电流为正，C 相电流为负。依次类推，在 $t_4 \sim t_5$ 时间内 VS3、VS4 导通，$t_5 \sim t_6$ 时间内 VS4、VS5 导通，$t_6 \sim t_7$ 时间内 VS4、VS5 导通，$t_7 \sim t_8$ 时间内又是 VS1 和 VS6 导通。各相电流如图 8-30(b) 所示。这时整流输出电压最高，对共阴极组而言，其输出电压波形是电压波形正半周的包络线，对共阳极组而言，其输出电压波形是电压波形负半周的包络线，三相桥式全控整流电路输出电压数值上等于共阴极组与共阳极组输出电压之和。图 8-30(d) 示出了这时的输出电压波形，当控制角 α 移相时，输出电压的波形和平均值将跟着发生变化。

单相半波电路最简单，但各项指标都较差，只适用于小功率和输出电压波形要求不高的场合。单相桥式电路各项性能较好，只是电压脉动频率较大，故最适合于小功率的电路。晶闸管在直流负载侧的单相桥式电路，各项性能较好，只用一只晶闸管，接线简单，一般用于小功率的反电势负载。三相半波可接整流电路各项指标都一般，所以，用得不多。三相桥式可控整流电路，各项指标都好，在要求定输出电压的情况下，元件承受的峰值电压最低，最适合于大功率高压电路。所以，一般小功率电路应优先选用单相桥式电路，对于大功率电路，则应优先考虑三相桥式电路。只有在某种特殊情况下，才选用其他线路。例如，负载要求功率很小，各项指标要求不高，则可采用单相半波电路。

对于桥式电路是选用半控桥还是全控桥，要根据电路的要求决定。如果要求电路不仅能工作于整流状态，同时，还能工作于逆变状态，则选用全控桥，对于直流电动机负载一般也采用全控桥，对一般要求不高的负载，可采用半控桥。

以上提出的仅是选用的一些原则，具体选用时，应根据负载性质、容量大小、电源情况、元件的准备情况等进行具体分析比较，全面衡量后再确定。

8.3 斩波电路与 PWM 技术

直流-直流变流电路（DC-DC converter）的功能是将直流电变为另一固定电压或可调电压的直流电，包括直接-直流变流电路和间接直流变流电路。直接-直流变流电路也称斩波电路（DC chopper），它的功能是将直流电变为另一固定电压或可调电压的直流电，一般是指直接将直流电变为另一直流电，这种情况下输入与输出之间不隔离。间接直流变流电路是在直流变流电路中增加了交流环节，在交流环节中通常采用变压器实现输入输出间的隔离，因此也称为带隔离的直流-直流变流电路或直交直电路。习惯上，DC-DC 变换器包括以上两种情况，且甚至更多地指后一种情况。

PWM 的全称是 pulse width modulation（脉冲宽度调制），它是通过改变输出方波的占空比来改变等效的输出电压，广泛地用于电动机调速和阀门控制，比如我们现在的电动车电动机调速就是使用这种方式。

8.3.1 斩波电路的分类

直流斩波电路的种类较多，包括六种基本斩波电路：降压斩波电路、升压斩波电路、升降压斩波电路、Cuk 斩波电路、Sepic 斩波电路和 Zeta 斩波电路，其中前两种是最基本的电路。利用不同的基本斩波电路进行组合，可构成复合斩波电路，如电流可逆斩波电路、桥式可逆斩波电路等。利用相同结构的基本斩波电路进行组合，可构成多相多重斩波电路。

(1) 降压斩波电路（buck chopper）

降压斩波电路（buck chopper）的原理图及工作波形如图 8-31 所示。该电路使用一个全控型器件 V，图中为 IGBT，若采用晶闸管，需设置使晶闸管关断的辅助电路。图中，为在 V 关断时给负载中电感电流提供通道，设置了续流二极管 VD。斩波电路主要用于电子电路的供电电源，也可拖动直流电动机或带蓄电池负载等，后两种情况下负载中均会出现反电动势，如图中 E_m 所示。

如图 8-31(b) 中 V 的栅射电压 u_{GE} 波形所示，在 $t=0$ 时刻驱动 V 导通，电源 E 向负载供电，负载电压 $u_0=E$，负载电流 i_0 按指数曲线上升。

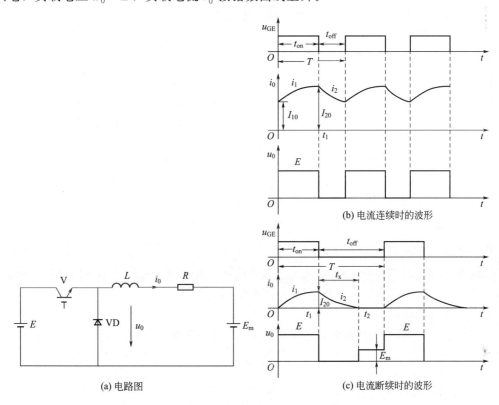

图 8-31 降压斩波电路的原理图及波形

当 $t=t_1$ 时控制 V 关断，负载电流经二极管 VD 续流，负载电压 u_0 近似为零，负载电流呈指数曲线下降，为了使负载电流连续且脉动小，通常串接的电感 L 较大。

当电路工作于稳态时，负载电流在一个周期的初值和终值相等，如图 8-31(b) 所示。负载电压的平均值为

$$U_0 = \frac{t_{on}}{t_{on}+t_{off}}E = \frac{t_{on}}{T}E = \alpha E \qquad (8-13)$$

式中，t_{on} 为 V 处于通态的时间；t_{off} 为 V 处于断态的时间；T 为开关周期；α 为导通占空比，简称占空比或导通比。

由式(8-13) 可知，输出到负载的电压平均值 U_0 最大为 E，减小导通占空比 α，U_0 随

之减小。因此将该电路称为降压斩波电路。

负载电流平均值为

$$I_0 = \frac{U_0 - E_m}{R} \tag{8-14}$$

若负载中 L 值较小，在 V 关断后，到了 t_2 时刻，如图 8-31(c) 所示，负载电流已衰减至零，出现负载电流断续的情况。由图 8-31(b)、(c) 可见，电流断续时，电流断续时，电流电压 u_0 平均值会被抬高，一般不希望出现电流断续的情况。

根据对输出电压平均值进行调制的方式不同，斩波电路可有三种控制方式：

① 保持开关周期 T 不变，调节开关导通时间 t_{on}，称为脉冲宽度调制（pulse width modulation，PWM）或脉冲调宽型。

② 保持开关导通时间 t_{on} 不变，改变开关周期 T，称为频率调制或调频型。

③ t_{on} 和 T 都可调，使占空比改变，称为混合型。

其中①应用最多。

(2) 升降压斩波电路（图 8-32）

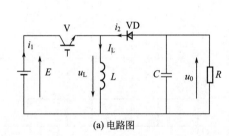
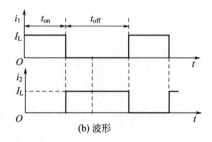

图 8-32　升降压斩波电路及其波形

V 导通时，电源 E 经 V 向 L 供电使其储能，此时电流为 i_1，同时 C 维持输出电压恒定并向负载 R 供电。V 关断时，L 的能量向负载释放，电流为 i_2，负载电压极性为上负下正，与电源电压极性相反，该电路也称作反极性斩波电路。

基本的数量关系：

稳态时，一个周期 T 内电感 L 两端电压 u_L 对时间的积分为零，即

$$\int_0^T u_L \, dt = 0$$

当 V 处于通态期间，$u_L = E$；而当 V 处于断态期间，$u_L = -u_0$。于是

$$E t_{on} = U_0 t_{off}$$

所以输出电压为

$$U_0 = \frac{t_{on}}{t_{off}} E = \frac{t_{on}}{T - t_{on}} E = \frac{\alpha}{1 - \alpha} E$$

改变导通比 α，输出电压既可以比电源电压高，也可以比电源电压低。当 $0 < \alpha < 1/2$ 时为降压，当 $1/2 \leqslant \alpha < 1$ 时为升压，因此将该电路称作升降压斩波电路。

电源电流 i_1 和负载电流 i_2 的平均值分别为 I_1 和 I_2，当电流脉动足够小时，有

$$\frac{I_1}{I_2} = \frac{t_{on}}{t_{off}}$$

由上式可得

$$I_2 = \frac{t_{off}}{t_{on}} I_1 = \frac{1 - \alpha}{\alpha} I_1$$

如果 V、VD 为没有损耗的理想开关，则输出功率和输入功率相等，即

$$EI_1 = U_0 I_2$$

(3) Cuk 斩波电路（图 8-33）

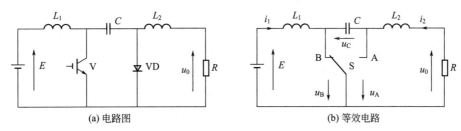

(a) 电路图　　　　　　　　　　　　(b) 等效电路

图 8-33　Cuk 斩波电路及其等效电路

Cuk 斩波电路工作原理：

V 导通时，$E-L_1-V$ 回路和 $R-L_2-C-V$ 回路分别流过电流。

V 关断时，$E-L_1-C-VD$ 回路和 $R-L_2-VD$ 回路分别流过电流。输出电压的极性与电源电压极性相反。

基本的数量关系：

C 的电流在一周期内的平均值应为零，即

$$\int_0^T i_C \mathrm{d}t = 0 \tag{8-15}$$

由式(8-14) 得

$$I_2 t_{on} = I_1 t_{off}$$

从而得

$$\frac{I_2}{I_1} = \frac{t_{off}}{t_{on}} = \frac{T-t_{on}}{t_{on}} = \frac{1-\alpha}{\alpha}$$

由 L_1 和 L_2 的电压平均值为零，可得出输出电压 U_0 与电源电压 E 的关系

$$U_0 = \frac{t_{on}}{t_{off}} E = \frac{t_{on}}{T-t_{on}} E = \frac{\alpha}{1-\alpha} E$$

与升降压斩波电路相比，Cuk 斩波电路有一个明显的优点，其输入电源电流和输出负载电流都是连续的，且脉动很小，有利于对输入、输出进行滤波。

(4) Sepic 斩波电路（图 8-34）

Sepic 斩波电路工作原理：

V 导通时，$E-L_1-V$ 回路和 C_1-V-L_2 回路同时导电，L_1 和 L_2 储能。

V 关断时，$E-L_1-C_1-VD-$ 负载回路及 L_2-VD- 负载回路同时导电，此阶段 E 和 L_1 既向负载供电，同时也向 C_1 充电（C_1 储存的能量在 V 处于通态时向 L_2 转移）。

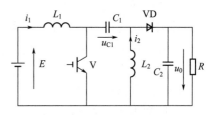

图 8-34　Sepic 斩波电路

输入输出关系 $U_0 = \dfrac{t_{on}}{t_{off}} E = \dfrac{t_{on}}{T-t_{on}} E = \dfrac{\alpha}{1-\alpha} E$

(5) Zeta 斩波电路（图 8-35）

Zeta 斩波电路工作原理：

V 导通时，电源 E 经开关 V 向电感 L_1 储能。

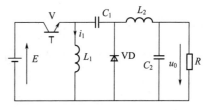

图 8-35　Zeta 斩波电路

V 关断时，L_1—VD—C_1 构成振荡回路，L_1 的能量转移至 C_1，能量全部转移至 C_1 上之后，VD 关断，C_1 经 L_2 向负载供电。

输入输出关系为 $$U_0 = \frac{\alpha}{1-\alpha}E$$

两种电路具有相同的输入输出关系，Sepic 电路中，电源电流连续但负载电流断续，有利于输入滤波，反之，Zeta 电路的电源电流断续而负载电流连续；两种电路输出电压为正极性的。

(6) 复合斩波电路和多相多重斩波电路

利用前面介绍的降压斩波电路和升压斩波电路的组合，即可构成复合斩波电路。此外，对相同结构的基本斩波电路进行组合，可构成多相多重斩波电路，可使斩波电路的整体性能得到提高。

1）电流可逆斩波电路

斩波电路用于拖动直流电动机时，常要使电动机既可电动运行，又可再生制动，降压斩波电路能使电动机工作于第 1 象限，升压斩波电路能使电动机工作于第 2 象限。

电流可逆斩波电路：降压斩波电路与升压斩波电路组合，此电路电动机的电枢电流可正可负，但电压只能是一种极性，故其可工作于第 1 象限和第 2 象限（图 8-36）。

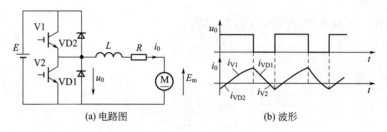

(a) 电路图　　　　(b) 波形

图 8-36　电流可逆斩波电路及其波形

① 电路结构。

V1 和 VD1 构成降压斩波电路，电动机为电动运行，工作于第 1 象限。

V2 和 VD2 构成升压斩波电路，电动机作再生制动运行，工作于第 2 象限。

必须防止 V1 和 V2 同时导通而导致电源短路。

② 工作过程。

两种工作情况：只做降压斩波器运行和只做升压斩波器运行。

第 3 种工作方式：一个周期内交替地作为降压斩波电路和升压斩波电路工作。

第 3 种工作方式下，当一种斩波电路电流断续而为零时，使另一个斩波电路工作，让电流反方向流过，这样电动机电枢回路总有电流流过。

一个周期内，电流不断，响应很快。

2）桥式可逆斩波电路（图 8-37）

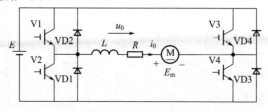

图 8-37　桥式可逆斩波电路

将两个电流可逆斩波电路组合起来，分别向电动机提供正向和反向电压，使电动机可以 4 象限运行。

工作过程：

V4 导通时，等效为图 8-36(a) 所示的电流可逆斩波电路，提供正电压，可使电动机工作于第 1、2 象限。

V2 导通时，V3、VD3 和 V4、VD₄ 等效为又一组电流可逆斩波电路，向电动机提供负电压，可使电动机工作于第 3、4 象限。

3）多相多重斩波电路

多相多重斩波电路是在电源和负载之间接入多个结构相同的基本斩波电路而构成的（图 8-38）。

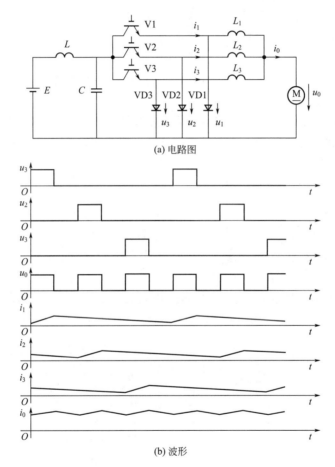

(a) 电路图

(b) 波形

图 8-38　多相多重斩波电路及其波形

相数：一个控制周期中电源侧的电流脉波数。重数：负载电流脉波数。

3 相 3 重降压斩波电路及波形分析：

相当于由 3 个降压斩波电路单元并联而成。

总输出电流为 3 个斩波电路单元输出电流之和，其平均值为单元输出电流平均值的 3 倍，脉动频率也为 3 倍。

总输出电流最大脉动率（电流脉动幅值与电流平均值之比）与相数的平方成反比，其总的输出电流脉动幅值变得很小，所需平波电抗器总重量大为减轻。

当上述电路电源公用而负载为 3 个独立负载时，则为 3 相 1 重斩波电路，当电源为 3 个独立电源，向一个负载供电时，则为 1 相 3 重斩波电路。

电源电流的谐波分量比单个斩波电路时显著减小。

多相多重斩波电路还具有备用功能，各斩波电路单元可互为备用，万一某一斩波单元发生故障，其余各单元可以继续运行，使得总体的可靠性提高。

8.3.2　PWM 技术

PWM（pulse width modulation）控制就是对脉冲的宽度进行调制的技术，即通过对一系列脉冲的宽度进行调制，来等效地获得所需要波形（含形状和幅值）。

PWM 控制技术在逆变电路中的应用最为广泛，对逆变电路的影响也最为深刻，现在大量应用的逆变电路中，绝大部分都是 PWM 型逆变电路。

面积等效原理是 PWM 控制技术的重要理论基础。

(1) 原理内容

冲量相等而形状不同的窄脉冲加在具有惯性的环节上时，其效果基本相同。

冲量即指窄脉冲的面积。

效果基本相同，是指环节的输出响应波形基本相同。

如果把各输出波形用傅里叶变换分析，则其低频段非常接近，仅在高频段略有差异。

实例：将图 8-39(a)～(d) 所示的脉冲作为输入，加在图 8-40(a) 所示的 R-L 电路上，设其电流 $i(t)$ 为电路的输出，图 8-40(b) 给出了不同窄脉冲时 $i(t)$ 的响应波形。

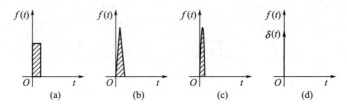

图 8-39　形状不同而冲量相同的各种窄脉冲

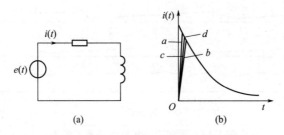

图 8-40　冲量相同的各种窄脉冲的响应波形

将正弦半波看成是由 N 个彼此相连的脉冲宽度为 π/N，但幅值顶部是曲线且大小按正弦规律变化的脉冲序列组成的。

把上述脉冲序列利用相同数量的等幅而不等宽的矩形脉冲代替，使矩形脉冲的中点和相应正弦波部分的中点重合，且使矩形脉冲和相应的正弦波部分面积（冲量）相等，这就是 PWM 波形（图 8-41）。

对于正弦波的负半周，也可以用同样的方法得到 PWM 波形。

脉冲的宽度按正弦规律变化而和正弦波等效的 PWM 波形，也称 SPWM（sinusoidal PWM）波形。

PWM 波形可分为等幅 PWM 波和不等幅 PWM 波两种，由直流电源产生的 PWM 波通常是等幅 PWM 波。

基于等效面积原理，PWM 波形还可以等效成其他所需要的波形，如等效所需要的非正弦交流波形等。

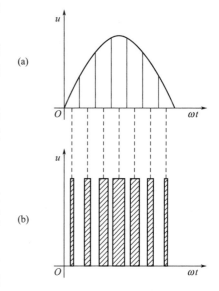

图 8-41 用 PWM 波代替正弦半波

(2) PWM 控制技术的地位

PWM 控制技术是在电力电子领域有着广泛的应用，并对电力电子技术产生了十分深远影响的一项技术。

PWM 技术与器件的关系：IGBT、电力 MOS-FET 等为代表的全控型器件的不断完善给 PWM 控制技术提供了强大的物质基础。

PWM 控制技术用于直流斩波电路：直流斩波电路实际上就是直流 PWM 电路，是 PWM 控制技术应用较早也成熟较早的一类电路，应用于直流电动机调速系统就构成广泛应用的直流脉宽调速系统。

PWM 控制技术用于交流-交流变流电路：斩控式交流调压电路和矩阵式变频电路是 PWM 控制技术在这类电路中应用的代表。

目前其应用都还不多，但矩阵式变频电路因其容易实现集成化，可望有良好的发展前景。

8.4 电力半导体器件的驱动

驱动电路是电力电子主电路与控制电路之间的接口。良好的驱动电路使电力电子器件工作在较理想的开关状态，缩短开关时间，减小开关损耗；对装置的运行效率、可靠性和安全性都有重要的意义；一些保护措施也往往设在驱动电路中，或通过驱动电路实现。

(1) 驱动电路的基本任务

① 按控制目标的要求给器件施加开通或关断的信号。

② 对半控型器件只需提供开通控制信号；对全控型器件则既要提供开通控制信号，又要提供关断控制信号。

驱动电路还要提供控制电路与主电路之间的电气隔离环节，一般采用光隔离或磁隔离。

光隔离一般采用光耦合器。光耦合器由发光二极管和光敏晶体管组成，封装在一个外壳内。有普通、高速和高传输比三种类型（图 8-42）。

磁隔离的元件通常是脉冲变压器。当脉冲较宽时，为避免铁芯饱和，常采用高频调制和解调的方法。

(2) 驱动电路的分类

按照驱动电路加在电力电子器件控制端和公共端之间信号的性质，可以将电力电子器件分为电流驱动型和电压驱动型两类。

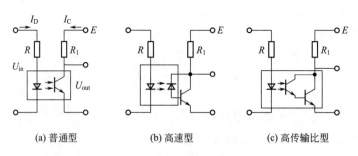

(a) 普通型　　　　　(b) 高速型　　　　　(c) 高传输比型

图 8-42　光耦合器的类型及接法

　　晶闸管的驱动电路常称为触发电路。驱动电路具体形式可为分立元件的，但目前的趋势是采用专用集成驱动电路，如双列直插式集成电路及将光耦隔离电路也集成在内的混合集成电路。为达到参数最佳配合，首选所用器件生产厂家专门开发的集成驱动电路。

8.4.1　晶闸管的触发电路

　　晶闸管触发电路的作用（图 8-43）：产生符合要求的门极触发脉冲，保证晶闸管在需要的时刻由阻断转为导通。晶闸管触发电路往往还包括对其触发时刻进行控制的相位控制电路。

　　触发电路应满足下列要求：

　　① 触发脉冲的宽度应保证晶闸管可靠导通，比如对感性和反电动势负载的变流器应采用宽脉冲或脉冲列触发。

　　② 触发脉冲应有足够的幅度，对户外寒冷场合，脉冲电流的幅度应增大为器件最大触发电流的 $3\sim5$ 倍，脉冲前沿的陡度也需增加，一般需达 $1\sim2A/\mu s$。

　　③ 触发脉冲应不超过晶闸管门极的电压、电流和功率定额，且在门极伏安特性的可靠触发区域之内。

　　④ 应有良好的抗干扰性能、温度稳定性及与主电路的电气隔离。

　　常见的晶闸管触发电路由 V1、V2 构成的脉冲放大环节及脉冲变压器 TM 和附属电路构成的脉冲输出环节两部分组成（图 8-44）。当 V1、V2 导通时，通过脉冲变压器向晶闸管的门极和阴极之间输出触发脉冲。VD1 和 R_3 是为了 V1、V2 由导通变为截止时脉冲变压器 TM 释放其储存的能量而设的。

　　为了获得触发脉冲波形中的强脉冲部分，还需适当附加其他电路环节。

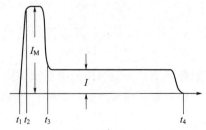

图 8-43　理想的晶闸管触发脉冲电流波形

　　$t_1\sim t_2$—脉冲前沿上升时间（<1s）；

　　$t_1\sim t_3$—强脉冲宽度；I_M—强脉冲幅值

　　（$3I_{GT}\sim5I_{GT}$）；$t_1\sim t_4$—脉冲宽度；

　　I—脉冲平顶幅值（$1.5I_{GT}\sim2I_{GT}$）

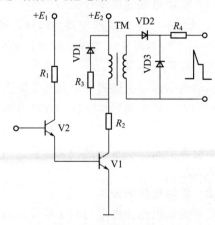

图 8-44　常见的晶闸管触发电路

8.4.2 典型全控型器件的驱动电路

（1）电流驱动型器件的驱动电路

GTO 和 GTR 是电流驱动型器件。

① GTO（图 8-45）。

开通控制与普通晶闸管相似，但对触发脉冲前沿的幅值和陡度要求高，且一般需在整个导通期间施加正门极电流；使 GTO 关断需施加负门极电流，对其幅值和陡度的要求更高。

GTO 一般用于大容量电路的场合，其驱动电路通常包括开通驱动电路、关断驱动电路和门极反偏电路三部分，可分为脉冲变压器耦合式和直接耦合式两种类型。

直接耦合式驱动电路见图 8-46。

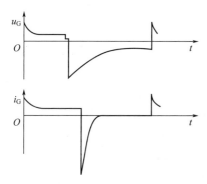

图 8-45　推荐的 GTO 门极电压电流波形

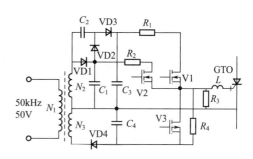

图 8-46　典型的直接耦合式 GTO 驱动电路

可避免电路内部的相互干扰和寄生振荡，可得到较陡的脉冲前沿；缺点是功耗大，效率较低。

电路的电源由高频电源经二极管整流后提供，VD1 和 C_1 提供 +5V 电压，VD2、VD3、C_2、C_3 构成倍压整流电路，提供 +15V 电压，VD4 和 C_4 提供 −15V 电压。

V1 开通时，输出正强脉冲；V2 开通时，输出正脉冲平顶部分；V2 关断而 V3 开通时输出负脉冲；V3 关断后 R_3 和 R_4 提供门极负偏压。

② GTR（图 8-47）。

开通的基极驱动电流应使其处于准饱和导通状态，使之不进入放大区和深饱和区。

关断时，施加一定的负基极电流有利于减小关断时间和关断损耗，关断后同样应在基射极之间施加一定幅值（6V 左右）的负偏压。

GTR 的一种驱动电路见图 8-48。

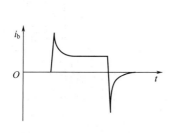

图 8-47　理想的 GTR 基极驱动电流波形图

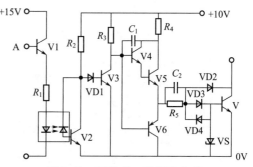

图 8-48　GTR 的一种驱动电路

包括电气隔离和晶体管放大电路两部分。

VD2 和 VD3 构成贝克钳位电路，是一种抗饱和电路，可使 GTR 导通时处于临界饱和状态。

C_2 为加速开通过程的电容，开通时 R_5 被 C_2 短路，这样可以实现驱动电流的过冲，并增加前沿的陡度，加快开通。

驱动 GTR 的集成驱动电路中，THOMSON 公司的 UAA4002 和三菱公司的 M57215BL 较为常见。

(2) 电压驱动型器件的驱动电路

电力 MOSFET 和 IGBT 是电压驱动型器件。

为快速建立驱动电压，要求驱动电路具有较小的输出电阻。

使电力 MOSFET 开通的栅源极间驱动电压一般取 10～15V，使 IGBT 开通的栅射极间驱动电压一般取 15～20V。

关断时施加一定幅值的负驱动电压（一般取 -5～-15V）有利于减小关断时间和关断损耗。

在栅极串入一只低值电阻（数十欧左右）可以减小寄生振荡，该电阻阻值应随被驱动器件电流额定值的增大而减小。

① 电力 MOSFET（图 8-49）。

包括电气隔离和晶体管放大电路两部分；当无输入信号时高速放大器 A 输出负电平，V3 导通输出负驱动电压，当有输入信号时 A 输出正电平，V2 导通输出正驱动电压。

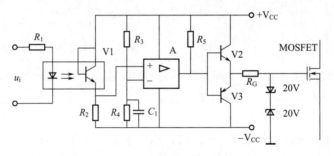

图 8-49 电力 MOSFET 的一种驱动电路

专为驱动电力 MOSFET 而设计的混合集成电路有三菱公司的 M57918L，其输入信号电流幅值为 16mA，输出最大脉冲电流为 +2A 和 -3A，输出驱动电压 +15V 和 -10V。

② IGBT（图 8-50）。

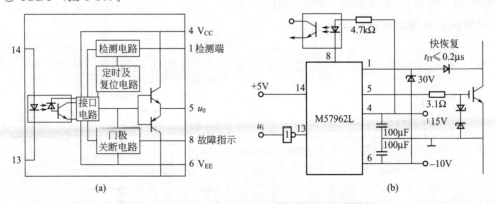

图 8-50 M57962L 型 IGBT 驱动器的原理和接线图

多采用专用的混合集成驱动器，常用的有三菱公司的 M579 系列（如 M57962L 和 M57959L）和富士公司的 EXB 系列（如 EXB840、EXB841、EXB850 和 EXB851）。

 习 题

8.1 晶闸管的导通条件是什么？导通后流过晶闸管的电流决定于什么？晶闸管由导通转变为阻断的条件是什么？阻断后它所承受的电压大小决定于什么？

8.2 晶闸管能否和晶体管一样构成放大器？为什么？

8.3 试画出图 8-51 中负载电阻 R 上的电压波形和晶闸管上的电压波形。

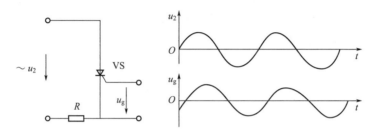

图 8-51 题 8.3 图

8.4 如图 8-52 所示，试问：

① 在开关 S 闭合前灯泡亮不亮？为什么？

② 在开关 S 闭合后灯泡亮不亮？为什么？

③ 再把开关 S 断开后灯泡亮不亮？为什么？

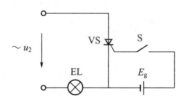

图 8-52 题 8.4 图

8.5 如图 8-53 所示，若在 t_1 时刻合上开关 S，t_2 时刻断开 S，试画出负载电阻 R 上的电压波形和晶闸管上的电压波形。

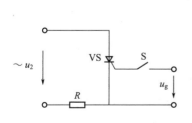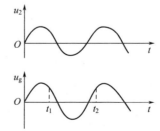

图 8-53 题 8.5 图

8.6　晶闸管的主要参数有哪些？

8.7　如何用万用表粗测晶闸管的好坏？

8.8　晶闸管的控制角和导通角是何含义？

8.9　有一单相半波可控整流电路，其交流电源电压 $U_2 = 220V$，负载电阻 $R_L = 102\Omega$，试求输出电压平均值 U_4 的调节范围，当 $\alpha = \pi/3$ 时，输出电压平均值 U_d、电流平均值 I_d 为多少？

8.10　续流二极管有何作用？为什么？若不注意把它的极性接反了会产生什么后果？

8.11　试画出单相半波可控整流电路带不同性质负荷时，晶闸管的电流波形与电压波形。

8.12　有一电阻性负载，需要直流电压 $U_d = 60V$、电流 $I_d = 30A$ 供电，若采用单相半波可控整流电路，直接接在 220V 的交流电网上，试计算晶闸管的导通角 θ。

8.13　有一电阻负载需要可调直流电压 $U_d = 0 \sim 60V$、电流 $I_d = 0 \sim 10A$，现选用一单相半控桥式可控整流电路，试求电源变压器副边的电压和晶闸管与二极管的额定电压和电流。

8.14　三相半波可控整流电路，如在自然换相点之前加入触发脉冲会出现什么现象？画出这时负载侧的电压波形图。

8.15　三相半波电阻负载的可控整流电路，如果由于控制系统故障，A 相的触发脉冲丢失，试画出控制角 $\alpha = 0$ 时的整流电压波形。

8.16　三相桥式全控整流电路带电阻性负载，如果有一只晶闸管被击穿，其他晶闸管会受什么影响？

8.17　GTO 和晶闸管同为 PNPN 结构，为什么 GTO 能够自动关断，而普通晶闸管不能？

8.18　试列举你所知道的电力电子器件，并从不同角度对这些电力电子器件进行分类。目前常用的全控型电力电子器件有哪些？

第9章
机电传动的闭环控制系统

9.1 机电传动控制系统的分类

　　机电传动控制系统主要有直流传动控制系统和交流传动控制系统。直流传动控制系统是以直流电动机为动力，交流传动控制系统则以交流电动机为动力。直流电动机虽不如交流电动机结构简单、制造方便、维修容易、价格便宜等，但由于直流电动机具有良好的调速性能，可在很宽的范围平滑调速，所以，截至目前，直流电动机仍被广泛地应用于自动控制要求较高的各种生产部门。

　　机电传动控制系统是由电机、电器、电子部件组合而成的，通过一定的控制去实现对生产机械的驱动任务，如在图 9-1 所示的直流发电机-直流电动机（G-M）系统中，发电机励磁绕组中的励磁电流是输入量，直流电动机的转速是输出量。控制输入量（励磁电流的大小），就可控制输出量的大小（转速的高低）。

此系统只有控制量（输入量）对被控制量（输出量）的单向控制作用，而不存在被控制量对控制量的影响和联系，这样的控制系统称为开环控制系统。

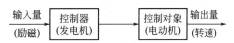

图 9-1　开环控制系统方框图

　　开环控制系统往往不能满足高要求的生产机械的需要，例如，镗床的进给传动，它不仅要求满足镗孔的进给速度，还要求满足钻、铣的进给速度，调速范围要求为 $100\sim200$ 甚至更高，如 T615K 可达 800。数控机床的位置控制精度要求可达微米级或更高。

　　从自动控制系统的角度，高性能的机电传动系统往往是闭环控制系统，并根据不同的原理、器件、性能、结构和被控制量构成不同的闭环控制系统。

9.2 按静态误差分类的闭环直流调速系统

　　调速系统的最高转速与最低转速之比称为调速范围，负载导致的转速降与空载转速之比称为静差度。常见的闭环直流调速系统的框图如图 9-2 所示，闭环直流调速系统常分为有静差调速系统和无静差调速系统两类：单纯由被调量负反馈组成的按比例控制的闭环系统属有静差的自动调节系统，简称有静差调速系统；而按积分（或比例积分）控制的系统，则属无静差调速系统。

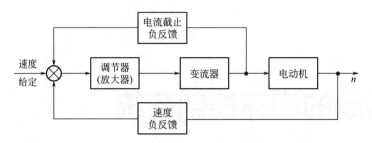

图 9-2　闭环直流调速系统框图

9.2.1　有静差调速系统

(1) 有静差调速系统的基本组成和工作原理

图 9-3 所示为一典型的晶闸管直流电动机有静差调速系统的原理图，其中，放大器为比例放大器（或比例调节器），直流电动机 M 由晶闸管可控整流器经过平波电抗器 L 供电。

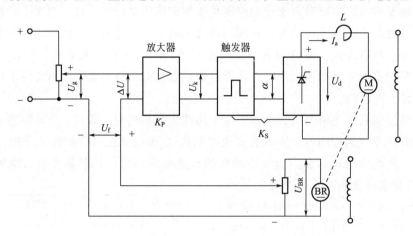

图 9-3　晶闸管直流电动机有静差调速系统原理图

整流器整流电压 U 可由控制角 α 来改变，在这里整流器的交流电源省略未画出。触发器的输入控制电压为 U_k。为使速度调节灵敏，使用放大器来把输入信号 ΔU 加以扩大为给定电压 U_g 与速度反馈信号 U_f 的差值，即

$$\Delta U = U_g - U_f \tag{9-1}$$

ΔU 又称偏差信号。速度反馈信号电压与转速成正比，即

$$U_f = \gamma n \tag{9-2}$$

式中　γ——转速反馈系数。

放大器的输出　　　$U_k = K_P \Delta U = K_P(U_g - U_f) = K_P(U_g - \gamma n)$ 　(9-3)

式中　K_P——放大器的电压放大倍数。

把触发器和可控整流器看成一个整体，设其等效放大倍数为 K_S，则空载时，可控整流器的输出电压为

$$U_d = K_S U_k = K_S K_P(U_g - \gamma n) \tag{9-4}$$

对于电动机电枢回路，若忽略晶闸管的管压降 ΔE，则有

$$U_d = K_e \Phi n + I_a R_\Sigma = C_e n + I_a R_\Sigma \tag{9-5}$$

式中　$R_\Sigma = R_x + R_a$——电枢回路的总电阻；

R_x——可控整流电源的等效内阻（包括整流变压器和平波电抗器等的电阻）；

R_a——电动机的电枢电阻。

联立求解式(9-4) 和式(9-5)，可得带转速负反馈的晶闸管-电动机有静差调速系统的机械特性方程

$$n=\frac{K_0 U_g}{C_e(1+K)}-\frac{R_\Sigma}{C_e(1+K)}I_a=n_{of}-\Delta n_f \qquad (9-6)$$

式中　$K_0=K_S K_P$——从放大器输入端到可控整流电路输出端的电压放大倍数；

$K=\dfrac{\gamma}{C_e}K_P K_S$——闭环系统的开环放大倍数。

由图 9-3 可看出，如果系统没有转速负反馈（即开环系统），则整流器的输出电压

$$U_d=K_P K_S U_g=K_0 U_g=C_e n+I_a R_\Sigma$$

由此可得开环系统的机械特性方程

$$n=\frac{K_0 U_g}{C_e}-\frac{R_\Sigma}{C_e}I_a=n_0-\Delta n \qquad (9-7)$$

比较式(9-6) 与式(9-7)，不难看出：

① 在给定电压一定时，有闭环系统的理想空载转速

$$n_{of}=\frac{K_0 U_g}{C_e(1+K)}=\frac{n_0}{1+K} \qquad (9-8)$$

闭环系统的理想空载转速降低到开环时的 $\dfrac{1}{1+K}$ 倍，为了使闭环系统获得与开环系统相同的理想空载转速，闭环系统所需要的给定电压要比开环系统高 $1+K$ 倍，因此，仅有转速负反馈的单闭环系统在运行中，若突然失去转速负反馈就可能造成严重的事故。

② 如果将系统闭环与开环的理想空载转速调得一样，即 $n_{of}=n_0$，则闭环系统的转速降

$$\Delta n_f=\frac{R_\Sigma}{C_e(1+K)}I_a=\frac{\Delta n}{1+K} \qquad (9-9)$$

即在同样负载电流下，闭环系统的转速降仅为开环系统转速降的 $\dfrac{1}{1+K}$ 倍，从而大大提高了机械特性的硬度，使系统的静差度减少。

③ 在最大运行转速 n_{max} 和低速时最大允许静差度 S_2 不变的情况下，如果 Δn_N 和 Δn_{NF} 分别为额定负载导致的开环和闭环系统的转速降，则开环系统和闭环系统的调速范围分别为

开环：
$$D=\frac{n_{max}S_2}{\Delta n_N(1-S_2)}$$

闭环：
$$D_f=\frac{n_{max}S_2}{\Delta n_{NF}(1-S_2)}=\frac{n_{max}S_2}{\dfrac{\Delta n_N}{1+K}(1-S_2)}=(1+K)D \qquad (9-10)$$

即闭环系统的调速范围为开环系统的 $1+K$ 倍。

提高系统的开环放大倍数 K 是减小静态转速降落、扩大调速范围的有效措施。但是放大倍数也不能过分增大，否则系统容易产生不稳定现象。

现在分析这种系统转速自动调节的过程。在某一个规定的转速下，给定电压 U_g 是固定

不变的。假设电动机空载运行（$I_a \approx 0$）时，空载转速为 n_0，测速发电机有相应的电压 U_{BR}，经过分压器分压后，得到反馈电压 U_f，给定量 U_g 与反馈量 U_f 的差值 ΔU 加进比例调节器（放大器）的输入端，其输出电压 U_k 加入触发器的输入电路，可控整流装置输出整流电压 U_d 供电给电动机，产生空载转速 n_0。当负载增加时，I_a 加大，由于 $I_a R_\Sigma$ 的作用，使电动机转速下降（$n < n_0$），测速发电机的电压 U_{BR} 下降，使反馈电压 U_f 降到 U_f'，但这时给定电压 U_g 并没有改变，于是偏差信号增加 $\Delta U' = U_g - U_f'$，使放大器输出电压上升到 U_k'，它使晶闸管整流器的控制角 α 减小，整流电压上升到 U_d'，电动机转速又回升到近似等于但绝不可能等于 n_0，因为，如果回升到 n_0，那么，反馈电压也将回升到原来的数值 U_f，而偏差信号又将下降到原来的数值 ΔU，也就是放大器输出的控制电压 U_k 没有增加，因而晶闸管整流装置的输出电压 U_d 也不可能增加，也就无法补偿负载电流 I_a 在电阻 R_Σ 上的电压降落，电动机转速又将下降到原来的数值。这种维持被调量（转速）近于恒值不变，但又具有偏差的反馈控制系统通常称为有差调节系统（即有差调速系统）。系统的放大倍数越大，准确度就越高，静差度就越小，调速范围就越大。

图 9-3 中的放大器可采用单管直流放大器、差动式多级直流放大器或直流运算放大器。目前在调速系统中应用最普遍的是直流运算放大器，在运算放大器的输出端与输入端之间接入不同阻抗网络的负反馈，可实现信号的组合和运算，通常称为"调节器"，常用的有 P、PI、PID、PD 等调节器。在有差调速系统中用的是比例调节器，即 P 调节器。

转速负反馈调速系统能克服扰动作用（如负载的变化、电动机励磁的变化、晶闸管交流电源电压的变化等）对电动机转速的影响。只要扰动引起电动机转速的变化能为测量元件——测速发电机等所测出，调速系统就能产生作用来克服它，换句话来说，只要扰动是作用在被负反馈所包围的环内，就可以通过负反馈的作用来减少扰动对被调量的影响。

必须指出：测量元件本身的误差是不能补偿的。例如，当测速发电机的磁场发生变化时，此时实际速度没变，测量结果会有变化，通过系统的作用，会使电动机的转速发生不希望的改变。因此，正确选择与使用测速发电机是很重要的。如用他励式测速发电机时，应使其磁场工作在饱和状态或者用稳压电源供电，也可选用永磁式的测速发电机（当安装环境不是高温，没有剧烈振动的场合）以提高系统的准确性。

在安装测速发电机时还应注意轴的对中不偏心，否则也会对系统带来干扰。

(2) 其他反馈在自动调速系统中的应用

速度（转速）负反馈是抑制转速变化的最直接而有效的方法，它是自动调速系统基本的反馈形式。速度负反馈需要有反映转速的测速发电机，它的安装和维修都不太方便，因此，在调速系统中还常采用其他的反馈形式。常用的有电压负反馈、电流正反馈、电流截止负反馈等反馈形式。

① 电压负反馈系统：具有电压负反馈环节的调速系统如图 9-4 所示。系统中电动机的转速

$$n = \frac{U}{K_0 \Phi} - \frac{R_a}{K_c \Phi} I_a$$

可知，电动机的转速随电枢端电压的大小而变。电枢电压高，电动机转速高，电枢电压的大小，可以近似地反映电动机转速的高低。电压负反馈系统就是把电动机电枢电压作为反馈量，以调整转速。图中 U_g 是给定电压，U_f 是电压负反馈的反馈量，它是从并联在电动机电枢两端的电位计 RP 上取出来的，所以，电位计 RP 是检测电动机端电压大小的检测元件，

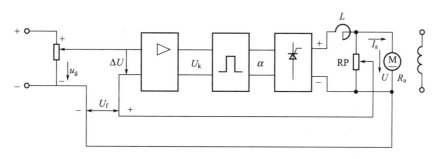

图 9-4　电压负反馈系统

U_f 与电动机端电压 U 成正比，U_f 与 U 的比例系数用 α 表示，称为电压反馈系数 $\alpha = U_f/U$。因 $\Delta U = U_g - U_f$，U_f 和 U_g 极性相反，故为电压负反馈。在给定电压 U_g 一定时，其调整过程如下

$$负载\uparrow \rightarrow n\downarrow \rightarrow I_d\uparrow \rightarrow U_f\downarrow \rightarrow \Delta U\uparrow \rightarrow U_k\uparrow \rightarrow \alpha\downarrow$$
$$n\uparrow \longleftarrow U\uparrow \longleftarrow U_d\uparrow$$

同理：负载减小时，引起 n 上升，通过调节可使 n 下降，趋于稳定。

电压负反馈系统的特点是线路简单。可是它稳定速度的效果并不大，因为，电动机端电压即使由于电压负反馈的作用而维持不变，但是负载增加时，电动机电枢内阻 R_a 所引起的内阻压降仍然要增大，电动机速度还是要降低。或者说，电压负反馈顶多只能补偿可控整流电源的等效内阻所引起的速度降落。

一般线路中采用电压负反馈，主要不是用它来稳速，而是用它来防止过压、改善动态特性、加快过渡过程。

② 电流正反馈与电压负反馈的综合反馈系统——高电阻电桥：由于电压负反馈调速系统对电动机电枢电阻压降引起的转速降落不能予以补偿，因而转速降落较大，静特性不够理想，使允许的调速范围减小。为了补偿电枢电阻压降 $I_a R_a$，一般在电压负反馈的基础上再增加一个电流正反馈环节，如图 9-5 所示。

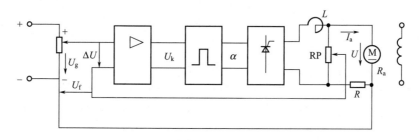

图 9-5　电压负反馈和电流正反馈系统

电流正反馈是把反映电动机电枢电流大小的量 I_a 取出，与电压负反馈一起加到放大器输入端。由于是正反馈，当负载电流增加时，放大器输入信号也增加，从而使晶闸管整流输出电压协增，以此来补偿电动机电枢电阻所产生的压降。由于这种反馈方式的转速降落比仅有电压负反馈时小了许多，因而扩大了调速范围。

为了保证"调整"效果，电流正反馈的强度与电压负反馈的强度应按一定比例组成。如果比例选择恰当，综合反馈将具有转速反馈的性质。

为了说明这种组合，我们采用了简化的图 9-6。图中，从 a、o 两点取出的是电压负反

馈信号，从 b、o 两点取出的是电流正反馈信号，从 a、b 两点取出的则代表综合反馈信号。

图 9-6 中，a、b 两点之间电压 U_{ab} 可看作是电压 U_{ao} 与电压 U_{ob} 之和，即 $U_{ab}(U_f)=U_{ao}+U_{ob}$。$U_{ao}$ 与 U_{ob} 极性相反，所以 $U_{ab}=U_{ao}-U_{bo}$，这里 U_{ao} 随端电压 U 而变，如果令

$$\alpha=R_2/(R_1+R_2)$$

则有

$$U_{ao}=\alpha U$$

式中　U_{ao}——电压负反馈信号；

　　　U——电动机电枢端电压；

　　　α——电压反馈系数。

U_{bo} 随电流 I_a 而变，它代表 I_a 在电阻 R_3 上引起的压降，即电流正反馈信号

$$U_{bo}=I_aR_3$$

将 U_{ao} 与 U_{bo} 的表达式代入 U_{ab} 的表达式中，得

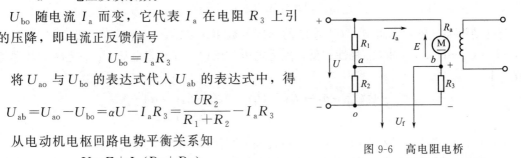

图 9-6　高电阻电桥

$$U_{ab}=U_{ao}-U_{bo}=\alpha U-I_aR_3=\frac{UR_2}{R_1+R_2}-I_aR_3$$

从电动机电枢回路电势平衡关系知

$$U=E+I_a(R_a+R_3)$$

$$I_a=\frac{U-E}{R_3+R_a}$$

将 I_a 的表达式代入 U_{ab} 中可得

$$U_{ab}=\frac{UR_2}{R_1+R_2}-\frac{U-E}{R_3+R_a}R_3=\frac{UR_2}{R_1+R_2}-\frac{UR_3}{R_3+R_a}+\frac{ER_3}{R_3+R_a}$$

上式如果满足下列条件

$$\frac{UR_2}{R_1+R_2}-\frac{UR_3}{R_3+R_a}=0$$

则化简后可以得到电桥的平衡条件

$$\frac{R_2}{R_1}=\frac{R_3}{R_a} \tag{9-11}$$

则有

$$U_{ab}=\frac{R_3}{R_3+R_a}E \tag{9-12}$$

这就是说，满足式（9-11）所示的条件，则从 a、b 两点取出的反馈信号形成的反馈，将转化为电动机反电势的反馈。因为，反电势与转速成正比，$E=C_en$，所以，U_{ab} 也可以表示为

$$U_{ab}=\frac{R_3}{R_3+R_a}C_en \tag{9-13}$$

这种反馈也可以称为转速反馈。

因为满足式（9-11）后，电动机电枢电阻 R_a 与附加电阻 R_3、R_2、R_1 组成电桥的四个臂，a、b 两点代表电桥的中点，所以，这种线路称为高电阻电桥线路，式（9-11）为高电阻电桥的平衡条件，高电阻电桥线路实质上是电势反馈线路，或者说是电动机的转速反馈线路。

③ 电流截止负反馈系统：电流正反馈可以改善电动机运行特性，而电流负反馈会使 ΔU 随着负载电流的增加而减小，使电动机的速度迅速降低，可是这种反馈却可以人为地造成

"堵转"，防止电枢电流过大而烧坏电动机。加有电流负反馈的系统，当负载电流超过一定数值，电流负反馈足够强时，它足以将给定信号的绝大部分抵消掉，使电动机速度降到零，电动机停止运转，从而起到保护作用。否则，如果电动机的速度在负载过分增大时也不会降下来，这就会使电枢过流而烧坏。本来采用过流保护继电器也可以保护这种严重过载，但是过流保护继电器要触头断开、电动机断电方能保护，而采用电流负反馈作为保护手段，则不必切断电动机的电路，只是使它的速度暂时降下来，一旦过负载去掉后，它的速度又会自动升起来，这样有利于生产。

　　既然电流负反馈有使特性恶化的作用，故在正常情况下，不希望它起作用，应该将它的作用"截止"。在过流时则希望它起作用以保护电动机。满足这两种要求的线路称为电流截止负反馈线路，如图 9-7 所示。

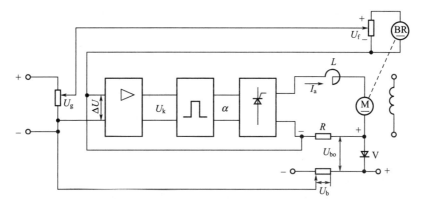

图 9-7　电流截止负反馈作为调速系统限流保护

　　电流截止负反馈的信号，由串联在回路中的电阻 R 上取出（电阻 R 上的压降 I_aR 与电流 I_a 成正比），在电流较小时，$I_aR<U_b$，二极管不导通，电流负反馈不起作用，只有转速负反馈，故能得到稳态运行所需要的比较硬的静特性。当主回路电流增加到一定值使 $I_aR>U_b$ 时，二极管 V 导通。电流负反馈信号 I_aR 经过二极管与比较电压 U_b 比较后送到放大器，其极性与 U_g 极性相反，经放大后控制移相角 α，使 α 增大，输出电压 U_d 减小，电动机转速下降。如果负载电流一直增加下去，则电动机速度最后将降到零。电动机速度降到零后，电流不再增大，这样就起到了"限流"的作用，加有电流截止负反馈的速度特性如图 9-8 所示（这种特性因它常被用于挖土机上，故称为"挖土机特性"），因为只有当电流大到一定程度反馈才起作用，故称电流截止负反馈。图中：速度等于零时，电流为 I_{a0}，I_{a0} 称为堵转电流，一般 $I_{a0}=(2\sim2.5)I_{aN}$。电流负反馈开始起作用的电流称为转折点电流 I_0，一般转折点电流 I_0 为额定电流 I_{aN} 的 1.35 倍。且比较电压越大，则电流截止负反馈的转折点电流越大，比较电压小，则转折点电流小。

　　所以，比较电压的大小如何选择是很重要的。一般按照转折电流 $I_0=KI_{aN}$ 选取比较电压。当负载没有超出规定值时，起截止作用的二极管不应该开放，也就是比较电压应满足下式

$$U_b+U_{bo}\leqslant KI_{aN}R \tag{9-14}$$

式中　U_b——比较电压；

　　　U_{bo}——截止元件二极管的开放电压；

　　　I_{aN}——电动机额定电流；

K——转折点电流的倍数，即 $K = I_{转折}/I_{aN} = I_0/I_{aN}$；

R——电动机电枢回路中所串电流反馈电阻。

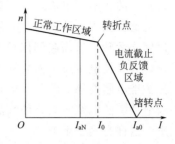

图 9-8 电流截止负反馈速度特性

上述各种反馈信号都是直接反映某一参量的大小的，即反馈信号的强弱与其反映的参量大小成正比。另外，还有其他形式的反馈，如电压微分负反馈，这种反馈与某一参量的一次导数或二次导数成正比，而且它只在动态时起作用，在静态时不起作用。

(3) 有静差调速系统的实例

为了对晶闸管-电动机调速系统有一个比较全面、具体深入的了解，下面以晶闸管控制的龙门铣床为例加以分析。龙门铣床的主运动为铣刀的旋转运动，进给运动为工作台的往复运动，进给运动属于恒转矩负载。

X2010A 型龙门铣床是一种性能很好的通用机床，主要用作较大零件的平面铣削，也可兼作其他工艺加工，运行可靠，操作方便。

机床的主运动为两个水平主轴箱及一个垂直主轴箱的主轴旋转，主轴传动采用交流异步电动机，机械有级变速。

进给运动有工作台的前后移动，左、右主轴箱沿立柱上下移动，垂直主轴箱沿横梁左右移动（均共用一个电动机，用选择开关控制电磁离合器来进行选择），传动电动机为直流电动机，采用晶闸管整流供电，无级调节直流电动机的电枢电压进行调速，调速范围 $D = 50$，即工作台进给速度为 20mm/min、1000mm/min（电动机转速为 20~1000r/min），主轴箱进给速度为 10mm/min、500mm/min（电动机转速为 20~1000r/min），静差度 $S < 15\%$。

工作台和主轴箱的快速移动，仍用进给电动机传动，当电动机电枢电压达到额定值后，电压继电器 KV 动作，减弱一半磁场，使电动机转速达到快速 2000r/min。

下面着重分析进给运动的传动系统，即晶闸管直流调速系统。

① 进给运动传动系统方框图如图 9-9 所示，系统由给定电压、前置放大、移相触发器、晶闸管整流器、直流电动机及各种反馈环节组成。

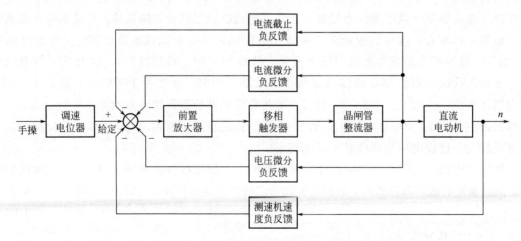

图 9-9 进给运动传动系统方框图

当给定电压增大时，经前置放大器放大，使移相触发脉冲向前移，晶闸管被触发的时间也向前，于是晶闸管的输出电压增大，电动机的转速上升；反之，当给定电压减小时电动机的转速下降；当给定电压为零时，电动机停转。

　　② 晶闸管整流器。直流电动机主回路如图 9-10 所示，由于进给电动机正反向工作不频繁，容量也不大（4kW，100r/min，200V），因此采用单相半控桥式整流线路，电动机的正、反转由接触器 FKM、RKM 控制，主回路用整流元件均设有阻容保护元件，电动机的制动采用能耗制动，制动时接触器 KM 动作，将电阻 R 并接在电枢两端。电流继电器 KA2 作过电流保护，在 50A 左右动作。

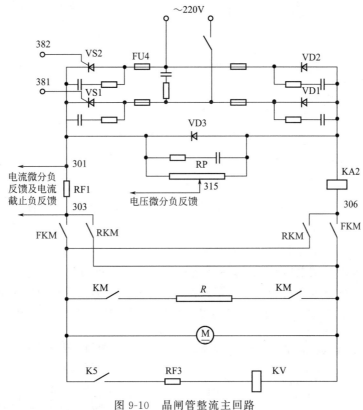

图 9-10　晶闸管整流主回路

　　单相半控桥式整流电路带电阻负载情况下，晶闸管整流电压的平均值

$$U_d = 0.9U_c \frac{1+\cos\alpha}{2} \tag{9-15}$$

式中　U_c——交流电压 u_c 的有效值；

　　　　α——控制角（移相角）。

　　可见，U_d 是随控制角 α 改变而改变的，α 的大小是由移相触发电路来控制的。所以，通过移相器控制移相角 α 使得晶闸管整流输出直流电压改变，就可实现电动机转速 20～1000r/min 的调节。不过这里的负载是电动机，它是一个反电势负载，具有一定的电感，当主回路中没有另加滤波电抗器时，主回路电流总是断续的，特别是在轻负载情况下，断续得更厉害些，晶闸管整流电压要升高，使得电动机的转速比有滤波电抗器情况下的转速要高，这时电动机反电势 E 使得在交流电压瞬时值较小时，主回路电流 $I_a = 0$。

　　续流二极管 VD3 在低速、大负载情况下有续流作用，以保证晶闸管整流器的正常工作。

快速移动时，继电器 K5 得电动作，整流电压平均值为最大，使继电器 KV 动作，电动机磁场减小一半（励磁电路未画出），因 $n = E/(K_e \Phi)$，故电动机转速升高一倍。

③ 移相触发器。为了使控制角 α 能够改变，必须有一个相位可移动的触发脉冲装置，本铣床采用了锯齿波移相控制的触发线路，整个触发器由锯齿波形成、移相控制、脉冲形成三个环节组成，原理线路见图 9-11。

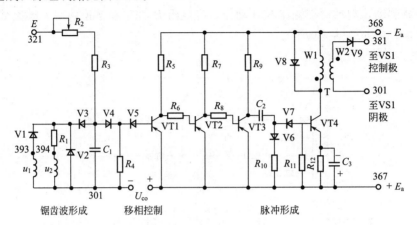

图 9-11　触发控制线路

④ 前置放大器。本机床所用的前置放大器为单管放大，如图 9-12 所示。从进给量调速器 SR 上取出的给定电压，与测速反馈电压比较后加到放大器的输入端，设置放大器是为了提高系统的放大倍数、增加调速系统的精度。信号经放大器放大后从 VT5 的集电极 367-301 输出，此输出电压即控制电压 U_{co}。改变给定电压的大小，即可改变 U_{co} 的大小，从而改变控制角 α 的大小以调节电动机的转速。若放大器工作在放大器输入输出特性的线性段，放大系数可为 15～20，这可满足电动机低速特性的硬度，保证调速范围 $D = 50$。

R_{25} 是偏流调节电阻。R_{26} 与 V14 是为了增加输出电压 U_{co}，使之不小于最小值 $U_{co\,min}$，以满足在此控制电压作用下控制角 $\alpha = 0$，否则若 $U_{co} < U_{co\,min}$，则 P 点将移至 $\alpha = 0$ 的前头，会出现失控的"死区"。C_{20} 是微分负反馈，它与 C_{21} 同样是为了减小放大器输出的交流分量，增加系统的稳定性。

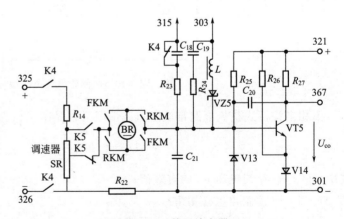

图 9-12　前置放大器

在放大器的输入端还加有各种反馈信号：

a. 采用深度速度负反馈，是为了提高电动机机械特性的硬度，满足调速范围的要求。

b. 电压微分（软）负反馈环节，由 C_{18}、R_{23} 组成，进给工作时，继电器 K4 得电，其常闭触头断开，C_{18} 起作用，该环节起软反馈作用，以增强系统的稳定性。

c. 电流微分负反馈环节，由 C_{19}、R_{24} 组成，同样是为了增强系统的稳定性。

d. 电流截止负反馈环节，由稳压管 VZ5 和滤波电感 L 组成，从 RF1（见图 9-10）上取出的电压正比于主回路负载电流 I_a，由于 I_a 是不连续的尖峰波，故要用 L 滤波，稳压管 VZ5 作为截止范围的比较电压，滤波信号经 VZ5 后，才加入放大器的输入端。在负载电流（平均值）较大时，从 RF1 上取出的电压大于 VZ5 的击穿电压，限流回路开放，使 VT5 截止、U_{co} 增大，α 增大、晶闸管输出减小，从而限制主回路电流，以保护晶闸管和电动机。

9.2.2　无静差调速系统

图 9-13 所示为一常用的具有比例积分调节器的无静差调速系统。这种系统的特点是，静态时系统的反馈量总等于给定量，即偏差等于零。要实现这一点，系统中必须接入无差元件。

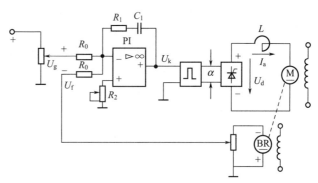

图 9-13　具有比例积分调节器的无静差调速系统

它在系统出现偏差时动作以消除偏差，当偏差为零时停止动作。图 9-13 中，PI 调节器是一个典型的无差元件。下面先介绍 PI 调节器，然后再分析系统工作原理。

(1) 比例积分（PI）调节器

把比例运算电路和积分运算电路组合起来就构成了比例积分调节器，简称 PI 调节器，如图 9-14(a) 所示。可知

$$U_0 = -I_1 R_1 - \frac{1}{C_1} \int I_1 \mathrm{d}t$$

又

$$I_1 = I_0 = \frac{U_i}{R_0}$$

故

$$U_0 = -\frac{R_1}{R_0} U_i - \frac{1}{R_0 C_1} \int I_1 \mathrm{d}t \tag{9-16}$$

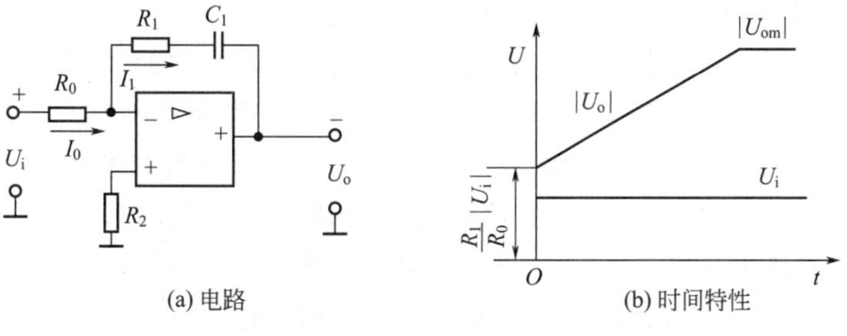

图 9-14　比例积分（PI）调节器的电路和时间特性

(a) 电路　(b) 时间特性

由此可见，PI 调节器的输出由两部分组成，第一部分是比例部分，第二部分是积分部分。在零初始状态和阶跃输入下，输出电压的时间特性如图 9-14(b) 所示，这里用绝对值表示，当突加输入信号 U_1 时，开始瞬间电容 C_1 相当于短路，反馈回路中只有电阻 R_1，此时相当于比例调节器，它可以毫无延迟地起调节作用，故调节速度快；而后随着电容 C_1 被充电而开始积分，U_0 线性增长，直到稳态。在稳态时，C_1 相当于开路，极大的开环放大倍数使系统基本上达到无静差。采用比例积分调节器的自动调速系统，综合了比例和积分调节器的特点，既能获得较高的静态精度，又能具有快的动态响应，因而得到了广泛的应用。

（2）采用 PI 调节器的无静差调速系统

在图 9-13 中，由于有比例积分调节器的存在，只要偏差 $\Delta U = U_g - U_f$ 不等于零，系统就会起调节作用，当 $\Delta U = 0$ 时，$U_g = U_f$，则调节作用停止，调节器的输出电压 U_k 由于积分作用，保持在某一数值，以维持电动机在给定转速下运转，系统可以消除静态误差，故该系统是一个无静差调速系统。

系统的调节作用是，当电动机负载增加时，如图 9-15(a) 中的 t_1 瞬间，负载突然由 T_{L1} 增加到 T_{L2}，则电动机的转速将由 n_1 开始下降而产生转速偏差 Δn [图 9-15(b)]，它通过测速机反馈到 PI 调节器的输入端产生偏差电压 $\Delta U = U_g - U_f > 0$，于是开始了消除偏差的调节过程。首先，比例部分调节作用显著，其输出电压等于是 $\dfrac{R_1}{R_0} \Delta U$，使控制角 α 减小，可控整流电压增加 ΔU_{d1} [图 9-15(c) 之曲线 1]，由于比例输出没有惯性，故这个电压使电动机转速迅速回升。偏差 Δn 越大，ΔU_{d1} 也越大，它的调节作用也就越强，电动机转速回升也就越快。而当转速回升到原给定值 n_1 时，$\Delta n = 0$，$\Delta U = 0$，故 ΔU_{d1} 也等于零。

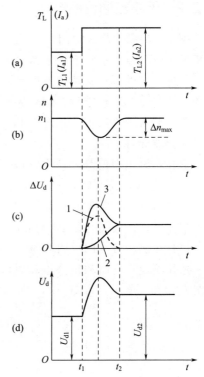

积分部分的调节作用是积分输出部分的电压等于偏差电压 ΔU 的积分，它使可控整流电压增加 ΔU_{d2} $\propto \displaystyle\int \Delta U \mathrm{d}t$，或 $\dfrac{\mathrm{d}(\Delta U_{d2})}{\mathrm{d}t} \propto \Delta U$，即 ΔU_{d2} 的增长率与偏差电压 ΔU（或偏差 Δn）成正比。开始时很小，ΔU_{d2} 增加很慢，当 Δn 最大时，ΔU_{d2} 增加得最快，在调节过程中的后期逐渐减少了，ΔU_{d2} 的增加也逐渐减慢了，一直到电动机转速回升 n_1，$\Delta n = 0$ 时，ΔU_{d2} 就不再增加了，且在以后就一直保持这个数值不变 [图 9-15(c) 之曲线 2]。

图 9-15　负载变化时 PI 调节器对系统的调节作用

把比例作用与积分作用合起来考虑，其调节的综合效果为图 9-15(c) 之曲线 3，可知，不管负载如何变化，系统一定会自动调节。在调节过程的开始和中间阶段，比例调节起主要作用，它首先阻止误差的继续增大，而后使转速迅速回升，在调节过程的末期，Δn 很小了，比例调节的作用不明显了，而积分调节作用就上升到主要地位，依靠它来最后消除转速偏差，使转速回升到原值。这就是无静差调速系统的调节过程。

可控整流电压 U_d 等于原静态时的数值 U_{d1} 加上调节过程进行后的增量（$\Delta U_{d2} + \Delta U_{d2}$），如图 9-15(d) 所示。可见，在调节过程结束时，可控整流电压 U_d 稳定在一个大于 U_{d1} 的新数值 U_{d2} 上。增加的那一部分电压（即 ΔU_d）正好补偿由于负载增加引起的那部分主回路压降 $(I_{a2} - I_{a1})R_\Sigma$。无差调速系统在调节过程结束以后，转速偏差 $\Delta n - 0$（PI 调节器的输入电压 ΔU 也等于零），这只是在静态（稳定工作状态）上无差。而动态（如当负载变化时，系统从一个稳态变到另一个稳态的过渡过程）上却是有差的。在动态过程中最大的转速降落 $\Delta n_{\max}$ 叫作动态速降（如果是突卸负载，则有动态速升），它是一个重要的动态指标。因有些生产机械不仅有静态精度的要求，而且有动态精度的要求，例如，热连轧机一般

要求静差率小于 $0.2\% \sim 0.5\%$，动态速降小于 $1\% \sim 3\%$，动态恢复时间小于 $0.25 \sim 0.3\text{s}$（图 9-15 中的 $t_1 \sim t_2$），所以如果超过这些指标，就会造成两个机架间的堆钢和拉钢现象，影响产品质量，严重的还会造成事故。

这个调速系统在理论上讲是无静差调速系统，但是由于调节放大器不是理想的，且放大倍数也不是无限大、测速机也还存在误差，因此实际上这样的系统仍然是有一点静差的。

这个系统中的 PI 调节器是用来调节电动机转速的，因此，常把它称为速度调节器（ASR）。

在晶闸管-电动机调速系统中，还常用电压负反馈及电流正反馈来代替由测速机构成的速度负反馈，组成电压负反馈及电流正反馈的自动调速系统。为了在电动机堵转时不会使电动机和晶闸管烧坏，也常采用具有转速负反馈带电流截止负反馈的调速系统，获得所谓"挖土机特性"。但必须注意，为了提高保护的可靠性，在这种系统的主回路中还必须接入快速熔断器或过流继电器，以防止在电流截止环节出故障时把晶闸管烧坏。在允许堵转的生产机械中，快速熔断器或过流继电器的电流整定值一般应大于电动机的堵转电流，使电动机在正常堵转时，快速熔断器或过流继电器不动作。

9.3　双闭环直流调速系统

9.3.1　转速、电流双闭环调速系统的组成

采用 PI 调节器组成速度调节器 ASR 的单闭环调速系统，既能得到转速的无静差调节，又能获得较快的动态响应。从扩大调速范围的角度来看，它已基本上满足一般生产机械对调速的要求，但有些生产机械经常处于正反转工作状态（如龙门刨床、可逆轧钢机等），为了提高生产率要求尽量缩短启动、制动和反转过渡过程的时间，当然可用加大过渡过程中的电流即加大动态转矩来实现，但电流不能超过晶闸管和电动机的允许值。为了解决这个矛盾，可以采用电流截止负反馈，而得到如图 9-16 中实线所示的启动电流波形，波形的峰值为晶闸管和电动机所允许的最大冲击电流，启动时间为 t_1，为了进一步加快过渡过程，而又不增加电流的最大值，若使启动电流的波形变成图中虚线所示，使波形的充满系数接近 1，这样整个启动过程中就有最大的加速度，启动过程的时间可最短，只要 t_2 就可以了。为此我们把电流作为被调量，使系统在启动过程时间内维持电流为最大值不变，这样，在启动过程中电流、转速、可控整流器的输出电压波形就可以出现接近于图 9-17 所示的理想启动过程的波形，以做到在充分利用电动机过载能力的条件下获得最快的动态响应。它的特点是在电动机启动时，启动电流很快地加大到允许过载能力值 I_{am}，并且保持不变，在这个条件下，转速 n 得到线性增长，当升到需要的大小时，电动机的电流急剧下降到克服负载所需的电流 I_{a} 值。对应这种要求，可控整流器的电压开始应为 $I_{\text{am}}R_\Sigma$，随着转速 n 的上升，$U_{\text{d}} =$

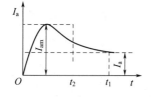

图 9-16　启动时的电流波形

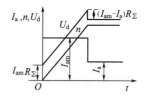

图 9-17　理想的启动过程曲线

$I_{am}R_{\Sigma}+C_en$ 也上升，到达稳定转速时，$U_d=I_aR_{\Sigma}+C_en$，这就要求在启动过程中，把电
动机的电流当作被调节量，使之维持为电动机允许的最大值 I_{am}，并保持不变。这就要求有
一个电流调节器来完成这个任务。

　　具有速度调节器 ASR 和电流调节器 ACR 的双闭环调速系统就是在这种要求下产生的，
如图 9-18 所示。来自速度给定电位器的信号 U_{gn} 与速度反馈信号 U_{fn} 比较后，偏差为 $\Delta U=$
$U_{gn}-U_{fn}$，送到速度调节器 ASR 的输入端。速度调节器的输出 U_{gi} 作为电流调节器 ACR 的
给定信号，与电流反馈信号 U_{fi} 比较后，偏差为 $\Delta U=U_{gi}-U_{fi}$，送到电流调节器 ACR 的输
入端。电流调节器的输出 U_k 送到触发器，以控制可控整流器，整流器为电动机提供直流电
压。系统中由于用了两个调节器（一般采用 PI 调节器）分别对速度和电流两个变量进行调
节，这样，一方面使系统的参数便于调整，另一方面更能实现接近于理想的过渡过程。从闭
环反馈的结构上看，电流调节环在里面，是内环；转速调节环在外面，为外环。

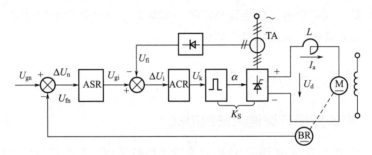

图 9-18　转速与电流双闭环调速系统框图

9.3.2　转速、电流双闭环调速系统的静态与动态分析

(1) 静态分析

　　从静特性上看，维持电动机转速不变是由速度调节器 ASR 来实现的。在电流调节器
ACR 上，使用的是电流负反馈，它有使静特性变软的趋势，但是在系统中还有转速负反馈
环包在外面，电流负反馈对于转速来说相当于一个功作用，只要转速调节器 ASR 的放大倍
数足够大，而且没有饱和，则电流负反馈的抗功作用就受到抑制。整个系统的本质由外环速
度调节器来决定，它仍然是一个无静差的调速系统。也就是说，当转速调节器不饱和时，电
流负反馈使静特性可能产生的速降完全被转速调节器的积分作用所抵消了，一旦 ASR 饱和，
当负电流逆大，系统实现保护作用使转速下降很大时，转速环即失去作用，只剩下电流环起
作用，这时系统表现为恒流调节系统，静特性便会呈现出很陡的下垂段特性。

(2) 动态分析

　　以电动机启动为例，在突加给定电压 U_{gn} 的启动过程中，转速调节器输出电压 U_{gi}、电
流调节器输出电压 U_k、可控整流器输出电压 U_d、电动机电枢电流 I_a 和转速 n 的动态响应
波形如图 9-19 所示。整个过渡过程可以分成三个阶段，在图中分别标以 Ⅰ、Ⅱ 和 Ⅲ。

　　第 Ⅰ 阶段是电流上升阶段。当突加给定电压 U_{gn} 时，由于电动机的机电惯性较大，电动
机还来不及转动（$n=0$），转速负反馈电压 $U_{fn}=0$，这时，$\Delta U_n=U_{gn}-U_{fn}$ 很大，使 ASR
的输出突增为 U_{gio}，ACR 的输出为 U_{ko}，可控整流器的输出为 U_{do}，使电枢电流 I_a 迅速增
加。当增加到 $I_a \geqslant I_L$（负载电流）时，电动机开始转动，以后转速调节器 ASR 的输出很快
达到限幅值 U_{gim}，从而使电枢电流达到所对应的最大值 I_{am}（在这个过程中 U_k、U_d 的下降是

由于电流负反馈所引起的），到这时电流负反馈电压与 ACR 的给定电压基本上是相等的，即

$$U_{\mathrm{gim}} \approx U_{\mathrm{fi}} = \beta I_{\mathrm{am}} \tag{9-17}$$

式中　β——电流反馈系数。

速度调节器 ASR 的输出限幅值正是按这个要求来整定的。

第 Ⅰ 阶段是恒流升速阶段。从电流升到最大值 I_{am} 开始，到转速升到给定值为止，这是启动过程的主要阶段，在这个阶段中，ASR 一直是饱和的，转速负反馈不起调节作用，转速环相当于开环状态，系统表现为恒电流调节。由于电流 I_{a} 保持恒值 I_{am}，即系统的加速度 $\mathrm{d}n/\mathrm{d}t$ 为恒值，所以转速按线性规律上升，由 $U_{\mathrm{d}} = I_{\mathrm{am}} R_{\Sigma} + C_{\mathrm{e}} n$ 知，U_{d} 也线性增加，这就要求 U_{k} 也要线性增加，故在启动过程中电流调节器是不应该饱和的，晶闸管可控整流环节也不应该饱和。

第 Ⅱ 阶段是转速调节阶段。转速调节器在这个阶段中起作用。开始时转速已经上升到给定值，ASR 的给定电压 U_{gn} 与转速负反馈电压 U_{fn} 相平衡，输入偏差 ΔU_{n} 等于零。但其输出却由于积分作用还维持在限幅值 U_{gim}，所以电动机仍在最大电流 I_{am} 下加速，使转速超调，超调后，$U_{\mathrm{gn}} < U_{\mathrm{fn}}$，$\Delta U_{\mathrm{n}} < 0$，

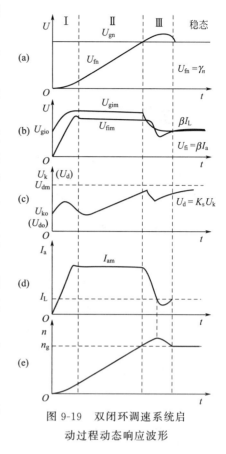

图 9-19　双闭环调速系统启动过程动态响应波形

使 ASR 退出饱和，其输出电压（也就是 ACR 的给定电压）U_{gi} 才从限幅值降下来，U_{k} 与 U_{d} 也随之降了下来，使电枢电流 I_{a} 也降下来，但是，由于 I_{a} 仍大于负载电流 I_{L}，在开始一段时间内转速仍继续上升。到 $I_{\mathrm{a}} < I_{\mathrm{L}}$ 时，电动机才开始在负载的阻力下减速，直到稳定（如果系统的动态品质不够好，可能振荡几次以后才能稳定）。在这个阶段中，ASR 与 ACR 同时发挥作用，由于转速调节在外环，ASR 处于主导地位，而 ACR 的作用则力图使 I_{a} 尽快地跟随 ASR 输出 U_{gi} 的变化。

稳态时，转速等于给定值 n_{g}，电枢电流 I_{a} 等于负载电流 I_{L}，ASR 和 ACR 的输入偏差电压都为零，但由于积分作用，它们都有恒定的输出电压。ASR 的输出电压为

$$U_{\mathrm{gi}} = U_{\mathrm{fi}} = \beta I_{\mathrm{L}} \tag{9-18}$$

ACR 的输出电压为

$$U_{\mathrm{k}} = \frac{C_{\mathrm{e}} n_{\mathrm{g}} + I_{\mathrm{L}} R_{\Sigma}}{K_{\mathrm{S}}} \tag{9-19}$$

双闭环调速系统，在启动过程的大部分时间内，ASR 处于饱和限幅状态，转速环相当于开路，系统表现为恒电流调节，从而可基本上实现如图 9-17 所示的理想启动过程曲线。双闭环调速系统的转速响应一定有超调，只有在超调后，转速调节才能退出饱和，使在稳定运行时 ASR 发挥调节作用，从而使在稳态和接近稳态运行中表现为无静差调速。故双环调速系统具有良好的静态和动态品质。

转速、电流双闭环调速系统的主要优点是，系统的调整性能好，有很硬的静特性，基本

上无静差；动态响应快，启动时间短；系统的抗干扰能力强；两个调节器可分别设计，调整方便（先调电流环，再调速度环），所以，它在自动调速系统中得到了广泛的应用。

为了进一步改善调速系统的性能和提高系统的可靠性，还可以采用三闭环（在双闭环基础上再加一个电流变化率调节器或电压调节器）调速系统。

9.4　直流脉宽调制调速系统（PWM 系统）

脉宽调速系统早已出现，但因缺乏高速开关元件而未能在生产实际中推广应用。只是在近年来，由于大功率晶体三极管的制造成功和成本的不断下降，晶体管脉宽调速系统才又受到重视，并在生产实际中逐渐得到广泛的应用。

9.4.1　晶体管脉宽调速系统的基本工作原理

目前，应用较广的一种直流脉宽调速系统的基本主电路如图 9-20 所示。三相交流电源经流滤波变成电压恒定的直流电压，VT1～VT4 为四只大功率晶体三极管，工作在开关状态，其中，处于对角线上的一对三极管的基极，因接受同一控制信号而同时导通或截止。若 VT1 和 VT4 导通，则电动机电枢上加正向电压；若 VT2 和 VT3 导通，则电动机电枢上加反向电压。当它们以较高的频率（一般为 2000Hz）交替导通时，电枢两端的电压波形如图 9-21 所示，由于机械惯性的作用，决定电动机转向和转速的仅为此电压的平均值。

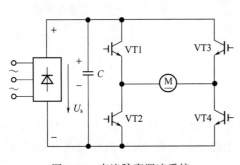

图 9-20　直流脉宽调速系统

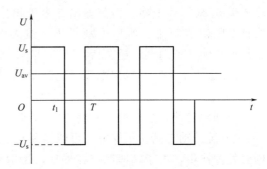

图 9-21　电动机电枢电压的波形

设矩形波的周期为 T，正向脉冲宽度为 t_1，并设 $\gamma = \dfrac{t_1}{T}$ 为占空比。由图 9-21 可求出电枢电压的平均值

$$U_{av} = \frac{U_s}{T}[t_1 - (T - t_1)] = \frac{U_s}{T}(2t_1 - T) = \frac{U_s}{T}(2\gamma T - T) = (2\gamma - 1)U_s \qquad (9\text{-}20)$$

由式(9-20) 可知，在 T＝常数时，人为地改变正脉冲的宽度以改变占空比 γ，即可改变 U_{av}，达到调速的目的。当 $\gamma = 0.5$ 时，$U_{av} = 0$，电动机转速为零；当 $\gamma > 0.5$ 时，U_{av} 为正，电动机正转，且在 $\gamma = 1$ 时，$U_{av} = U_s$，正向转速最高；当 $\gamma < 0.5$ 时，U_{av} 为负，电动机反转，且在 $\gamma = 0$ 时，$U_{av} = -U_s$，反向转速最高。连续地改变脉冲宽度，即可实现直流电动机的无级调速。

9.4.2　晶体管脉宽调速系统的主要特点

晶体管直流脉宽调速系统与晶闸管直流调速系统比较具有下列特点。

① 主电路所需的功率元件少。实现同样的功能，一般晶体管的数量仅为晶闸管的 $1/3 \sim 1/6$。

② 控制线路简单。晶体管的控制比晶闸管的容易，不存在相序问题，不需要烦琐的同步移相触发控制电路。

③ 晶体管脉宽调制（PWM）放大器的开关频率一般为 1kHz、3kHz，有的甚至可达 5kHz，而晶闸管三相全控整流桥的开关频率只有 300Hz，前者的开关频率差不多比后者高一个数量级，因此晶体管直流脉宽调速系统的频带比晶闸管直流调速系统的频带宽得多。这样，前者的动态响应速度和稳速精度等性能指标都比后者好。

晶体管脉宽调制放大器的开关频率高，电动机电枢电流容易连续，且脉动分量小。因此，电枢电流脉动分量对电动机转速的影响以及由它引起的电动机的附加损耗都小。

④ 晶体管脉宽调制放大器的电压放大系数不随输出电压的改变而变化，而晶闸管整流器的电压放大系数在输出电压低时变小。这样前者的低速性能要比后者好得多，它可使电动机在很低的速度下稳定运转，其调速范围很宽。

目前，因受大功率晶体管最大电压、电流定额的限制，晶体管直流脉宽调速系统的最大功率只有几十千瓦，而晶闸管直流调速系统的最大功率可以达到几千千瓦，因此，它还只能在中、小容量的调速系统中取代晶闸管直流调速系统。

9.4.3　晶体管脉宽调速系统的组成

图 9-22 所示的系统是采用典型的双闭环原理组成的晶体管脉宽调速系统。下面分别对几个主要组成部分进行分析。

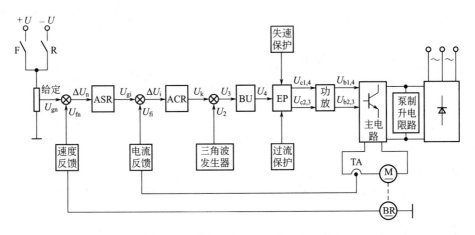

图 9-22　晶体管脉宽调速系统方框图

(1) 主电路 （功率开关放大器）

晶体管脉宽调速系统主电路的结构形式有多种，按输出极性有单极性输出和双极性输出之分，而双极性输出的主电路又分 H 型和 T 型两类，H 型脉宽放大器又可分为单极式和双极式两种，这里仅介绍一种技术性能较好、经常采用的双极性双极式脉宽放大器，如图

9-23 所示，它与图 9-20 相似。

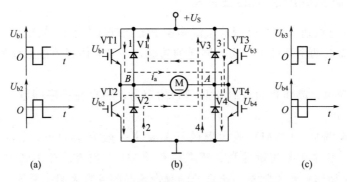

图 9-23　脉宽调制放大器（双极性双极式）

图中，四只晶体三极管分为两组，VT1 和 VT4 为一组，VT2 和 VT3 为另一组。同一组中的两只三极管同时导通、同时关断，且两组三极管之间可以是交替地导通和关断。

欲使电动机 M 向正方向旋转，则要求控制电压 U_k（图 9-22）为正，各三极管基极电压的波形如图 9-23(a)、(c) 与图 9-24(a)、(b) 所示。

当电源电压 U_s＞电动机的反电势时（如反抗转矩负载），在 $0 \leqslant t <$ 1 期间，U_{b1} 和 U_{b4} 为正，三极管 VT1 和 VT4 导通，U_{b2} 和 U_{b3} 为负，VT2 和 VT3 关断。电枢电流 i_a 沿回路 1（经 VT1 和 VT4）从 B 流向 A，电动机工作在电动状态。

在 $t_1 \leqslant t \leqslant T$ 期间，U_{b1} 和 U_{b4} 为负，VT1 和 VT4 关断，U_{b2} 和 U_{b3} 为正，在电枢电感 L_a 中产生的自感电势 $L_a \dfrac{\mathrm{d}i_a}{\mathrm{d}t}$ 的作用下，电枢电流 i_a 沿回路 2（经 V2 和 V3）继续从 B 流向 A，电动机仍然工作在电动状态。此时虽然 U_{b2} 和 U_{b3} 为正，但受 V2 和 V3 正向压降的限制，VT2 和 VT3 仍不能导通。假若在 $t = t_2$ 时正向电流 i_a 衰减到 0，如图 9-24(d) 所示，那么，在 $t_2 \leqslant t \leqslant T$ 期间，VT2 和 VT3 在电源电压 U_s 和反电势 E 的作用下即可导通，电

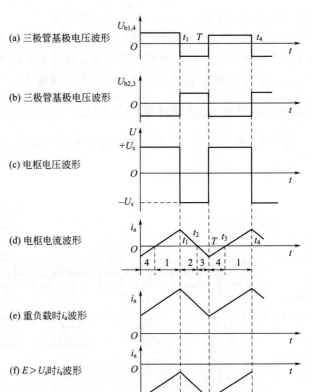

(a) 三极管基极电压波形

(b) 三极管基极电压波形

(c) 电枢电压波形

(d) 电枢电流波形

(e) 重负载时 i_a 波形

(f) $E > U_s$ 时 i_a 波形

图 9-24　功率开关放大器的电压电流波形

枢电流 i_a 将沿回路 3（经 VT3 和 VT2）从 A 流向 B，电动机工作在反接制动状态。在 $T <$ $t \leqslant t_4$（$T + t_1$）期间，三极管的基极电压又改变了极性，VT2 和 VT3 关断，电枢电感 L_a 所生自感电势维持电流 i_a 沿回路 4（经 V4 和 V1）继续从 A 流向 B，电动机工作在发电制动状态。此时，虽 U_{b1} 和 U_{b4} 为正，但受 V1 和 V4 正向压降的限制，VT1 和 VT4 也不能导

通。假若在 $t=t_3$ 时反向电流（$-i_a$）衰减到零，那么在 $t_3 < t \leqslant t_4$ 期间，在电源电压作用下，VT1 和 VT4 就可导通，电枢电流 i_a 又沿回路 1（经 VT1 和 VT4）从 B 流向 A，电动机工作在电动状态，如图 9-24(d) 所示。

若电动机的负载重、电枢电流 i_a 大，在工作过程中 i_a 不会改变方向的话，则尽管基极电压 U_{b1}、U_{b4} 与 U_{b2}、U_{b3} 的极性在交替地改变方向，而 VT2 和 VT3 却不会导通，仅是 VT1 和 VT4 的导通或截止，此时，电动机始终都工作在电动状态，电流 i_a 的变化曲线如图 9-24(e) 所示。

当 $E > U_s$（如位能转矩负载）时，在 $0 \leqslant t < 1$ 期间，电流 i_a 沿回路 4（经 V4 和 V1）从 A 流向 B，电动机工作在再生制动状态；在 $t_1 \leqslant t < T$ 期间，电流 i_a 沿回路 3（经 VT3 和 VT2）从 A 流向 B，电动机工作在反接制动状态。电流 i_a 的变化曲线如图 9-24(f) 所示。

由上面的分析可知，电动机不论工作在什么状态，在 $0 \leqslant t < 1$ 期间电枢电压 U 总是等于 $+U_s$，而在 $t_1 \leqslant t < T$ 期间总是等于 $-U_s$，如图 9-24(c) 所示。由式（9-20）可知，电枢电压 U 的平均值 $U_{av} = (2\gamma-1)U_s = \left(2\dfrac{t_1}{T}-1\right)U_s$，并定义双极性双极式脉宽放大器的负载电压系数为

$$\rho = \frac{U_{av}}{U_s} = 2\frac{t_1}{T} - 1 \tag{9-21}$$

即
$$U_{av} = \rho U_s \tag{9-22}$$

可见，ρ 可在 $-1 \sim 0 \sim +1$ 之间变化。

以上两式表明，当 $t_1 = \dfrac{T}{2}$ 时，$\rho=0$，$U_{av}=0$，电动机停止不动，但电枢电压 U 的瞬时值不等于零，而是正、负脉冲电压的宽度相等，即电枢电路中流过一个交变的电流，相似于图 9-24(d) 的电流波形。这个电流一方面增大了电动机的空载损耗，但另一方面它使电动机发生高频率微动，可以减小静摩擦，起着动力润滑作用。

欲使电动机反转，则使控制电压 U_k 为负即可。

(2) 控制电路

① 速度调节器 ASR 和电流调节器 ACR。

ASR 和 ACR 均采用比例积分调节器。

② 三角波发生器。

三角波发生器如图 9-25 所示，由运算放大器 N1 和 N2 组成，N1 在开环状态下工作，

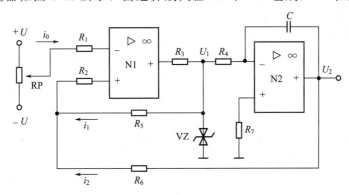

图 9-25　三角波发生器

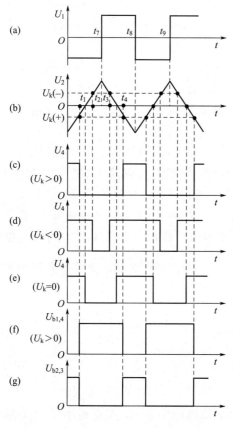

图 9-26 控制电路中各部分的电压波形

它的输出电压不是正饱和值就是负饱和值，电阻 R_3 和稳压管 VZ 组成一个限幅电路，限制 N1 输出电压的幅值。N2 为一个积分器，当输入电压为正时，其输出电压 U_2 向负方向变化；当输入电压为负时，其输出电压向正方向变化；当输入电压正负交替变化时，它的输出电压就变成了一个三角波。U_1 和 U_2 的变化曲线如图 9-26(a) 和 (b) 所示。

具体分析如下：电阻 R_5 构成正反馈电路，R_6 构成负反馈电路，相应的反馈电流 i_1 和 i_2 在 N1 的同相输入端叠加。设在 $t=0$ 时，i 为正，U_1 为负限幅值，i_1 为负，U_2 从负值向正方向增加，i_2 亦从负值向正方向增加；当 U_2 (i_2) 增加到使 $i_1+i_2>i_0$，即在 $t=t_7$ 时刻，U_1 为正限幅值，i_1 为正，则 $U_2(i_2)$ 从正值向负方向减少；当 $U_2(i_2)$ 减少到使 $i_1+i_2<i_0$，即在 $t=t_8$ 时刻，$U_1(i_1)$ 为负，$U_2(i_2)$ 从负值向正方向增加。以后重复上述过程，这样就产生了一连串的三角波。改变积分时间常数 R_4 和 C 的数值可以改变三角波电压 U_2 的频率 f；改变电阻 R_5、R_6 的比值，可以改变三角波电压 U_2 的幅值；调节电位器 RP 滑点的位置，可以获得一个对称的三角波电压 U_2。

③ 电压-脉冲变换器。

电压-脉冲变换器 BU 如图 9-27 所示，运算放大器 N 工作在开环状态。当它的输入电压极性改变时，其输出电压总是在正饱和值和负饱和值之间变化，这样，它就可实现把连续的控制电压转换成脉冲电压，再经限幅器（由电阻 R_4 和二极管 V 组成）削去脉冲电压的负半波，在 BU 的输出端形成一串正脉冲电压 U_4。

具体分析如下：在运算放大器 N 的反向输入端加入两个输入电压，一个是三角波电压 U_2，另一个是由系统输入给定电压 U_{gn}，经速度调节器 ASR 和电流调节器 ACR 后而输出的直流控制电压。当 U_{gn} 为正时，U_k 为正，由图 9-26(b)、(c) 可见，在 $t<t_1$ 区间，因 U_2 为负，且 $U_k+U_2<0$，故 U_4 为正的限幅值，在 $t_1<t<t_4$ 区间，因 $U_k+U_2>0$，故 U_4 为零（因负脉冲已削去）。依此类推，将重复上

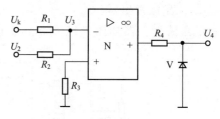

图 9-27 电压-脉冲变换器

述过程，随着三角波电压 U_2 的变化，在 BU 的输出端就形成了一串正的矩形脉冲，BU 的输出电压 U_4 如图 9-26(c) 所示。当 U_{gn} 为负时，U_k 为负，则在 $t<t_2$ 区间，$U_k+U_2<0$，U_4 为正；而在 $t_2<t<t_3$ 区间，$U_k+U_2>0$，$U_4=0$，所得 U_4 的波形如图 9-26(d) 所示。当 $U_{gn}=0$ 时，$U_k=0$，则 U_4 的波形如图 9-26(e) 所示，它为一正、负脉宽相等的矩形波

电压。

④ 脉冲分配器及功率放大。

脉冲分配器如图 9-28 所示，其作用是把 BU 产生的矩形脉冲电压（经光电隔离器和功率放大）分配到主电路被控三极管的基极。

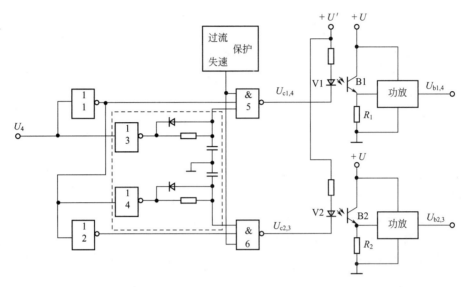

图 9-28　脉冲分配器及功率放大电路

由图 9-28 可知，当 U_4 为高电平时，门 1 输出低电平，一方面它使门 5 的输出 $U_{c1,4}$ 为高电平，V1 截止，光电管 B1 也截止，则 $U_{R1} = 0$，经功率放大电路，其输出 $U_{b1,4}$ 为低电平，使三极管 VT1 和 VT4（图 9-23）截止；另一方面门 2 输出高电平，其后使门 6 的输出 $U_{c2,3}$ 为低电平，V2 导通发光，使光电管 B2 导通，则 U_{R2} 为高电平，经功率放大后其输出 $U_{b2,3}$ 为高电平，使三极管 VT2、VT3（见图 9-23）可以导通。反之，当 U_4 为低电平时，$U_{c2,3}$ 为高电平，B2 截止，$U_{b2,3}$ 为低电平，使 VT2、VT3 截止；而 $U_{c1,4}$ 为低电平，B1 导通，$U_{b1,4}$ 为高电平，使 VT1、VT4 可以导通。$U_{b1,4}$ 和 $U_{b2,3}$ 的波形如图 9-26(f) 和（g）所示。

可知，随着电压 U_4 的周期性变化，电压 $U_{b1,4}$ 和 $U_{b2,3}$ 正、负交替变化，从而控制三极管 VT1、VT4 与 VT2、VT3 的交替导通与截止。

图 9-28 中虚线框内的环节是个延时环节，它的作用是保证三极管 VT1、VT4 与 VT2、VT3 两对三极管中，一对先截止而后另一对再导通，以防止在交替工作时发生电源短路。

功率放大电路的作用是把控制信号放大，使能驱动大功率晶体三极管。

⑤ 其他控制电路。

过流、失速保护环节。当电枢电流过大和电动机失速时，该环节输出低电平，封锁门 5 和门 6，其输出 $U_{c1,4}$ 和 $U_{c2,3}$ 均为高电平，使 $U_{b1,4}$ 和 $U_{b2,3}$ 均为低电平，从而关断三极管 VT1~VT4 致使电动机停转。

泵升限制电路是限制电源电压的。在由整流电源供电的电动机脉宽调速系统中，电动机转速由高到低，存储在转子和负载中的动能会变成电能反馈到电源的蓄能电容器中，从而使电源电压 U_s、ΔU_p 升高（即所谓泵升电压值）。电源电压升高会使晶体管承受的电压、电流峰值相应也升高，超过一定限度时就会使晶体管损坏，泵升限制电路就是为限制泵升电压而设置的控制回路。

9.4.4　晶体管脉宽调速系统的分析

如图 9-22 所示，整个装置由速度调节器 ASR 和电流调节器 ACR 组成双闭环无差调节系统，由 ACR 输出的电压 U_k（可正可负且连续可调）和正负对称的三角波电压 U_2 在 BU 中进行叠加，产生频率固定而占空比可调的方波电压 U_4，然后，此方波电压由脉冲分配器产生两路相位相差 180°的脉冲信号，经功放后由这两路脉冲信号去驱动桥式功率开关主电路，使其负载（电动机）两端得到极性可变、平均值可调的直流电压，该电压控制直流电动机正反转或制动。

下面具体分析该系统在静态、启动、稳态运转、稳态运转时突加负载、制动及降速时的工作过程。

（1）静态

系统处于静态时电动机停转（说电动机完全停转是不现实的，由于运算放大器的高放大倍数，系统总存在一定的零漂，所以，电动机总有一定的爬行，不过这种爬行非常缓慢，一般 1h 左右才爬行一圈，因此，可以忽略），由于速度给定 $U_{gn}=0V$，此时，速度调节器 ASR、电流调节器 ACR 的输出均为电压-脉冲变换器 BU 在三角波的作用下，输出端输出一个频率同三角波频率、负载电压系数 $\rho=0$ 的正、负等宽的方波电压 U_4，经脉冲分配器和功放电路产生的 $U_{b1,4}$ 和 $U_{b2,3}$ 加在桥式功率开关管 VT1～VT4 的基极，使桥式功率晶体管轮流导通或截止，此时，电动机电枢两端的平均电压等于零，电动机停止不动。必须说明的是，此时，电动机电枢两端的平均电压及平均电流虽然为零，但电动机电枢的瞬时电压及电流并不为零，在 ASR 及 ACR 的作用下，系统实际上处于动态平衡状态。

（2）启动

由于系统是可逆的，现以正转启动为例（反转启动类同），在启动时，速度给定信号 U_{gn} 送入速度调节器的输入端之后，由于速度调节器的放大倍数很大，使得即使在极微弱的输入信号作用下也能使速度调节器的输出达到其最大限幅值。由于电动机的惯性作用，电动机的转速升到所给定的转速需要一定的时间，因此，在启动开始的一段时间内 $\Delta U_n = U_{gn} - U_{fn} > 0$，速度调节器的输出 U_{gi} 便一直处于最大限幅值，相当于速度调节器处于开环状态。

因为速度调节器的输出就是电流调节器的给定，在速度调节器输出电压限幅值的作用下，使得电枢两端的平均电压迅速上升，电动机迅速启动，电动机电枢平均电流亦迅速增加。由于电流调节器的电流负反馈作用，主回路电流的变化反馈到电流调节器的输入端与速度调节器的输出进行比较，因为 ACR 是 PI 调节器，所以只要输入端有偏差存在，ACR 的输出就要积分，使电动机的主回路电流迅速上升，一直升到所规定的最大电流值为止。此后，电动机就在这最大给定电流下加速。电动机在最大电流作用下，产生加速动态转矩，以最大加速度升速，转速迅速上升，随着电动机转速的增长，速度给定电压与速度反馈电压的差值 $\Delta U_n = U_{gn} - U_{fn}$ 跟着减少，但由于速度调节器的高放大倍数积分作用，使得 U_{gi} 始终保持在限幅值，因此电动机在最大电枢电流下加速，转速继续上升，当上升到使 $\Delta U_n = U_{gn} - U_{fn} < 0$ 时，速度调节器才退出饱和区使其输出下降，在电流闭环的作用下，电枢电流也跟着下降，当电流降到电动机的外加负载所对应的电流以下时，电动机便减速，直到 $\Delta U_n = U_{gn} - U_{fn} = 0$ 为止，这时电动机便进入稳定运行状态。简而言之，在整个启动过程中，速度调节器处于开环状态，不起调节作用，系统的调节作用主要由电流调节器来完成。

(3) 稳态运转

在稳态运行时，电动机的转速等于给定转速，速度调节器的输入 $\Delta U_n = U_{gn} - U_{fn} = 0$，但由于速度调节器的积分作用，其输出不为零，而是由外加负载所决定的某一数值，此值也就是电流给定的电流调节器的输入值 $\Delta U_n = U_{gi} - U_{fi} = 0$，同样，由于电流调节器的积分作用，其输出稳定在一个由当时功率开关主电路输出的电压平均值所决定的某一个值，电动机的转速不变。

(4) 稳态运转时突加负载的调节过程

当负载突然增加时，电动机的转速就要下降，速度调节器的输入 $\Delta U_n = U_{gn} - U_{fn} > 0$，速度调节器的输出（即电流调节器的给定）便增加，电流调节器的输出也增加，使得 BU 输出的脉冲占空比发生变化，于是功率开关放大器主电路输出的电压平均值也增加，迫使电动机的转速回升，直到 $\Delta U_n = U_{gn} - U_{fn} = 0$ 为止，这时的电流给定（即速度调节器的输出）对应于新的负载电流，系统处于新的稳定运行状态。

(5) 制动

当电动机处于某种速度的稳态运行时，若突然使速度给定降为零，即 $U_{gn} = 0$，则此时由于速度反馈信号 $U_{fn} > 0$，所以，速度调节器的输入 $\Delta U_n = U_{gn} - U_{fn} < 0$，速度调节器的输出将立即处于正的限幅值，速度调节器的输出 U_{gi} 和电流反馈的输出 U_{fi} 一起使得电流调节器的输出立即处于负的限幅值，电动机即进行制动，直到速度降为零。以后的过程同静态。

(6) 降速

当电动机处于某种速度的稳态运行时，若使速度给定 U_{gn} 降低，此时，由于速度调节器的输入 $\Delta U_n = U_{gn} - U_{fn} < 0$，则电动机立即进行制动降速，当电动机的转速降低到所给定的转速时，又使速度调节器的输入 $\Delta U_n = U_{gn} - U_{fn} = 0$，系统又在新的转速下稳定运行。以后的过程同稳态运转。

9.5　计算机闭环控制系统

用微型计算机对直流传动系统进行控制的技术，过去是用分立元件组成的控制系统，后来发展到采用运算放大器等集成电路组成的控制系统，微型计算机（以下简称微机）出现后，特别是随着单片微型计算机的功能不断加强，运算速度的不断提高、价格降低且可靠性增强，使电动机传动控制系统逐步趋向采用以单片微机为核心的控制系统。这种系统的控制规律主要由软件实现，只需配备少量的接口电路就能形成一个完整的控制系统；其硬件结构简单，可以通过容易更改的软件来实现不同的控制规律或不同的性能要求。单片微机除了能实现系统的控制外，还具有系统的保护、诊断和自检等功能。所以，单片微机控制不仅使直流传动控制系统由模拟量控制转入数模混合控制或者全数字量控制，而且使直流传动控制系统向集成化、小型化、智能化方向发展。

一般应根据生产机械对传动系统所提出的静、动态性能指标来确定系统控制方案，若采用微型计算机来实现图 9-29 所示双闭环调速系统的控制，则应包括启停控制、输入控制、电流控制、转速控制以及晶闸管触发控制等环节。微型计算机控制系统的结构形式有多种，下面仅列举两种。

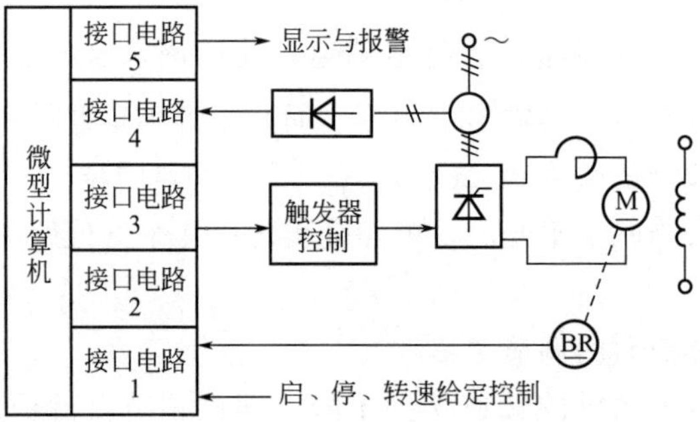

图 9-29　微机控制的双闭环调速系统

9.5.1　用微机取代 ASR、 ACR 两个电子调节器的系统

如图 9-29 所示，因微机是用数字信号来进行控制的，所以，须把模拟量电压信号通过 A/D 转换器变成数字信号再送入微机，启动、停止、转速给定等运行命令由接口电路 1 输入，转速给定的方法可以采用 D 码或十进制码拨盘来实现，把拨盘拨到需要的位置，再用按钮向 CPU 申请中断，就可以把所要求的转速经接口电路读入 CPU 中，这可以随意输入给定量；转速给定也可以在每次开机前通过键盘直接送入内存中，但它在运转过程中不能随意改变转速。电流检测可采用交流（或直流）电流互感器，对电压信号进行 A /D 转换后经接口电路 4 读入 CPU。转速反馈可采用测速发电机（对电压信号进行 A /D 转换）或采用光电脉冲发生器、光电编码器等，经接口电路 2 读入 CPU。根据系统的静、动态要求，设计一个数字控制器，数字控制器的控制算法可以采用常规设计方法，即连续系统离散化设计方法和离散域设计方法，也可以用状态空间方法设计。由微机内数字控制器运算后输出的数字量移相信号（控制角 α）送至触发器控制环节。晶闸管的触发器控制常有两种形式：一种是常规的模拟触发器，它是由同步电路、触发控制移相电路、脉冲分配电路及触发功率放大电路组成的，它先要把由数字控制器送来的数字量 α 角经 D/A 转换器（接口电路 3）变为模拟量，再经模拟触发器向晶闸管发触发脉冲；另一种为数字触发器，它不需要 D/A 转换，移相与脉冲分配都是根据同步信号，由软件控制 CPU 与接口电路 3 完成向功率放大电路发送脉冲，经接口电路 5，可实时进行有关数据和故障显示及报警功能。

接口电路可由 PIO、CTC、A/D、D/A 等功能芯片组成。

9.5.2　保留 ASR、 ACR 两个电子调节器的微机控制系统

如图 9-30 所示，该系统是武汉重型机床厂与华中理工大学于 1995 年联合研制成功的，它是在原 KT 系列晶闸管电柜的基础上研制出的新产品，称为 MCD-Ⅱ型微机控制直流调速系统。该系统有如下特点。

① 采用了美国 Inter 公司推出的 16 位单片机 8089 小系统，完成数字触发器的功能，使硬件电路软件化，克服了硬件电路存在的时漂和温漂，提高了系统的调节稳定性和工作可靠性；还利用 8089 小系统实现转速实时显示和故障类型的数显功能，智能数显功能强、数字准确，便于直观诊断，便于工人操作与维修。

② 保留了传统的速度、电流双环调节功能。速度调节器采用 PID 控制，电流调节器采用 PI 控制，两个调节器均采用进口的低漂移运算放大器，系统调节快，动态性能好，调速

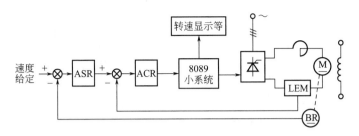

图 9-30　MCD-Ⅱ型微机控制直流调速系统

范围宽。

③ 采用了瑞士公司生产的电流传感器 LEM 模块,它体积小且线性度与失真度好,提高了反馈信号的质量,增强了调节准确性。

④ 系统具有过流、欠压、零励磁、缺相、相序错误指示等功能,保护功能全,可靠性高。

因 MCD-Ⅱ型系统具有模拟、数字的混合控制,既发挥了数字电路的准确性和可靠性,又保留了模拟电路的快速性,故是一种高性能的直流调速系统。其主要性能指标为:

① 输出容量:0~30kW DC。

② 输入电压:3 相,380V。

③ 输出电压:0~460V DC。

④ 调速范围:1:1500。

⑤ 堵转电流:$(1~1.2)I_N$。

⑥ 超调量:<5%。

⑦ 动态速降:<10%。

⑧ 动态恢复时间:<500ms。

该系统调速范围宽、可靠性高、结构紧凑、成本低,被广泛用于冶金、矿山、轻工、纺织、交通运输、石油化工及机床主轴、进给等各种机械的传动。其接线图如图 9-31 所示。

微型计算机控制也可以应用在直流脉宽调速系统中。

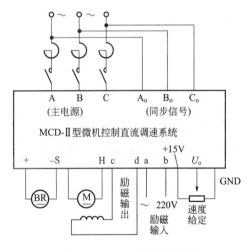

图 9-31　MCD-Ⅱ型接线图

9.5.3　微机控制的双闭环直流调速系统

采用微机可实现对双闭环直流调速系统的数字控制（图 9-32）。图中,虚线框内的部分是采用微机实现的控制部分,它包括数字触发器、数字速度调节器 ASR 和电流调节器 ACR。由电流互感器得到的电流反馈信号经 A/D 转换进入微机,由光电码盘测得的转速脉冲经处理后把实际转速 D_{fn} 反馈到微机中。此外,转速的给定 D_{gn} 也是数字的,用户可以通过键盘进行人机对话,发出启、停指令,修改控制参数。系统控制部分除了脉冲功放和晶闸管开关器件因功率大而采用分立元件外,其余部分均采用了大规模专用集成芯片及软件,因此系统的结构简单、可靠性高。这样的系统称为全数字化直流调速系统,简称 DDC 系统。

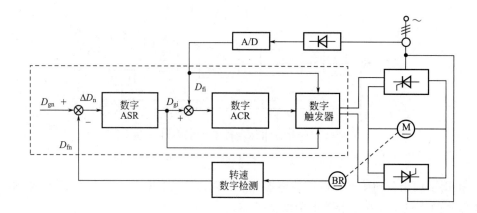

图 9-32　数字控制的双闭环直流调速系统

根据图 9-32 中微机应实现的功能，可以设计出以单片机 8051 为核心的微机控制硬件电路结构，如图 9-33 所示。

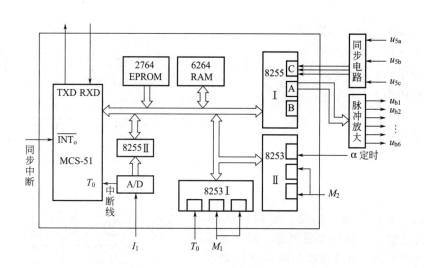

图 9-33　微机控制硬件电路结构

图 9-33 所示结构用了两片可编程并行 I/O 扩展接口芯片 8255，一片用于同步信号检测及触发脉冲输出，另一片用于电流 1 的 A/D 转换结果输入；另外，还用了两片可编程计数/定时器扩展接口芯片 8253，一片用于测速脉冲计数，另一片用于移相控制角的定时。为了完成反馈电压和电流的模拟量到数字量的转换，使用的 A/D 转换芯片可以是 8 位的 0809 芯片，也可以是 12 位的 AD574 芯片。

微机控制也可以应用在直流脉宽调制调速系统中。

9.5.4　微机控制的多闭环系统

多闭环系统其实是在双闭环系统的基础上改进而得的。根据系统的特殊性能要求，在电流、转速双闭环的基础上，可以增加其他的反馈量，实现三闭环控制。增加的反馈量可以使系统实现不同的控制功能，例如，对于需要限制位置的控制系统，可以在双闭环的基础上增加位置反馈；对于需要限制加速度的系统，可以在双闭环的基础上加入加速度的反馈；对于需要限制电流变化率的系统，可以在双闭环的基础上加入电流变化率的反馈；对于需要限制电压的系统，可以在双闭环的基础上加入电压的反馈。这样就可以获得三闭环或者多闭环的控制系统。

下面以带电流变化率内环的三环调速系统为例具体说明。

当采用双闭环直流调速系统时，在电流上升阶段，电流急剧上升，变化率很大，会在直流电动机中产生严重后果，如产生很高的附加电动势及机械传动机构产生强烈的冲击。为解决这一矛盾，在电流环内设置一个电流变化率环，构成转速、电流、电流变化率的三环系统。图 9-34 为带电流变化率内环的三环调速系统原理图。转速调节器 ASR 设置输出限幅，以限制最大启动电流。根据系统运行的需要，当给定电压 U_n^* 后，ASR 输出饱和，电动机以最大的允许电流启动，同时由于电流变化率 ADR 环的作用，使电流上升斜率有一定限制，当达到给定的速度后转速超调，ASR 退饱和，电动机电枢电流缓慢下降。这样，经三个调节器的调节作用，使系统很快达到稳定。

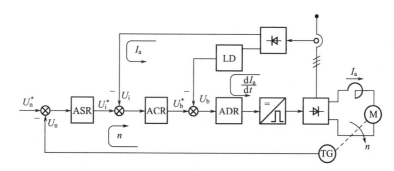

图 9-34　带电流变化率内环的三环调速系统原理图

在带电流变化率内环的三环调速系统中，ASR 的输出仍是 ACR 的给定信号，并用其限幅值限制最大电流；ACR 的输出不是直接控制触发电路，而是作为电流变化率调节器 ADR 的给定输入，ADR 的负反馈信号由电流检测通过微分环节 LD 得到，ACR 的输出限幅值则限制最大的电流变化率。最后，由第三个调节器 ADR 的输出限幅值决定触发脉冲的最小控制角。

9.5.5　数字伺服系统

随着微电子技术、计算机技术和伺服控制技术的发展，数控机床的伺服系统已开始采用高速、高精度的全数字伺服系统，使伺服控制技术从模拟方式、混合方式走向全数字方式。

(1) 采用数字 PID 控制的软件伺服系统

采用数字 PID 控制的软件伺服系统的结构如图 9-35 所示。由位置、速度和电流构成的三环反馈全部数字化，反馈到计算机由软件处理，其算法、结构和参数均可以改变，因此，可以获得比硬件伺服更好的性能。它具有以下特点：

① 采用现代控制理论，通过计算机软件实现最佳最优控制。

② 数字伺服系统是一种离散系统，由位置、速度和电流构成的三环反馈实现全部数字化，由计算机处理，其校正环节的 PID 控制由软件实现，控制参数 K_P、K_D 和 K_I 可以自

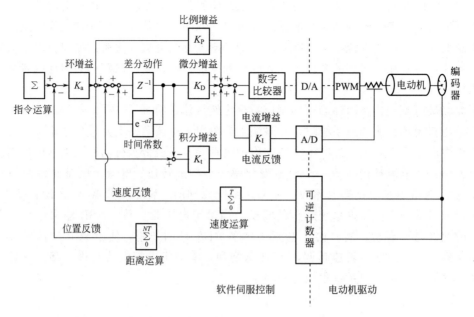

图 9-35　数字 PID 控制的软件伺服系统方框图

由设定、自由改变，非常灵活方便。

③ 数字伺服系统具有较高的动、静态精度。在检测灵敏度、时间、温度漂移以及噪声及外部干扰等方面都优越于模拟伺服系统和模拟数字混合伺服系统。

(2) 高速、高精度伺服系统的发展

数控机床伺服系统是根据反馈控制原理工作的。这种传统伺服系统必然会产生滞后误差。数字伺服系统可以利用计算机和软件技术采用新的控制方法改善系统性能。

① 前馈控制（feedfoward control）　引入前馈控制，实际上构成了具有反馈和前馈的复合控制的系统结构。这种系统在理论上可以完全消除系统的静态位置误差，即实现"无差调节"。微分环节的前馈控制可以补偿积分环节的相位滞后，从而提高控制精度。图 9-36 所示为带与不带前馈控制的系统加工轨迹的比较。

② 预测控制（predictive control）　这是目前用来减小伺服误差的另一方法。它通过预测整个机床的伺服传递函数，再改变伺服系统的输入量，以产生符合要求的输出。

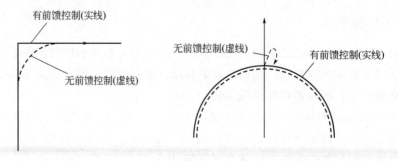

图 9-36　带与不带前馈控制的系统加工轨迹的比较

③ 学习控制（learning control）或重复控制（repetitive control）　这种控制方法适用于周期性重复操作指令情况下的数控加工，可以获得高速、高精度的效果。它的工作原理是，

在第一个加工过程中产生的伺服滞后误差，经过"学习"，系统能记住这个误差的大小，当执行以后各周期的指令时会自动地把这个误差值加到指令值中，以达到精确、无滞后地跟踪指令，图 9-37 所示为不带与带学习控制器的系统位置误差的比较，"学习控制"是一种智能型的伺服控制。

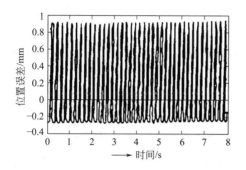 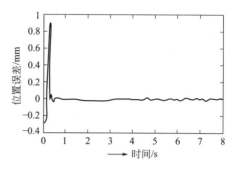

图 9-37　带与不带学习控制器的系统位置误差的比较

习　题

9.1　何谓开环控制系统？何谓闭环控制系统？两者各具有什么优缺点？

9.2　什么叫调速范围、静差度？它们之间有什么关系？怎样才能扩大调速范围。

9.3　生产机械对调速系统提出的静态、动态技术指标主要有哪些？为什么要提出这些技术指标？

9.4　为什么电动机的调速性质应与生产机械的负载特性相适应？两者如何配合才能算相适应。

9.5　有一直流调速系统，其高速时的理想空载转速 $n_{01}=1480\mathrm{r/min}$，低速时的理想空载转速 $n_{02}=157\mathrm{r/min}$，额定负载时的转速降 $\Delta n_{\mathrm{N}}=10\mathrm{r/min}$。试画出该系统的静特性（即电动机的机械特性），求出调速范围和静差度。

9.6　为什么调速系统中加负载后转速会降低，闭环调速系统为什么可以减少转速降？

9.7　为什么电压负反馈顶多只能补偿可控整流电源的等效内阻所引起的速度降？

9.8　电流正反馈在调速系统中起什么作用？如果反馈强度调得不适当会产生什么后果？

9.9　为什么由电压负反馈和电流正反馈一起可以组成转速反馈调速系统？

9.10　电流截止负反馈的作用是什么？转折点电流如何选？堵转电流如何选？比较电压如何选？

9.11　某一有静差调速系统的速度调节范围为 $75\sim1500\mathrm{r/min}$，要求静差度 $S=2\%$，该环允许的静态速降是多少？如果开环系统的静态速降是 $100\mathrm{r/min}$，则闭环系统的开环放大倍数应有多大？

9.12　某一直流调速系统调速范围 $D=10$，最高额定转速 $n_{\max}=1000\mathrm{r/min}$，开环系统的静态速降是 $100\mathrm{r/min}$。试问该系统的静差度为多少？若把该系统组成闭环系统，保持 n_{02} 不变的情况下，使新系统的静差度为 5%，试问闭环系统的开环放大倍数为多少？

9.13　X2010A 型龙门铣床进给拖动系统的移相触发器由哪几个部分组成？试说明各个部分的作用和工作原理。

9.14　积分调节器在调速系统中为什么能消除系统的静态偏差？在系统稳定运行时，积分调节器输入偏差电压 $\Delta U = 0$，其输出电压决定于什么？为什么？

9.15　在无静差调速系统中，为什么要引入 PI 调节器？比例积分两部分各起什么作用？

9.16　无静差调速系统的稳定精度是否受给定电源和测速发电机精度的影响？为什么？

9.17　由 PI 调节器组成的单闭环无静差调速系统的调速性能已相当理想，为什么有的场合还要采用转速、电流双闭环调速系统呢？

9.18　双闭环调速系统稳态运行时，两个调节器的输入偏差（给定与反馈之差）是多少？它们的输出电压是多少？为什么？

9.19　在双闭环调速系统中转速调节器的作用是什么？它的输出限幅值按什么来整定？电流调节器的作用是什么？它的限幅值按什么来整定？

9.20　欲改变双闭环调速系统的转速，可调节什么参数？改变转速反馈系数 γ 行不行？欲改变最大允许电流（堵转电流），则应调节什么参数？

9.21　直流电动机调速系统可以采取哪些办法组成可逆系统？

9.22　试论述三相半波反并联可逆电路逻辑控制无环流工作的基本工作原理。

9.23　试简述直流脉宽调速系统的基本工作原理和主要特点。

9.24　双极性双极式脉宽调制放大器是怎样工作的？

9.25　在直流脉宽调速系统中，当电动机停止不动时，电枢两端是否还有电压，电枢电路中是否还有电流？为什么？

9.26　试论述脉宽调速系统中控制电路各部分的作用和工作原理。

9.27　微型计算机控制的直流传动系统有哪些主要特点？

习题参考答案

第 1 章

1.1　机构由若干构件组成，各个构件之间具有确定的相对运动，并能实现运动和动力的传递，运转过程需要的能量需要外界提供。机器除此之外还能够实现机械能和其他形式能量的转换，为机构提供持续做功的能量，从而更有效地代替人的劳动。

1.2　电能是一种经济、实用、清洁且容易控制和转换的能源形态；就传动系统的过程控制而言，电气控制能胜任复杂的控制任务、解决机器动作的精确控制问题。尤其是随着计算机控制技术的进步，机电传动方式及控制系统的应用会越来越广泛。

1.3　成组拖动、单电动机拖动、多电动机拖动。多电动机拖动是现代化机电传动的主要特征，大大简化了生产机械的传动机构，扩展了生产机械的功能和灵活性，为生产机械的自动化提供了有利条件。

1.4　如教室电风扇通过墙壁开关的接通与断开；家用电饭锅可以人为接通，饭做好后，自动断开。

1.5　能。如教室带调速器的电风扇和变频空调分别能人为或自动调整动力的大小。

第 2 章

2.1　单轴直线运动和单轴旋转运动。

2.2　(a) 加速；(b) 减速；(c) 减速；(d) 加速。

2.3　根据牛顿第三定律，作用在负载轴上的负载转矩所对应的力将大小相等方向相反传递到相邻传动轴上，并依次传递到电动机轴上。忽略传递过程的能量损失，则有能量守恒定律。所以，负载转矩传递到电动机轴上，对电动机轴形成的转矩的大小等于负载转矩除以电动机轴到负载轴的传动比。

2.4　惯性力的计算 $F = Ma$

该惯性力的作用遵循牛顿第三定律，在力的作用点以大小相等、方向相反传递（作用）到相邻轴上。

2.5　定轴转动刚体在外加转矩的 T_M 和惯性力对应的转矩的作用下动态平衡 $T_M - J \, d\omega/dt = 0$。

$T_M = 0$ 时，$J \, d\omega/dt = 0$，J 不变时，角加速度为零，匀速转动。当 J 变小时，角加速度增大。当 J 变大时，角加速度减小。

2.6

① 根据牛顿第三定律，作用在负载轴上的负载转矩所对应的力将大小相等、方向相反传递到电动机轴上。忽略传递过程的能量损失，则有能量守恒定律。如果负载转矩 T'_L

传递到电动机轴上所对应的转矩为 T_L，根据能量守恒定律应有 $T_L\omega = T'_L\omega_L$，所以 $T_L = T'_L/j$。

② 同理，负载轴的惯性力也大小相等、方向相反传递到电动机轴上，并形成作用在电机轴上的转矩。

忽略传动过程的能量损失，该惯性力对应的转矩 $T'_{J2} = J_2 d\omega_2/dt$ 传递到电动机轴上形成转矩 T_{L2}，由能量守恒定律知 $T'_{J2}\omega_2 = T_{L2}\omega$，所以 $T_{L2} = T'_{J2}/j$，有：

$$T_{L2} = \frac{J_2}{j} \times \frac{d\omega}{j\,dt} = \frac{J_2}{j^2} \times \frac{d\omega}{dt}$$

③ 电动机轴的动力学方程 $T_M - T_L - T_{L2} = 0$，得

$$T_M - T'_L/j - \frac{J_2}{j^2} \times \frac{d\omega}{dt} = 0$$

2.7　恒转矩型负载；反抗性恒转矩负载；位能性恒转矩负载；离心式通风机型负载；直线型负载；恒功率型负载。

2.8　反抗性恒转矩负载方向总是与运动反向相反，位能性恒转矩负载的作用方向不变，始终指向一个方向，与运动方向无关。

2.9　是电动机从启动到转速达到额定转速的 63.2% 时所经历的时间。

2.10　主要有：①减小飞轮转矩 GD^2；②加大动态转矩 T_D。

2.11　在图 2-17 中，图(a)、(b)、(c) 稳定，图(d) 不稳定。

第3章

3.1　定子、转子、其他部件。

定子：

① 机座。机械支撑和闭合磁路作用。

② 主磁极。产生磁场。

③ 换向极。改善直流电机的换向性能，减小火花。

④ 电刷装置。使转动的电枢绕组与外电路相连。

转子：

① 转轴。传递转矩。

② 电枢铁芯。承受电磁力的作用部件。

③ 电枢绕组。产生感应电势和通过电流，产生电势转矩。

④ 换向器。机械整流，作用是将外加直流电流逆变成绕组内交流电流。

其他部件：

① 轴承与端盖，端盖一般分前盖和后盖，用来固定和支撑电机转轴。

② 风扇。负责降温。

3.2　用有绝缘层的硅钢片叠压是为了减小线圈感应产生的感应电动势导致的涡流电流，以减少铁损和发热。

3.3

发电机状态——U 与 I_a 同向，与 E_a 同向；T 与 n 反向。

电动机状态——U 与 I_a 同向，与 E_a 反向；T 与 n 同向。

3.4　$T = K_t\Phi I_a$　$U = E + I_a R_a$

当电枢电压或电枢附加电阻改变时，电枢电流大小不变，转速 n 与电动机的电动势都

发生改变。

3.5　略。

3.6　电动机在未启动前 $n=0$，$E=0$，而 R_a 很小，所以将电动机直接接入电网并施加额定电压时，启动电流将很大，$I_{st}=U_N/R_a$。

3.7　他励直流电动机直接启动过程中的要求是：①启动电流不要过大。②不要有过大的转矩。可以通过两种方法来实现电动机的启动，一是降压启动；二是在电枢回路内串接外加电阻启动。

3.8　直流他励电动机启动时，一定要先把励磁电流加上是因为主磁极靠外电源产生磁场。如果忘了先合励磁绕组的电源开关就把电枢电源接通，$T_L=0$ 时，理论上电动机转速将趋近于无限大，引起飞车；$T_L=T_N$ 时（包括当电动机运行在额定转速下），将使电动机电流大大增加而严重过载。

3.9　直流串励电动机决不能空载运行，因为这时电动机转速极高，所产生的离心力足以将绕组元件甩到槽外。串励电动机也可能反转运行，但不能用改变电源极性的方法。因为这时电枢电流 I_a 与磁通 Φ 同时反向，使电磁转矩 T 依然保持原来方向，所以电动机不可能反转。

3.10　如果启动电阻一下全部切除，在切除瞬间，由于机械惯性的作用使电动机的转速不能突变，在此瞬间转速维持不变，此时冲击电流会很大，所以采用逐渐切除启动电阻的方法。如切除太快，会有可能烧毁电动机。

3.11　速度变化是在某机械特性曲线上，由于负载改变而引起的。而速度调节则是某一特定的负载下，靠人为改变机械特性而得到的。

3.12　第一，改变电枢电路外串接电阻。

特点：在一定负载转矩下，串接不同的电阻可以得到不同的转速，机械特性较软，电阻越大则特性越软，稳定性越低，空载或轻载时，调速范围不大，实现无级调速困难，在调速电阻上消耗大量电能。

第二，改变电动机电枢供电电压。

特点：当电压连续变化时转速可以平滑无级调速，一般只能在额定转速以下调节，调速特性与固有特性相互平行，机械特性硬度不变，调速的稳定性较高，调速范围较大，调速时因电枢电流与电压无关，属于恒转矩调速，适应于对恒转矩型负载进行调速。可以靠调节电枢电压来启动电动机，不用其他启动设备。

第三，改变电动机主磁通。

特点：可以平滑无级调速，但只能弱磁调速，即在额定转速以上调节，调速特性较软，且受电动机换向条件等的限制，调速范围不大，调速时维持电枢电压和电流不变，属恒功率调速。

3.13　略。

3.14　机械特性表达式：$n=U/(K_e\Phi)-(R_a+R_{ad})T/(K_eK_m\Phi^2)$。

（1）回馈制动

T 为负值，电动机正转时，回馈制动状态下的机械特性是第一象限电动状态下的机械特性在第二象限内的延伸。回馈制动状态下附加电阻越大电动机转速越高。为使重物下降速度不至于过高，串接的附加电阻不宜过大。但即使不串任何电阻，重物下放过程中电动机的转速仍过高，如果放下的件较重，则采用这种制动方式运行不太安全。

（2）反接制动

电源反接制动：电源反接制动一般应用在生产机械要求迅速减速停车和反向的场合以及要求经常正反转的机械上。

倒拉反接制动：倒拉反接制动状态下的机械特性曲线实际上是第一象限电动状态下的机械特性曲线在第四象限中的延伸，若电动反向运转在电动状态，则倒拉反接制动状态下的机械特性曲线是第三象限中电动状态下的机械特性曲线在第二象限的延伸。它可以极低的下降速度，保证生产的安全，缺点是若转矩大小估计不准，则本应下降的重物可能向上升，机械特硬度小，速度稳定性差。

（3）能耗制动

机械特性曲线是通过原点，且位于第二象限和第四象限的一条直线。优点是不会出现像倒拉制动那样，因为对 T_L 的大小估计错误而引起重物上升的事故，运动速度也较反接制动时稳定。

3.15 略。

第 4 章

4.1 三相异步电动机主要由定子和转子构成，定子是静止不动的部分，转子是旋转部分，在定子与转子之间有一定的气隙。定子由铁芯、绕组与机座三部分组成。转子由铁芯与绕组组成。异步电动机转子绕组多采用鼠笼式，它是在转子铁芯槽里插入铜条，再将全部铜条两端焊在两个铜环上组成，小型鼠笼式转子绕组多用铝离心浇铸而成。

4.2 $n = 60f/p$，电动机的级数和电源频率有关。

4.3 如果将定子绕组接至电源的三相导线中的任意两根线对调，例如将 B、C 两根线对调，即使 B 相与 C 相绕组中电流的相位对调，此时 A 相绕组内的电流导前于 C 相绕组的电流 $2\pi/3$，因此旋转方向也将变为 A—C—B 向逆时针方向旋转，与未对调的旋转方向相反。

4.4 同步转速：$n_0 = 60f/p = 60 \times 50/2 = 1500 (\text{r/min})$；

转子转速：$S = (n_0 - n)/n_0$ 即 $0.02 = (1500 - n)/1500$；

转子电流频率：$f_2 = Sf_1 = 0.02 \times 50 = 1 (\text{Hz})$。

4.5 因为负载增加 n 减小，转子与旋转磁场间的相对转速 $(n_0 - n)$ 增加，转子导体被磁感线切割的速度提高，于是转子的感应电动势增加，转子电流增加，合成磁通减小，定子的感应电动势因为转子的电流增加而变小，在定子外接电压作用下定子的电流也随之提高。

4.6 若电源电压降低，降低瞬间电动机的转矩减小，电流也减小，转速不变，过渡过程中，负载转矩没变，转速下降，转子电流增加，定子电流增加。

4.7 电动机电流增大，烧坏电动机。

4.8 三相异步电动机断了一根电源线后，转子的两个旋转磁场分别作用于转子而产生两个方向相反的转矩，而且转矩大小相等，故其作用相互抵消，合转矩为零，因而转子不能自行启动。而在运行时断了一线，仍能继续转动，转动方向的转矩大于反向转矩。这两种情况都会使电动机的电流增加。

4.9 启动电流一样，启动转矩相同，满载启动时间长。

4.10 因为适当串入电阻后，虽然 I_2 减少，但 $\cos\varphi_2$ 增大很多，所以启动转矩有可能增加。

4.11　89.479A。

4.12　为了使三相异步电动机快速停车，可以采用电源反接制动和能耗制动的方法。

4.13　① 调压调速。这种办法能够无级调速，但调速范围不大。

② 转子电路串电阻调速。这种方法简单可靠，但它是有级调速，随着转速降低、特性变软，转子电路电阻损耗与转差率成正比，低速时损耗大。

③ 改变极对数调速。这种方法可以获得较大的启动转矩，虽然体积稍大、价格稍高、只能有级调速，但是结构简单、效率高、特性好，且调速时所需附加设备少。

④ 变频调速。可以实现连续地改变电动机的转矩，是一种很好的调速方法。

4.14　恒功率调速是人为机械特性改变的条件下，功率不变。恒转矩调速是人为机械特性改变的条件下转矩不变。

4.15　使每相定子绕组中一半绕组内的电流改变方向，即可改变极对数，也就改变了转速。接线图见教材。

第5章

5.1　步进电动机的位移量与输入脉冲数严格成正比，这就不会引起误差的积累，其转速与脉冲频率和步矩角有关。控制输入脉冲数量、频率及电动机各组的接通次序，可以得到需要的转角、转速和转向。

5.2　步进电机的作用就是能够精确控制转动的角度，步距角越小，它每一步能转动的角度就越小，我们就能得到更精确的角度控制。比如步距角为 3° 的，我们可以控制 3°、6°、9°…，而步距角为 10° 的，我们只能控制 10°、20°、30°…，显然步距角越小，能控制的角度越精确。

5.3　电磁式（励磁式）特点：电动机的定子和转子均有绕组，靠电磁力矩使转子转动。

磁阻式（反应式）特点：气隙小，定位精度高；步距小，控制准确；励磁电流较大，要求驱动电源功率大；电动机内部阻尼较长，当相数较小时，单步运行振荡时间较长；断电后无定位转矩，使用中需自锁定位。

永磁式特点：步距角大，控制精度不高；控制功率小，效率高；内阻尼较大，单片振荡时间短；断电后具有一定的定位转矩。

混合式（永磁感应子式）特点：驱动电流小，效率高，过载能力强，控制精度高。

5.4　每当输入一个电脉冲时，电动机转过的一个固定的角度称为步矩角。

一台步进电动机有两个步矩角，说明它有两种通电方式，3° 的意思是相邻两次通电的相的数目相同时的步矩角，1.5° 的意思是相邻两次通电的相的数目不同时的步矩角。单三拍：每次只有一相绕组通电，而每个循环只有三次通电。单双六拍：第一次通电有一相绕组通电，然后下一次有两相通电，这样交替循环运行，而每次循环只有六次通电。双三拍：每次有两相绕组通电，每个循环有三次通电。

5.5　$n = \beta f \times 60 / 2\pi = 1.5 \times 3000 \times 60 / (2 \times 3.14) = 42993.6(\mathrm{r/min})$

5.6　$1.5° = 360° / (zKm)$ 即 $1.5° = 360° / z \times 5 \times 1$　　$z = 48$

5.7　① 步距角——步进电动机的主要性能指标之一，它直接影响启动和运行频率。

② 最大静转矩。

③ 空载启动频率——步进电动机在空载情况下，不失步启动所允许的最高频率。在负载情况下，不失步启动所允许的最高频率随负载的增加而显著下降。

④ 连续运行频率——当步进电动机运行频率连续上升时，电动机不失步运行的最高

频率。

⑤ 精度——用一周内最大的步距角误差值表示。

⑥ 输入电压 U、输入电流 I 和相数 m 三项指标与驱动电源有关。

5.8 当脉冲信号频率很低时，控制脉冲以矩形波输入，电流比较接近于理想的矩形波。如果脉冲信号频率增高，由于电动机绕组中的电感有阻止电流变化的作用，因此此电流波形发生畸变。如果脉冲频率很高，则电流还来不及上升到稳定值就开始下降，于是，电流的幅值降低，因而产生的转矩减小，致使带负载的能力下降。故频率过高会使步进电动机启动不了或运行时失步而停下。因此，对脉冲信号频率是有限制的。

5.9 根据转速公式 $n=\beta f\times 60/(2\pi)$ 可知，$f=n\pi/(30\beta)$。所以步矩角 β 越小运行频率 f 就越高，启动频率相应地也高。在负载转矩一定的情况下，最大静转矩越大，电流的幅值越大，高频虽然会造成电动机的启动转矩减小，但仍可能大于负载转矩。因此最大静转矩大的步进电动机，启动频率和运行频率高。

5.10 负载转矩和转动惯量越大，步进电动机的启动频率和运行频率越低。矩频特性如题 5.10 图所示。

5.11 当负载增加时，电磁转矩增大；由 $n=U_c/(K_e\Phi)-RT/(K_eK_m\Phi^2)$ 可知，负载增大后，转速变慢。根据 $T=K_m\Phi I_a$ 可知，控制电流增大。

5.12 由电动机电压平衡方程式得 $U_c=E+I_aR_a=K_e\Phi n+I_aR_a$，

所以 $110=K_e\Phi\times 3000+0.05R_a$，$110=K_e\Phi\times 1500+1\times R_a$，

解得 $K_e\Phi=0.0357$；$R_a=56.41\Omega$，

所以 $T_1=K_m\Phi I_{a1}=9.55，K_e\Phi I_{a1}=9.55\times 0.0357\times 0.05=0.017(\text{N}\cdot\text{m})$

$T_2=K_m\Phi I_{a2}=9.55\ K_e\Phi I_{a2}=9.55\times 0.0357\times 1=0.341(\text{N}\cdot\text{m})$

由 $(n=n_1=3000\text{r/min}，T_1=0.017\text{N}\cdot\text{m})$ 和 $(n=n_2=1500\text{r/min}，T_2=0.341\text{N}\cdot\text{m})$ 两点在 $n\text{-}T$ 平面上作直线，如题 5.12 图所示即为该直流伺服电动机的机械特性曲线，机械特性表达式为 $n=3079-4630T$。

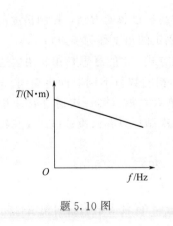

题 5.10 图

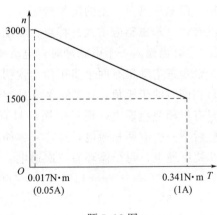

题 5.12 图

5.13 根据直流伺服电动机的机械特性公式可知 $n_0=U_c/(K_e\Phi)$，所以理想空载转速与电枢控制电压成正比。所以当 $U_c=50\text{V}$ 时，理想空载转速 n_0 等于 1500r/min。

5.14 因为在设计、制造上保证了电动机能在低速或堵转下运行，在堵转的情况下能产

生足够大的力矩而不损坏，加上它有精度高、反应速度快、线性度好等优点，因此它常用在低速、需要转矩调节和需要一定张力的随动系统中作为执行元件。所以多数数控机床的进给系统适宜采用大惯量直流电动机。

5.15　$v=2f\tau(1-S)=2\times50\times0.1(1-0.05)=9.5(\mathrm{m/s})$

5.16　直线电动机较之旋转电动机的优点是：

① 直线电动机无须中间传动机构，因而使整个机构得到简化，提高了精度，减少了振动和噪声；

② 响应快速；

③ 散热良好，额定值高，电流密度可取很大，对启动的限制小；

④ 装配灵活性大，往往可将电动机的定子和动子分别与其他机体合成一体。其缺点是效率和功率因数低、电源功率大及低速性能差等。

第6章

6.1　直流接触器与交流接触器相比，直流接触器的铁芯比较小，线圈也比较小，交流接触器的铁芯是用硅钢片叠加而成的，线圈做成有支架式，形式较扁。因为直流电磁铁不存在电涡流的现象。

6.2　因为交流是呈正旋变化的，当触点断开时总会有某一时刻电流为零，此时电流熄灭，而直流电一直存在，所以与交流电相比电弧不易熄灭。

6.3　若交流电器的线圈误接入同电压的直流电源，会因为交流线圈的电阻太小而流过很大的电流使线圈损坏；直流电器的线圈误接入同电压的交流电源，因阻抗过大，电流太小，造成设备不能正常运行。

6.4　因为交流接触启动的瞬间，由于铁芯气隙大，电抗小，电流可达到15倍的工作电流，所以线圈会过热。

6.5　在线圈中通有交变电流时，在铁芯中产生的磁通是与电流同频率变化的，当电流频率为50Hz时磁通每秒有100次通过零点，这样所产生的吸力也为零，动铁芯有离开趋势，但还未离开，磁通又很快上来，动铁芯又被吸回，造成振动和噪声，因此要安装短路环。

6.6　两个相同的110V交流接触器线圈不能串联接于220V的交流电源上运行，因为在接通电路的瞬间，两个衔铁不能同时工作，先吸合的线圈电感就增大，感抗大线圈的端电压就大，另一个端电压就小，时间长了，有可能把线圈烧毁；若是直流接触器，则可以。

6.7　接触器是在外界输入信号下能够自动接通断开负载主回路；继电器主要是传递信号，根据输入的信号达到不同的控制目的。

6.8　电动机中的短路保护是指电源线的电线发生短路，防止电路损坏、自动切断电源的保护动作。

过电流保护是指当电动机发生严重过载时，保护电动机不超过最大许可电流。

长期过载保护是指电动机的短时过载是可以的，但长期过载时电动机就要发热，防止电动机的温升超过电动机的最高绝缘温度。

6.9　过电流继电器是电流过大就断开电源，它用于防止电动机短路或严重过载；热继电器是温度升高到一定值才动作，用于过载时间不长的场合。

6.10　因为热继电器的发热元件达到一定温度时才动作，如果短路，热继电器不能马上动作，这样就会造成事故；而熔断器，电源一旦短路立即动作，切断电源。

6.11　功能和特点是具有熔断器能直接断开主回路的特点，又具有过电流继电器动作准确性高、容易复位、不会造成单相运行等优点，可以作过电流脱扣器，也可以作长期过载保护的热脱扣器。

6.12　如题 6.12 图所示。

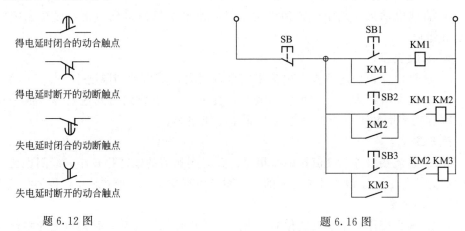

得电延时闭合的动合触点
得电延时断开的动断触点
失电延时闭合的动断触点
失电延时断开的动合触点

题 6.12 图

SB
SB1
KM1
KM1
SB2
KM1 KM2
KM2
SB3
KM2 KM3
KM3

题 6.16 图

6.13　常分为安装接线图和电气原理图，电气原理图常用的如：

① 启动控制线路及保护装置。

② 正反转控制线路。

③ 多电动机的联锁控制线路。

④ 电动控制线路。

⑤ 多点控制线路。

⑥ 顺序控制线路。

电气控制线路原理图的绘制原则主要有：

① 应满足生产工艺所提出的要求。

② 线路简单，布局合理，电器元件选择正确并得到充分。

③ 操作、维修方便。

④ 设有各种保护和防止发生故障的环节。

⑤ 能长期准确、稳定、可靠地工作。

6.14　零电压和欠电压保护的作用是防止当电源暂停供电或电压降低时而可能发生的不容许的故障。

6.15　有可能熔断器烧毁，使电路断电，或者是热继电器的感应部分还未降温，热继电器的触点还处于断开状态。

6.16　如题 6.16 图所示。

6.17　如题 6.17 图所示。

6.18　略。

6.19　如题 6.19 图所示，思考 KM3 怎样断开？如何改进？

6.20　如题 6.20 图所示。

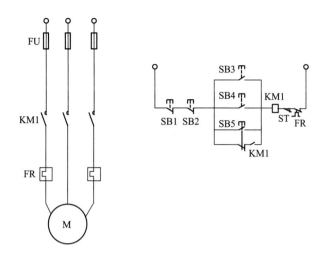

题 6.17 图

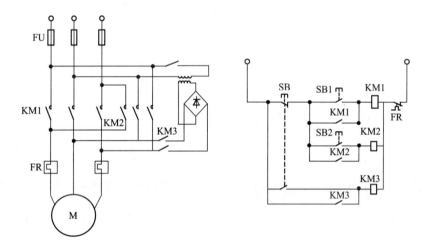

题 6.19 图

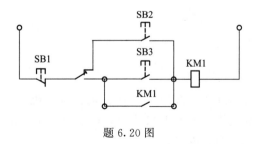

题 6.20 图

6.21　如题 6.21 图所示。

6.22　平面磨床中的电磁吸盘不能采用交流的，因为交流电是呈正弦波变化的，某一时刻电流会为零，此时工件受力会甩出，造成事故。

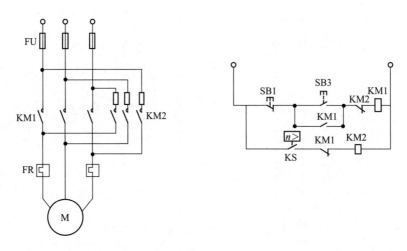

题 6.21 图

6.23 因为起重机工作时频繁启动、换向，熔断器易造成缺相，可能烧坏电机，热继电器在这种工作条件下易产生误动作或难以起到保护作用。

6.24 如题 6.24 图所示，请分析参考答案是否能实现要求的全部功能。

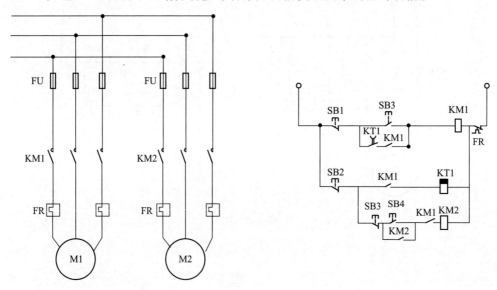

题 6.24 图

6.25 SB 按钮为人工的点动控制。

S 为自动的间歇润滑选择开关，接通后 KM 得电，电动机工作，KT1 得电，经过一段时间后，动合触点闭合，K 得电，同时 KM 失电，电动机停止工作，KT2 得电一段时间后，动断触点断开，K 闭合，电动机重新工作。

6.26 如题 6.26 图所示。

6.27 如题 6.27 图所示。参考答案能实现反接制动吗？怎样实现？

6.28 如题 6.28 图所示。

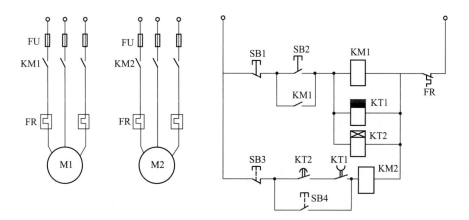

题 6.26 图

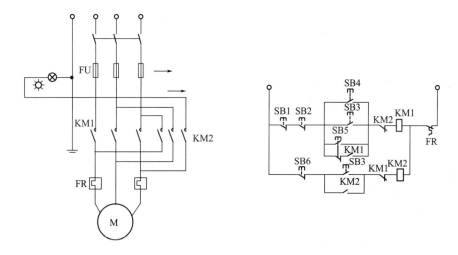

题 6.27 图

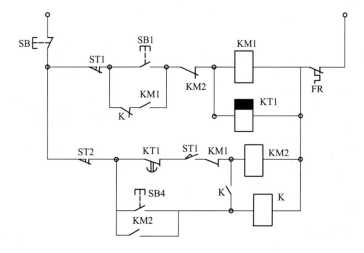

题 6.28 图

第7章

7.1　PLC 由中央处理器 CPU、存储器、输入输出接口、编程器组成。

中央处理器 CPU 是核心，它的作用是接收输入的程序并存储程序，扫描现场的输入状态，执行用户程序，并自诊断。

存储器用来存放程序和数据。

输入接口采集现场各种开关接点的信号状态，并将其转化成标准的逻辑电平，输出接口用于输出电信号来控制对象。

编程器用于用户程序的编制、编辑、调试、检查和监视，还可以显示 PLC 的各种状态。

7.2　作用是：① 实现现场与 PLC 主机的电器隔离，提高抗干扰性。

② 避免外电路出故障时，外部强电侵入主机而损坏主机。

③ 电平交换，现场开关信号可能有各种电平，光电耦合器件使它们变换成 PLC 主机要求的标准逻辑电平。

7.3　扫描周期是每执行一遍从输入到输出所需的时间。

工作过程是：① 输入现场信号，在系统的控制下，顺序扫描各输入点，读入输入点的状态。

② 顺序扫描用户程序中的各条指令，根据输入状态和指令内容进行逻辑运算。

③ 输出控制信号，根据逻辑运算的结果，输出状态寄存器向各输出点发出相应的控制信号，实现所要求的逻辑控制功能。

7.4　PLC 的主要特点是：① 应用灵活，扩展性好。

② 操作方便。

③ 标准化的硬件和软件设计，通用性强。

④ 完善的监视和诊断功能。

⑤ 可适应恶劣的工业应用环境。

⑥ 控制功能强。

7.5　如题 7.5 图所示。

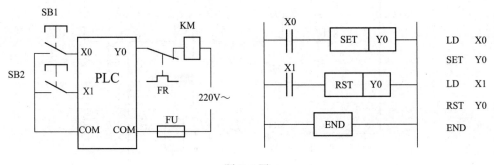

题 7.5 图

7.6　如题 7.6 图所示。

7.7　略。

7.8　如题 7.8 图所示。

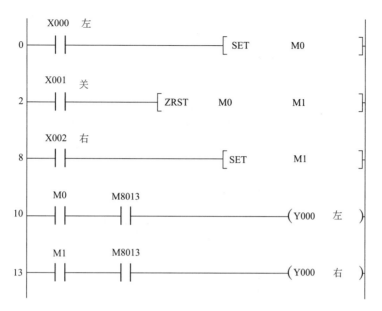

题 7.6 图

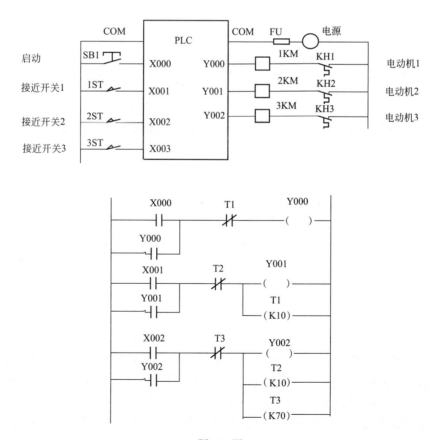

题 7.8 图

7.9　如题 7.9 图所示，右行（Y000 接通 KM1）和左行（Y001 接通 KM2）小车左下限位开关接 X003，在该处 Y002 接装料电磁阀 YA2 为 ON，装料，5s 后装料结束，开始上升右行，碰到 X004 后停下来，Y003 接卸料电磁阀 YA3 为 ON 卸料；10s 后卸料结束，开始左行，碰到 X003 后又停下来装料……

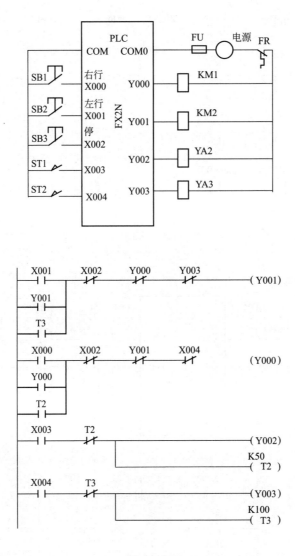

题 7.9 图

第 8 章

8.1　当晶闸管承受正向电压且在门极有触发电流时晶闸管才能导通；导通后流过晶闸管的电流由电源和负载决定；当晶闸管承受反向电压或者流过晶闸管的电流为零时，晶闸管关断。阻断后它所承受的电压决定于阳极和阴极的反向转折电压。

8.2　晶闸管不能和晶体管一样构成放大器，因为晶闸管只是控制导通的元件，晶闸管的放大效应是在中间的 PN 节上，整个晶闸管不会有放大作用。

8.3   如题 8.3 图所示。

8.4   ① 在开关 S 闭合前灯泡不亮，因为晶闸管没有导通。

② 在开关 S 闭合后灯泡亮，因为晶闸管得控制极接正电，导通。

③ 再把开关 S 断开后灯泡亮，因为晶闸管导通后控制极就不起作用了。

8.5   如题 8.5 图所示。

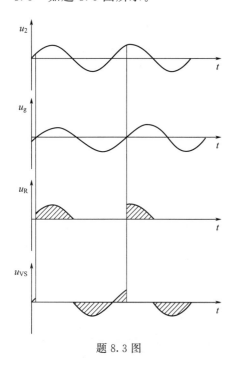

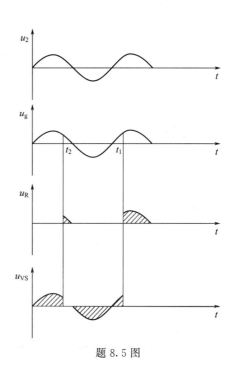

题 8.3 图   题 8.5 图

8.6   晶闸管的主要参数有：

① 断态重复峰值电压 U_{DRE}：在控制极断路和晶闸管正向阻断的条件下，可以重复加在晶闸管两端的正向峰值电压，其数值规定比正向转折电压小 100V。

② 反向重复峰值电压 U_{RRM}：在控制极断路时，可以重复加在晶闸管元件上的反向峰值电压。

③ 额定通态平均电流（额定正向平均电流）I_T。

④ 维持电流 I_H：在规定的环境温度和控制极断路时，维持元件导通的最小电流。

8.7   良好的晶闸管，其阳极 A 与阴极 K 之间应为高阻态。所以，当万用表测试 A-K 间的电阻时，无论电表如何接都会为高阻态，而 G-K 间的逆向电阻比顺向电阻大，表明晶闸管性能良好。

8.8   晶闸管的控制角是晶闸管元件承受正向电压起始到触发脉冲的作用点之间的电角度，导通角是晶闸管在一周期时间内导通的电角度。

8.9 $U_d = 1/2\pi \int_{\alpha}^{\pi} \sqrt{2} \sin\omega t \, d(\omega t) = 0.45 U_2 (1+\cos\alpha)/2 = 0.45 \times 220(1+1)/2 = 99(V)$

输出电压平均值 U_d 的调节范围 0～99V。

当 $\alpha = \pi/3$ 时 $U_d = 0.45 U_2(1+\cos\alpha)/2 = 0.45 \times 220 \times (1+0.866)/2 = 92.4(V)$

输出电压平均值 $U_d = 92.4V$。

电流平均值 $I_d = U_d / R_L = 92.4/10 = 9.24(A)$

8.10 续流二极管作用是提高电感负载时的单相半波电路整流输出的平均电压。导通时，晶闸管承受反向电压自行关断，没有电流流回电源去，负载两端电压仅为二极管管压降，接近于零，所以由电感发出的能量消耗在电阻上。若不注意把它的极性接反会造成带电感性负载不会得电。

8.11 如题 8.11 图所示。

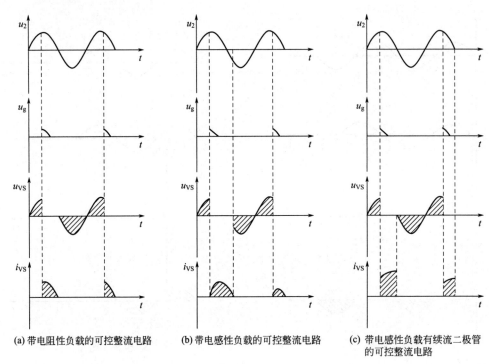

(a) 带电阻性负载的可控整流电路　(b) 带电感性负载的可控整流电路　(c) 带电感性负载有续流二极管
的可控整流电路

题 8.11 图

8.12 $U_d = 0.45U_2(1+\cos\alpha)/2$
$60 = 0.45 \times 220 \times (1+\cos\alpha)/2$
$\alpha = 77.8°$
$\alpha + \theta = 180°$
$\theta = 102.2°$

8.13 $U_d = 0.9U_2(1+\cos\alpha)/2$
$60 = 0.9 \times U_2(1+1)/2$
$U_2 = 66.7(V)$

电源变压器副边的电压为 66.7V。

因阻性负荷不需要考虑无功损耗，也可以不考虑冲击电流，所以晶闸管与二极管的额定电压为 66.7V，额定电流为 10A。

8.14 三相半波可控整流电路，如在自然换相点之前加入触发脉冲使 VS1 上电压为正，若 t_1 时刻向 VS1 控制极加触发脉冲，VS1 立即导通，当 A 相电压过零时，VS1 自动关断，如题 8.14 图所示。

8.15　如题 8.15 图所示。

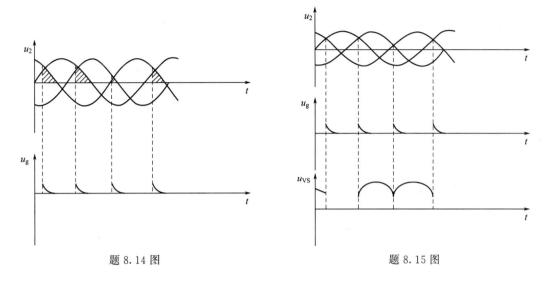

題 8.14 图　　　　　　　　　　題 8.15 图

8.16　如果有一只晶闸管被击穿，其他晶闸管会受影响，造成三相桥式全控整流电路失控。

8.17　GTO 和普通晶闸管同为 PNPN 结构，由 $P_1N_1P_2$ 和 $N_1P_2N_2$ 构成两个晶体管 V1、V2，分别具有共基极电流增益 α_1 和 α_2，由普通晶闸管的分析可得知：$\alpha_1 + \alpha_2 = 1$，是器件临界导通的条件；$\alpha_1 + \alpha_2 > 1$，两个等效晶体管过饱和而导通；$\alpha_1 + \alpha_2 < 1$，不能维持饱和导通而关断。

GTO 之所以能够自行关断，而普通晶闸管不能，是因为 GTO 与普通晶闸管在设计和工艺方面有以下几点不同：

① GTO 在设计时 α_2 较大，这样晶体管 V2 控制灵敏，易于 GTO 关断；

② 普通晶闸管导通时 $\alpha_1 + \alpha_2$ 大于深度过饱和，门极不能控制关断。而 GTO 的 $\alpha_1 + \alpha_2$ 约为 1.5，GTO 的饱和程度不深，接近于临界饱和，这样为门极控制关断提供了有利条件；

③ 多元集成结构使每个 GTO 元件阴极面积很小，门极和阴极间的距离大为缩短，使得 P_2 极区所谓的横向电阻很小，从而使从门极抽出较大的电流成为可能。

8.18　电力二极管及其派生器件；晶闸管及其派生器件；GTO/GTR/电力 MOSFET/IGBT 等。

① 按照器件能够被控制的程度，分为以下三类。

不可控器件：电力二极管及其派生器件。

半控型器件：晶闸管及其派生器件。

全控型器件：GTO/GTR/电力 MOSFET/IGBT 等。

② 按照驱动电路信号的性质，分为两类。

电流驱动型：晶闸管及其派生器件/GTO/GTR 等。

电压驱动型：电力 MOSFET/IGBT 等。

③ 按照驱动信号的波形（电力二极管除外）。

脉冲触发型：晶闸管及其派生器件。

电平控制型：GTO/GTR/电力 MOSFET/IGBT 等。

④ 按照器件内部电子和空穴两种载流子参与导电的情况分为三类。

单极型器件：电力 MOSFET、肖特基势垒二极管等。

双极型器件：电力二极管/GTO/GTR/等。

复合型器件：电力 MOSFET/IGBT 等。

目前小功率场合使用电力 MOSFET，中等功率使用 IGBT，大功率场合使用晶闸管或 GTO。

第 9 章

9.1　系统只有控制量（输入量）对被控制量（输出量）的单向控制作用，而不存在被控制量的影响和联系，这样的控制系统称为开环控制系统。优点是结构简单能满足一般的生产需要；缺点是不能满足高要求的生产机械的需要。

负反馈控制系统是按偏差控制原理建立的控制系统，其特点是输入量与输出量之间既有正向的控制作用，又有反向的反馈控制作用，形成一个闭环，故又称为闭环控制系统或反馈控制系统。优点是可以实现高要求的生产机械的需要，缺点是结构复杂。

9.2　电动机所能达到的调速范围，是电动机在额定负载下所许可的最高转速 $n_{\max}$ 和在保证生产机械对转速变化率的要求前提下所能达到的最低转速 $n_{\min}$ 之比，以 D 表示。所谓转速变化率亦即调速系统的静差度（或稳定度），就是电动机由理想空载到额定负载时的转速降 Δn_{N} 与理想空载转速 n_0 的比值，以 S 表示。两者之间的关系是：$D = n_{\max} S_2 / [\Delta n_{\mathrm{N}} (1 - S_2)]$。在保证一定静差度的前提下，扩大系统调速范围的方法是提高电动机的机械特性的硬度以减小 Δn_{N}。

9.3　生产机械对调速系统提出的静态技术的指标有静差度、调速范围、调速的平滑性。动态技术指标有最大超调量、过渡过程时间、振荡次数。提出这些技术指标的原因是因为机电传动控制系统调速方案的选择，主要是根据生产机械对调速系统提出的调速技术指标来决定的。

9.4　电动机在调速过程中，在不同的转速下运行时，实际输出转矩和输出功率能否达到且不超过其允许长期输出的最大转矩和最大功率，并不决定于电动机本身，而取决于生产机械在调速过程中负载转矩 T_{L} 及负载功率 P_{L} 的大小和变化规律。所以，为了使电动机的负载能力得到最充分的利用，在选择调速方案时，必须注意电动机的调速性质与生产机械的负载特性要配合恰当。

一般来讲，负载为恒转矩型的生产机械应尽可能选用恒转矩性质的调速方法，且电动机的额定转矩 T_{N} 应等于或略大于负载转矩 T_{L}；负载为恒功率型的生产机械应尽可能选用恒功率性质的调速方法，且电动机的额定功率 P_{N} 应等于或略大于生产机械的静负载功率 P_{L}。

9.5　调速范围：

$D = n_{\max} / n_{\min} = (n_{01} - \Delta n_{\mathrm{N}}) / (n_{02} - \Delta n_{\mathrm{N}}) = (1480 - 10) / (157 - 10) = 1470 / 147 = 10$

高速时的静差度：$S_1 = \Delta n_{\mathrm{N}} / n_{01} = 10 / 1480 = 0.0068$

低速时的静差度：$S_2 = \Delta n_{\mathrm{N}} / n_{02} = 10 / 157 = 0.064$

机械特性曲线如题 9.5 图所示。

9.6　当负载增加时，I_{a} 加大，由于 $I_{\mathrm{a}} R_{\Sigma}$ 的作用，所以电动机转速下降。闭环调速系统可以减小转速降是因为测速发电机的电压 U_{BR} 下降，使反馈电压 U_{f} 下降到 U_{f}'，但这时给定电压 U_{g} 并没有改变，于是偏差信号增加到 $\Delta U' = U_{\mathrm{g}} - U_{\mathrm{f}}'$，使放大器输出电压上升到 U_{k}'，它使晶闸管整流器的控制角 α 减小，整流电压上升到 U_{d}'，电动机转速又回升到近似等

于 n_0。

9.7　因为电动机端电压即使由于电压负反馈的作用而维持不变，但是负载增加时，电动机电枢内阻 R_a 所引起的内阻压降仍然要增大，电动机速度还是要降低。所以说，电压负反馈顶多只能补偿可控整流电源的等效内阻所引起的速度降落。

9.8　电流正反馈，是把反映电动机电枢电流大小的量 $I_a R$ 取出，与电压负反馈一起加到放大器输入端。由于是正反馈，当负载电流增加时，放大器输入信号也增加，使晶闸管整流输出电压 U_d 增加，以此来补偿电动机电枢电阻所产生的压降。由于这种反馈方式的转速降比仅有电压负反馈时小了许多，因此扩大了调速范围。为了保证"调整"效果，电流正反馈的强度与电压负反馈的强度应按一定比例组成，如果反馈强度调得不适当，会不能准确地反馈速度，静特性不理想。

9.9　以题9.9图为例说明。

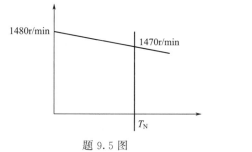

题9.5图

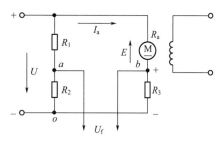

题9.9图

图中，从 a、o 两点取出的是电压负反馈信号，从 b、o 两点取出的是电流正反馈信号，从 a、b 两点取出的则代表综合反馈信号。因为 $U_{ab}(U_f)=U_{ao}+U_{ob}=U_{ao}-U_{bo}$，其中 U_{ao} 随端电压 U 而变，如果令 $\alpha=R_2/(R_1+R_2)$，则有 $U_{ao}=\alpha U$；U_{bo} 随电流 I_a 而变，它代表 I_a 在电阻 R_3 上引起的压降即电流正反馈信号，$U_{bo}=I_a R_3$，将 U_{ao} 与 U_{bo} 代入 U_{ab} 的表达式中，得 $U_{ab}=UR_2/(R_1+R_2)-I_a R_3$，从电动机电枢回路电势平衡关系可知 $I_a=(U-E)/(R_3+R_a)$，将 I_a 的表达式代入 U_{ab} 中可得 $U_{ab}=UR_2/(R_1+R_2)-UR_3/(R_3+R_a)+ER_3/(R_3+R_a)$，上式如果满足 $UR_2/(R_1+R_2)-UR_3/(R_3+R_a)=0$，即 $R_2/(R_1+R_2)=R_3/(R_3+R_a)$，化简后可以得到电桥的平衡条件：$R_2/R_1=R_3/R_a$，则有 $U_{ab}=R_3E/(R_3+R_a)$。这就是说，满足电桥平衡条件，则从 a、b 两点取出的反馈信号形成的反馈，将转化为电动机反电势的反馈。因为反电势与转速成正比，$E=C_e n$，所以，U_{ab} 也可以表示为 $U_{ab}=R_3C_e n/(R_3+R_a)$。因此由电压负反馈和电流正反馈一起可以组成转速反馈调速系统。

9.10　在正常情况下，因为电流负反馈有使特性恶化的作用，因此，电流负反馈作用被截止，电流负反馈不起作用；而当负载电流超过一定数值，电流负反馈足够强时，它足以将给定信号的绝大部分抵消掉，使电动机速度降到零，电动机停止运转，从而起到保护作用。堵转电流 $I_{a0}=(2\sim2.5)I_{aN}$。一般转折电流 I_0 为额定电流 I_{aN} 的 1.35 倍。且比较电压越大，则电流截止负反馈的转折点电流越大，比较电压小，则转折点电流小。一般按照转折电流 $I_0=KI_{aN}$ 选取比较电压 U_b。当负载没有超出规定值时，起截止作用的二极管不应该开放，也就是比较电压 U_b 应满足 $U_b+U_{bo}\leqslant KI_{aN}R$。

9.11　因为 $S=\Delta n_N/n_0=\Delta n_N/(n_{min}+\Delta n_N)$

所以 $\Delta n_N=Sn_{min}/(1-S)=0.02\times75/(1-0.02)=1.53$（r/min）

如果将系统闭环与开环的理想空载转速调得一样，即 $n_{0f} = n_0$，则 $\Delta n_f = \Delta n / (1+K)$

所以 $K = 64.36$

即闭环系统的开环放大倍数为 64.36。

9.12　因为 $D = n_{max} / n_{min} = 1000 / n_{min} = 10$

所以 $n_{min} = 100(r/min)$

所以 $n_{02} = n_{min} + \Delta n_N = 100 + 100 = 200(r/min)$

所以 $S_2 = \Delta n_N / n_{02} = 100 / 200 = 0.5$

即该系统的静差度是 0.5

因为新系统的静差度为 0.05

即 $0.05 = \Delta n_f / n_{02} = \Delta n_f / 200$

所以 $\Delta n_f = 10(r/min)$

又因为 $\Delta n_f = \Delta n_N / (1+K)$

即 $10 = 100 / (1+K)$

所以 $K = 9$

即闭环系统的开环放大倍数为 9。

9.13　X2010A 型龙门铣床进给拖动系统的移相触发器由锯齿波形成、移相控制、脉冲形成三个环节组成。锯齿波形成器的作用是为了扩大移相范围，U_2 滞后 $U160°$，为了调节灵活和增加线性度，U_1 超前晶闸管阳极电压 $u_c 30°$。移相控制环节的主要作用是利用 u_{1c} 与控制电压 U_{co} 相比较，去控制晶体管 VT1 的通断而实现的。脉冲输出环节主要由晶闸管 VT4 和脉冲变压器 T 组成。当 u_{1c} 刚大于控制电压 U_{co1} 时，C_2 通过 VT4 的发射极、基极、二极管 V7 和电阻 R_9 充电，VT4 导通，在 C_2 充电未饱和或脉冲变压器铁芯未饱和前，T 的负边绕组感应出平顶脉冲电压。在 C_2 充电完毕，VT4 基极回路不再有电流流通，或脉冲变压器铁芯饱和后，T 的副边绕组脉冲电压即行消失。

9.14　因为在积分调节器系统中插入了 PI 调节器是一个典型的无差元件，它在系统出现偏差时动作以消除偏差，当偏差为零时停止动作。可控整流电压 U_d 等于原静态时的数值 U_{d1} 加上调节过程进行后的增量（$\Delta U_{d1} + \Delta U_{d2}$），在调节过程结束时，可控整流电压 U_d 稳定在一个大于 U_{d1} 的新的数值 U_{d2} 上。增加的那一部分电压正好补偿由于负载增加引起的那部分主回路压降。

9.15　因为无静差系统必须插入无差元件，它在系统出现偏差时动作以消除偏差，当偏差为零时停止工作。而 PI 调节器是一个典型的无差元件，所以要引入。比例环节可以毫无延迟地起调节作用，积分环节可以使系统基本上达到无静差。

9.16　无静差调速系统的稳定精度受给定电源和测速发电机精度的影响，因为给定电源的信号要与速度反馈信号比较，速度调节信号要经过测速发电机转化为电压信号。

9.17　因为采用 PI 调节器组成速度调节器 ASR 的单闭环调速系统，既能得到无静差调节，又能获得较快的动态响应。虽然从扩大调速范围的角度来看，它已基本满足一般生产机械对调速的要求。但有些生产机械经常处于正反转工作状态，为了提高生产率，要求尽量缩短启动、制动和反转过渡过程的时间，当然可用加大过渡过程中的电流即加大动态转矩来实现，但电流不能超过晶闸管和电动机的允许值。为了解决这个矛盾，可以采用电流截止负反馈，这就要求有一个电流调节器。因此要采用转速、电流双闭环调速系统。

9.18　来自速度给定电位器的信号 U_{gn} 与速度反馈信号 U_{fn} 比较后，偏差 $\Delta U_n = U_{gn} -$

U_{fn}，送到速度调节器 ASR 的输入端。速度调节器的输入 U_{gi} 作为电流调节器 ACR 的给定信号，与电流反馈信号 U_{fi} 比较后，偏差为 $\Delta U_i = U_{gi} - U_{fi}$，送到电流调节器 ACR 的输入端，电流调节器的输出 U_k 送到触发器，以控制可控整流器，整流器为电动机提供直流电压 U_d。

9.19　转速调节器的作用是产生电压负反馈（速度反馈信号 U_{fn}），与给定电位器的信号 U_{gn} 相比较，它的输出限幅值按电压整定。电流调节器的作用是把速度调节器的输出作为电流调节器 ACR 的给定信号，与电流反馈信号 U_{fi} 比较，它的限幅值按电流整定。

9.20　欲改变双闭环调速系统的转速，可调节电压参数和电流参数，改变转速反馈系数 γ 行，欲改变最大许可电流，则应调节 U_{fi}。

9.21　直流电动机的可逆调速系统可以采取：

① 利用接触器进行切换的可逆线路；

② 利用晶闸管切换的可逆线路；

③ 采用两套晶闸管变流器的可逆线路。

9.22　线路图参见题 9.22 图。

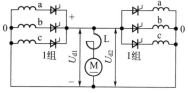

题 9.22 图

欲使电动机工作于正转电动状态，应控制共阴极组的 α_1 角由 90°逐渐减小，与此同时封锁共阳极组的触发脉冲。共阴极组输出直流电压 $U_{d\alpha1}$ 由零逐渐增加，电动机启动并正转加速，此时共阴极组整流电压 $U_{d\alpha1}$ 极性为上正下负，共阴极组电路工作在整流状态，电动机工作在正转电动状态。

若欲使电动机制动（或减速），应利用逻辑电路封锁共阴极组触发脉冲使之停止给电动机供电，电动机由于惯性转速瞬时降不下来，其反电势 E 的极性仍为上正下负。开放共阳极组使之投入工作，控制共阳极组的 α_2 角由 180°逐渐减小（180°＞α_2＞90°），共阳极组输出直流电压平均值 $U_{d\beta2}$ 的极性为上正下负，且使 $U_{d\beta2} \leqslant E$，以产生足够的制动电流，使电动机转速很快制动到零。这样，电动机工作在正转制动状态，共阳极组电路工作在逆变状态。

当电动机转速制动到零时，若使共阳极组电路的 α_2 角在 0°～90°范围变化，则输出电压 $U_{d\alpha2}$ 逐渐增加，极性为上负下正，电动机启动并反转加速，电动机工作于反转电动状态，共阳极组工作在整流状态。

欲使反转的电动机制动（或减速），则封锁共阳极组电路触发脉冲，开放共阴极组电路使 α_1 角在 180°～90°范围内减小，共阴极组电路输出直流电压平均值 $U_{d\beta1}$ 的极性为上负下正，且 $U_{d\beta1} \leqslant E$，以产生足够的制动电流，使电动机转速很快降到零。这样，电动机工作于反转制动状态，共阴极组电路工作于逆变状态。

9.23　基本工作原理参见题 9.23 图。

三相交流电源经整流滤波变成电压恒定的直流电压，VT1～VT4 为四只大功率晶体三极管，工作在开关状态，其中，处于对角线上的一对三极管的基极，因接受同一控制信号而同时导通或截止。若 VT1 和 VT4 导通，则电动机电枢上加正向电压；若 VT2 和 VT3 导通，则电动机电枢上加反向电压。

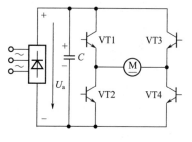

题 9.23 图

主要特点为：

① 主电路所需的功率元件少。

② 控制电路简单。

③ 晶体管脉宽调制（PWM）放大器的开关频率一般为 $1\sim3\,\mathrm{kHz}$，有的甚至可达 $5\,\mathrm{kHz}$。它的动态响应速度和稳速精度等性能指标比较好。晶体管脉宽调制放大器的开关频率高，电动机电枢电流容易连续，且脉动分量小。因而，电枢电流脉动分量对电动机转速的影响以及由它引起的电动机的附加损耗都小。

④ 晶体管脉宽调制放大器的电压放大系数不随输出电压的改变而变化，而晶闸管整流器的电压放大系数在输出电压低时变小。

9.24 工作原理参见题 9.24 图（一）。

图中四只晶体管分为两组，VT1 和 VT4 为一组，VT2 和 VT3 为另一组。同一组中的两只三极管同时导通、同时关断，且两组三极管之间可以是交替地导通和关断。

欲使电动机 M 向正方向旋转，则要求控制电压 U_k 为正，各三极管基极电压的波形如题 9.24 图（二）中（a）、（b）所示。

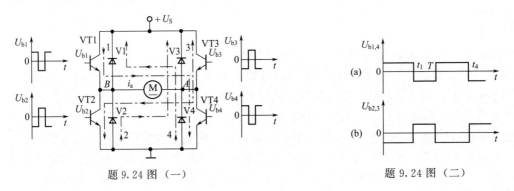

题 9.24 图（一）　　　　　　　　题 9.24 图（二）

当电源电压 U_s > 电动机的反电势时，在 $0\leqslant t<t_1$ 期间，U_{b1} 和 U_{b4} 为正，三极管 VT1 和 VT4 导通，U_{b2} 和 U_{b3} 为负，VT2 和 VT3 关断。电枢电流 i_a 沿回路 1 从 B 流向 A，电动机工作在电动状态。

在 $t_1\leqslant t\leqslant T$ 期间，U_{b1} 和 U_{b4} 为负，VT1 和 VT4 关断，U_{b2} 和 U_{b3} 为正，在电枢电感 L_a 中产生的自感电势 $L_a\mathrm{d}i_a/\mathrm{d}t$ 的作用下，电枢电流 i_a 沿回路 2 继续从 B 流向 A，电动机仍然工作在电动状态。此时，虽然 U_{b2}、U_{b3} 为正，但受 V2 和 V3 正向压降的限制，VT2 和 VT3 仍不能导通。假若在 $t=t_2$ 时正向电流 i_a 衰减到零，那么在 $t_2\leqslant t\leqslant T$ 期间，VT2 和 VT3 在电源电压 U_s 和反电势 E 的作用下即可导通，电枢电流 i_a 沿回路 3 从 A 流向 B，电动机工作在反接制动状态。在 $T\leqslant t\leqslant t_4(T+t_1)$ 期间，三极管的基极电压又改变了极性，VT2 和 VT3 关断，电枢电感 L_a 所生自感电势维持电流 i_a 沿回路 4 继续从 A 流向 B，电动机工作在发电制动状态。此时虽然 U_{b1}、U_{b4} 为正，但受 V1 和 V4 正向压降的限制，VT1 和 VT4 也不能导通。假若在 $t=t_3$ 时，反向电流 $-i_a$ 衰减到零，那么在 $t_3<t\leqslant t_4$ 期间，在电源电压 U_s 作用下，V1 和 V4 就可导通，电枢电流 i_a 又沿回路 1 从 B 流向 A，电动机工作在电动状态。

9.25 电动机停止不动，但电枢电压 U 的瞬时值不等于零，而是正、负脉冲电压的宽度相等，即电枢电路中流过一个交变的电流 i_a。这个电流一方面增大了电动机的空载损耗，但另一方面它使电动机发生高频率微动，可以减小静摩擦，起着动力润滑的作用。

9.26 控制电路组成部分有：

① 速度调节器 ASR 和电流调节器 ACR。

② 三角波发生器：参见题 9.26 图（一）。

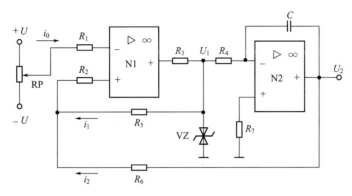

题 9.26 图（一）

由运算放大器 N1 和 N2 组成，N1 在开环状态下工作，它的输出电压不是正饱和值就是负饱和值，电阻 R_3 和稳压管 VZ 组成一个限幅电路，限制 N1 输出电压的幅值。N2 为一个积分器，当输入电压 U_1 为正时，其输出电压 U_2 向负方向变化；当输入电压 U_1 为负时，其输出电压 U_2 向正方向变化。当输入电压 U_1 正负交替变化时，它的输出电压 U_2 就变成了一个三角波。

③ 电压-脉冲变换器：工作原理参见题 9.26 图（二）。

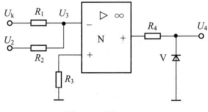

题 9.26 图（二）

运算放大器 N 工作在开环状态。当它的输入电压极性改变时，其输出电压总是在正饱和值和负饱和值之间变化，这样，它就可实现把连续的控制电压 U_k 转换成脉冲电压，再经限幅器（由电阻 R_4 和二极管 V 组成）削去脉冲电压的负半波，在 BU 的输出端形成一串正脉冲电压 U_4。

④ 脉冲分配器及功率放大：工作原理参见题 9.26 图（三）。

其作用是把 BU 产生的矩形脉冲电压 U_4（经光电隔离器和功率放器）分配到主电路被控三极管的基极。当 U_4 为高电平时，门 1 输出低电平，一方面它使门 5 的输出 $U_{c1,4}$ 为高电平，V1 截止，光电管 B1 也截止，则 $U_{R1} = 0$，经功率放大电路，其输出 $U_{b1,4}$ 为低电平，使三极管 VT1、VT4 截止；另一方面门 2 输出高电平，其后使门 6 的输出 $U_{c2,3}$ 为低电平，V2 导通发光，使光电管 B2 导通，则 U_{R2} 为高电平，经功率放大后，其输出 $U_{b2,3}$ 为高电平，使三极管 VT2、VT3 可以导通。反之，当 U_4 为低电平时，$U_{c2,3}$ 为高电平，B2 截止，$U_{b2,3}$ 为低电平，使 VT2、VT3 截止；而 $U_{c1,4}$ 为低电平，B1 导通，$U_{b1,4}$ 为高电平，使 VT1、VT4 可以导通。随着电压 U_4 的周期性变化，电压 $U_{b1,4}$ 与 $U_{b2,3}$ 正、负交替变化，从而控制三极管 VT1、VT4 与 VT2、VT3 的交替导通与截止。功率放大电路的作用是把控

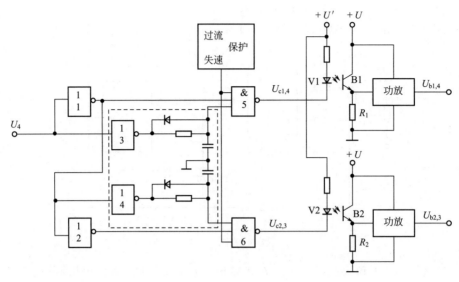

题 9.26 图（三）

制信号放大，使能驱动大功率晶体三极管。

⑤ 其他控制电路：过流、失速保护环节。当电枢电流过大和电动机失速时，该环节输出低电压，封锁门 5 和门 6，其输出 $U_{c1,4}$ 和 $U_{c2,3}$ 均为高电平，使 $U_{b1,4}$ 和 $U_{b2,3}$ 均为低电平，从而关断三极管 VT1～VT4，致使电动机停转。泵升限制电路是限制电源电压的。

9.27 这种系统的控制规律主要由软件实现，只需配备少量的接口电路就能形成一个完整的控制系统；硬件结构简单，可以通过容易更改的软件来实现不同的控制规律或不同的性能要求。此外单片微机除了能实现系统的控制外，还具有系统的保护、诊断和自检等功能。

附录1
电气图用文字符号和图形符号

名称	图形符号	文字符号	说明
交流电源三相	—	L1 L2 L3	交流电源第一相 交流电源第二相 交流电源第三相
交流设备三相	—	U V W	交流设备第一相 交流设备第二相 交流设备第三相
直流系统电源线	—	L+ L—	直流系统正电源线 直流系统负电源线
接地		PE	接地,一般符号
			保护接地
			保护等电位联结
			外壳接地
			屏蔽层接地
			接机壳、接底板
电动机	(*)	M 或 G	电动机的一般符号;符号内的星号"*"用下述字母之一代替:C——旋转变流机;G——发电机;GS——同步发电机;M——电动机;MG——能作为发电机或电动机使用的电机;MS——同步电动机
	(M)		步进电机
	(M 3~)	M	三相鼠笼式异步电动机
	(M 3~)		三相绕线式转子异步电动机

续表

名称	图形符号	文字符号	说明
按钮		SB	具有动合触点且自动复位的按钮开关
			具有动断触点且自动复位的按钮开关
			复合按钮
行程开关		SQ	动合触点
			动断触点
			复合触点,对两个独立电路作双向机械操作
接触器		KM	接触器线圈
			接触器的主动合触点
			接触器的主动断触点
			接触器的辅助触点

续表

名称	图形符号	文字符号	说明
电磁式继电器		KA	中间继电器线圈
	$U<$	KV	欠电压继电器线圈
	$U>$		过电压继电器线圈
	$I<$	KI	过电流继电器线圈
	$I>$		欠电流继电器线圈
		相应继电器线圈符号	常开触点
			常闭触点
时间继电器		KT	线圈一般符号
			延时释放继电器的线圈
			延时吸合继电器的线圈

续表

名称	图形符号	文字符号	说明
时间继电器		KT	当操作器件被吸合时延时闭合的动合触点
			当操作器件被释放时延时断开的动合触点
			当操作器件被吸合时延时断开的动断触点
			当操作器件吸合时延时闭合,释放时延时断开的动合触点
			瞬时闭合常开触点以及瞬时断开常闭触点
热继电器		FR	热继电器线圈
			热继电器常闭触点
速度继电器		KS	速度继电器转子
			速度继电器常开触点
			速度继电器常闭触点

续表

名称	图形符号	文字符号	说明
熔断器		FU	熔断器一般符号
断路器		QF	断路器
隔离开关		QS	隔离开关
普通刀开关		Q	普通刀开关
灯和信号装置		EL	照明灯一般符号
		HL	信号灯一般符号 如果要求指示颜色则在靠近符号处标出下列代码： RD——红；YE——黄；GN——绿；BU——蓝；WH——白 如果要求指示灯类型，则在靠近符号处标出下列代码： Ne——氖；Xe——氙；Na——钠；Hg——汞；I——碘； IN——白炽；ARC——弧光；FL——荧光；IR——红外线； UV——紫外线；LED——发光二极管
灯和信号装置		HL	闪光信号灯
		HA	电铃
		HZ	蜂鸣器
指示仪表		PV	电压表
		PA	检流计

附录2
常用电器元件主要技术数据

RT12系列熔断器技术数据

额定电压/V	415			
熔断器代号	A_1	A_2	A_3	A_4
熔断器额定电流/A	20	32	63	100
熔体额定电流/A	4,6,10,16,20	20,25,32	32,40,50,63	63,80,100
极限分断能力/kA	80			

常用万能式断路器的技术数据

型号	额定电流/A	额定电压/V	过电流脱扣器范围/A	交流短路分断能力有效值/kA	备注
DW15-2500	2500	380	1000～2500	30	可派生直流灭磁
DW15-4000	4000		2000～4000	40	
DW15-200	200	380	100～200	20/5	
		660		10/5	
DW15-400	400	380		25/8	
		660		15/8	
		1140		10	
DW15-630	630	380	100～200	30/12.6	分子为瞬时短路通断能力,分母为短延时短路通断能力,1600A以下有抽屉式
		660		20/10	
		1140		12	
DW15-1000	1000	380		40/30	
DW15-1600	1600			40/30	
DW15-2500	2500			60/40	
DW15-4000	4000			80/60	
AH-6B	600	660/380	100～600	22/22	分子对应660V、分母对应380V有抽屉式
AH-10B	1000		250～1000	30/42	
AH-16B	100		250～1600	45/65	
AH-20C	2000		500～2000	30/65	
AH-20CH	2000		500～2000	30/70	

常用塑料外壳式断路器的技术数据

型号	额定电流/A	额定电压/V	过电流脱扣器范围/A	交流短路分断能力峰值/kA	操作频率/(次/h)
DW10-100	100	380	15,20,25,30,40, 50,60,80,100	3.5 4.7 7.0	60 30 30
DZ10-250	250	380	100,140,150, 170,200,250	17.7	30
DZ10-600	600	380	200,250,350, 400,500,600	23.5	30
DZ20-100	100	380	16,20,32,4050,6, 3,80,100	14~18	120
DZ20-200	200	380	100,125,160, 180,200,225	25	120

常用的热继电器技术参数

型号	额定电压/V	额定电流/A	相数	热元件			断相保护	温度补偿	触头数量
				最小规格/A	最大规格/A	挡数			
JR16	380	20	3	0.25~0.35	14~22	12	有	有	1 动合 1 动断
		60		14~22	40~63	4			
		150		40~63	100~160	4			
JR20	660	6.3	3	0.1~0.15	5~7.4	14	无	有	1 动合 1 动断
		16		3.5~5.3	14~18	6	有		
		32		8~12	28~36	6			
		63		16~24	55~71	6			
		160		33~47	144~176	9			
		250		83~125	167~250	4			
		400		130~195	267~400	4			
		630		200~300	420~630	4			
JRS1	380	12	3	0.11~0.15	9.0~12.5	13	有	有	1 动合 1 动断
		25		9.0~12.5	18~25	3			

JS 系列时间继电器型号规格技术数据

型号	JSZ3A	JSZ3C	JSZ3F	JSZ3K	JSZ3Y	JSZ3R
触点数量	延时 2 转换	延时 1 转换，瞬动 1 转换	延时 1 转换	延时星三角转换,瞬动 1 常开		延时 1 转换
触点容量	3A		2A	3A		3A
延时范围	A:0.5s/5s/30s/3min B:1s/10s/60s/6min C:5s/50s/5min/30min D:10s/100s/10min/60min E:60s/10min/60min/6h F:2min/20min/2h/12h G:4min/40min/4h/24h		0.1~1s 0.2~2s 0.5~5s 1~10s 2.5~30s 5~60s	0.1~1s 0.2~2s 0.5~5s 1~10s 2.5~30s 5~60s 15~180s	1~10s 2.5~30s 5~60s 10~120s	6s/60s 10s/10min 30s/30min
额定电压	AC 24V,110V,220V,DC 24V		AC 110V,220V, DC 24V	AC 110V/220V,DC 24V		

JR0 和 JR16 系列欠热继电器技术数据

型号	额定电流/A	热元件等级		主要用途
		热元件等级	电流调节范围/A	
JR0-40/3		0.64	0.4～0.64	
JR16-40/3D	40	1.0	0.64～1.0	供交流 500V 以下的电气回路中作为电动机的过载保护之用 D 表示带有断相装置
		1.6	1.0～1.6	
		2.5	1.6～2.5	
		4.0	2.5～4.0	
		6.4	4.0～6.4	
		10	6.4～10	
		16	10～16	
		25	16～25	
		40	25～40	

CJ40 系列交流接触器技术参数

型号		CJ40-125				CJ40-250			CJ40-500			CJ40-1000		
		63	80	100	125	160	200	250	315	400	500	630	800	1000
约定发热电流 I_{th}/A		80	80	125	125	250	250	250	500	500	500	1000	1000	1000
额定绝缘电压 U_i/V		690	690	690	690	690	690	690	690	690	690	690	690	1140
AC-1 额定工作电流 I_e/A		80	80	125	125	250	250	250	500	500	500	630	800	1000
AC-2、AC-3 额定工作电流 I_e/A	220V	63	80	100	125	160	200	250	315	400	500	630	800	1000
	380V	63	80	100	125	160	200	250	315	400	500	630	800	1000
	660V	63	63	80	80	125	125	125	315	315	315	500	500	500
AC-4 额定工作电流 I_e/A	220V	63	80	100	125	160	200	250	315	400	500	630	800	1000
	380V	63	80	100	110	160	200	225	250	315	400	500	630	800
	660V	63	63	80	80	125	125	125	250	315	315	500	500	500
AC-3 下的 P_e/kW	220V	18.5	22	30	37	45	55	75	90	110	150	200	250	360
	380V	30	37	45	55	75	90	132	160	220	280	335	450	625
	660V	55	55	75	75	110	110	110	300	300	300	475	475	475
主触头接通/分断能力		$12I_e/10I_e$										$10I_e/8I_e$		
机械寿命/万次		1000	1000	1000	1000	1000	1000	1000	600	600	600	300	300	300

参考文献

[1] 冯清秀. 机电传动控制 [M]. 5 版. 武汉：华中科技大学出版社，2015.

[2] 邓星钟. 机电传动控制学习辅导与题解 [M]. 武汉：华中科技大学出版社，2007.

[3] 刘立厚. 理论力学 [M]. 北京：清华大学出版社，2016.

[4] 秦曾煌. 电工学 [M]. 北京：高等教育出版社，2009.

[5] 黄家善. 电力电子技术 [M]. 北京：机械工业出版社，2010.

[6] 洪乃刚. 电力电子技术基础 [M]. 北京：清华大学出版社，2015.

[7] 杨叔子. 机械工程控制基础 [M]. 6 版. 武汉：华中科技大学出版社，2011.

[8] 郝用兴. 机电传动控制 [M]. 3 版. 武汉：华中科技大学出版社，2013.

[9] 高景德. 交流电机及其系统的分析 [M]. 北京：清华大学出版社，2005.

[10] 戈宝军. 电机学 [M]. 3 版. 北京：中国电力出版社，2009.

[11] 符磊. 电工技术与电子技术基础 [M]. 北京：清华大学出版社，2011.

[12] 章小宝. 电工技术与电子技术基础实验教程 [M]. 北京：清华大学出版社，2011.

[13] 杨天明. 电机与拖动 [M]. 北京：北京大学出版社，2006.

[14] 郁汉琪. 机床电气控制技术 [M]. 北京：高等教育出版社，2010.

[15] 方乘远. 工厂电气控制技术 [M]. 3 版. 北京：机械工业出版社，2006.

[16] 俞国亮. PLC 原理及应用 [M]. 北京：北京理工大学出版社，2009.

[17] 张熹海. 无刷双馈电机直接转矩控制系统研究 [D]. 成都：西南交通大学，2010.

[18] 刘美俊. 电气控制与 PLC 工程应用 [M]. 北京：机械工业出版社，2014.

[19] 夏凤芳. 数控机床 [M]. 北京：高等教育出版社，2005.

[20] 黄庆专. 数控加工技术 [M]. 西安：西北工业大学出版社，2015.

[21] 周文玉. 数控加工技术 [M]. 北京：高等教育出版社，2010.

[22] 姜建芳. 电气控制与 S7-300PLC 工程应用技术 [M]. 北京：机械工业出版社，2014.

[23] 陈冰，冯清秀，等. 机电传动控制 [M]. 北京：机械工业出版社，2023.

[24] 裴旭明. 现代机床数控技术 [M]. 北京：机械工业出版社，2023.